R. RÖHLER · SEHEN UND ERKENNEN

Springer-Verlag Berlin Heidelberg GmbH

Rainer Röhler

Sehen und Erkennen

Psychophysik des Gesichtssinnes

Mit 65 teils farbigen Abbildungen und einer Lochmaske

Springer

Professor Dr. Rainer Röhler

Waldschmidtstraße 12
D-82327 Tutzing

Die Abblildungen 1.10, 1.11, 2.2, 2.4, 2.6, 2.8, 2.9, 2.10, 3.4, 3.9, 3.20, 3.21 und 4.8a verwendete der Autor bereits in seinem Artikel *Optics, Physiological,* erschienen in der *Encyclopedia of Applied Physics,* Vol. 12. © VCH Publishers, Inc. 1995.

Bitte benutzen Sie zum Betrachten der Abbildung 4.6 die beigefügte Lochmaske.

Die Deutsche Bibliothek – CIP-Einheitsaufnahme

Röhler, Rainer:
Sehen und Erkennen: Psychophysik des Gesichtssinnes, mit 65 teils farbigen Abbildungen/ *Rainer Röhler.*

ISBN 978-3-642-79333-2   ISBN 978-3-642-79332-5 (eBook)
DOI 10.1007/978-3-642-79332-5

Satz: Datenkonvertierung durch Springer-Verlag
Umschlaggestaltung: Design & Concept E. Smejkal, Heidelberg
SPIN 10021480   56/3144 - 5 4 3 2 1 0 – Gedruckt auf säurefreiem Papier

Vorwort

Dieses Buch soll eine moderne Darstellung der Psychophysik des Gesichtssinnes geben. Es kann als Einführung in dieses Gebiet dienen, soll den Leser aber auch mit den modernen Methoden dieser Wissenschaft und den durch sie gewonnenen Erkenntnissen bekannt machen. Letzteres habe ich vor allem dadurch zu erreichen versucht, daß ich ausgewählte, typische Experimente und deren Ergebnisse etwas ausführlicher beschrieben habe.

Als Leser stelle ich mir in erster Linie Physiker, Psychologen, Sinnesphysiologen, Ophthalmologen, also Wissenschaftler vor, denen der Gesichtssinn, das Sehen, Wahrnehmen und Erkennen, ein Anliegen ist: Studenten, Diplomanden und Doktoranden, ferner Wissenschaftler und Techniker in Forschungsinstituten und in der Industrie, die sich mit den Leistungen des Gesichtssinnes (beispielsweise im Straßenverkehr oder bei der Qualitätskontrolle), der Kommunikation zwischen Mensch und Maschine, der automatischen Mustererkennung, Sicherheitsfragen und dergleichen beschäftigen.

Obwohl alle wesentlichen Begriffe in dem Buch erklärt sind, wird doch eine physikalische Grundausbildung vorausgesetzt. Die mathematischen Methoden, die in der modernen psychophysikalischen Literatur verwendet werden, sind z.T. recht anspruchsvoll. Hier war es unter Berücksichtigung des Themas und eines vernünftigen Umfangs des Buches bei einigen Theorien nicht möglich, sie mit allen mathematischen Grundlagen darzustellen. Ich mußte mich dann auf kurze Andeutungen und den Verweis auf die zitierte Literatur beschränken.

Das Material für dieses Buch ist ein Resultat aus vielen Jahren meiner Lehrtätigkeit an der Ludwig-Maximilians-Universität in München. Dabei habe ich Lehrern, Kollegen, Mitarbeitern und Studenten zu danken, die ich hier nicht alle namentlich aufführen kann. Vor allem gebührt mein Dank meinem verehrten Lehrer Herbert Schober, der mich, als ich sein Assistent war, in dieses Gebiet eingeführt hat. Sein Hauptwerk "Sehen" wird in diesem Buch häufig zitiert. Ferner haben viele meiner Diplomanden und Doktoranden mit ihren Arbeiten, die leider nicht alle in veröffentlichter Form vorliegen und daher auch nicht sinnvoll zitiert werden können, zum Inhalt dieses Buches beigetragen.

Besonderer Dank gebührt meinem langjährigen Mitarbeiter Herrn Dr. Perizonius für seine mustergültige Darstellung der statistischen Methoden der

Psychophysik, von der ich im Text Gebrauch gemacht habe. Seine diesbezügliche Doktorarbeit findet man im Literaturverzeichnis. Außerdem möchte ich ihm aber auch für die Organisation und Dokumentation meines Literaturseminars, in welchem wichtige moderne Arbeiten aus unserem Forschungsgebiet besprochen wurden, sehr herzlich danken.

Den Doktoranden und Diplomanden, die sich an diesem Seminar mit großem Engagement beteiligt haben, danke ich hier ebenfalls sehr herzlich. Ohne ihre Mitarbeit wären die zahlreichen Hinweise und Beispiele aus der neuen Literatur besonders im vierten Kapitel nicht möglich gewesen.

Meinem langjährigen Mitarbeiter Herrn Dr. Jüttner danke ich ebenfalls sehr herzlich für sein Engagement bei dem Literaturseminar, vor allem aber auch für seine Ratschläge bei der Abfassung des Buchmanuskriptes. Seine Beiträge zur Problematik der internen Repräsentation der Außenwelt haben das Kapitel 4 sehr bereichert.

Meiner lieben Frau, Dipl.-Phys. Ilse Röhler, danke ich für ihre kritische Durchsicht des Manuskriptes und viele wertvolle Ratschläge.

Dem Springer-Verlag und hier insbesondere Herrn Dr. Kölsch möchte ich meinen besonderen Dank aussprechen für seine Geduld bei der wechselvollen Geschichte der Entstehung dieses Buches, für einsichtsvolle Hinweise, sorgfältige Textkritik und Gestaltung.

Tutzing, im März 1995   Rainer Röhler

Inhaltsverzeichnis

Einleitung

Der Gesichtssinn ist für den Menschen das wichtigste Sinnesorgan zum Erkennen unserer Umwelt und unserer Orientierung darin. Daher haben zu allen Zeiten Naturforscher, Philosophen und Künstler darüber nachgedacht, wie das Sehorgan funktioniert. Man hat schon frühzeitig erkannt, daß das Sehorgan nicht immer ganz verläßlich ist. Wir erkennen manchmal Strukturen nicht, die eigentlich sehr deutlich zu sehen sein sollten. Umgekehrt sehen wir manchmal Strukturen anders, als sie wirklich sind, oder wir sehen Strukturen, die gar nicht vorhanden sind. Die Kenntnis solcher optischer Täuschungen kann unter bestimmten Umständen sehr wichtig, ja sogar lebenswichtig sein.

Besonders in den letzten 50 Jahren sind in unserem Verständnis des Gesichtssinnes bedeutende Fortschritte erzielt worden. Dazu haben zahlreiche Wissenschaftszweige beigetragen: Physik, Chemie, Physiologie, Psychologie, Systemtheorie und andere.

Das Ziel dieses Buches ist es, dem Leser einen gründlichen Überblick über den modernen Stand des Wissens zu geben. Damit dieses Buch in sich einheitlich, lesbar und verständlich bleibt, ist ein erstes Kapitel über die Physik der optischen Abbildung und die Möglichkeiten zur formalen Beschreibung von optischen Signalen und ihrer Übertragung vorangestellt. Es war dabei unumgänglich, ein gewisses Maß an Mathematik zu verwenden.

Natürlich sind die optische Abbildung durch die Augenmedien und auch die technischen Aspekte der Signalbeschreibung und -übertragung nicht die eigentlichen Probleme, mit denen sich die Psychophysik des Sehens beschäftigt. Das Problem dieser Disziplin besteht vielmehr darin, zu verstehen, wie der Gesichtssinn aus den Daten, die ihm von den Photorezeptoren der Netzhaut geliefert werden, ein einheitliches, in sich widerspruchsfreies und für uns verständliches Bild unserer Umwelt erzeugt. Diese Aufgabe wird keineswegs dadurch gelöst, daß das Auge eine Art Photoserie oder Videofilm produziert, vielmehr muß ein solcher Film ebenfalls verarbeitet, interpretiert und „erkannt" werden.

Das Schwergewicht des Buches liegt auf den psychophysikalischen Methoden, die sich in den letzten zehn Jahren erheblich verfeinert haben. Dabei wird das Sinnesorgan systemtheoretisch als „schwarzer Kasten" betrachtet. Eingangssignale sind physikalisch wohldefinierte Signalkonfigurationen. Ausgangssignale sind die Empfindungen bzw. Wahrnehmungen von Beobachtern.

Besonderes Gewicht liegt dabei auf der Ausarbeitung von geeigneten Fragestellungen, die die Beobachter zu beantworten haben.

Naturgemäß kann man mit dieser Methode keine Aussagen über die innere Struktur oder die neuronalen Verschaltungen in dem „schwarzen Kasten" gewinnen. Hierüber gibt vielmehr die Neurophysiologie der Sinnesorgane wesentlich bessere Auskunft. Bei der letzteren Methode besteht allerdings die große Schwierigkeit, daß es bisher keine Möglichkeit gibt, aus den neurophysiologisch gemessenen elektrischen Erregungen von Nervenzellen auf die dadurch ausgelösten Empfindungen oder Wahrnehmungen der Beobachter (besser gesagt: der Versuchstiere) zu schließen.

Beide Methoden, die psychophysikalische und die neurophysiologische, ergänzen sich sehr sinnvoll. Insbesondere können Spekulationen über die innere Struktur des „schwarzen Kastens", die sich alleine auf das Übertragungsverhalten des Sinnesorgans stützen, auf die neurophysiologisch gegebenen Möglichkeiten beschränkt werden. Es ist notwendig, einige grundlegende Erkenntnisse der Neurophysiologie heranzuziehen, um den Text verständlich zu machen. Hierzu dient das Kapitel 2.

Die Kapitel 3 und 4 bilden das Kernstück dieses Buches.

Im Kapitel 3 werden die Grundlagen der Psychophysik des Gesichtssinnes behandelt, die teilweise nicht mehr ganz neu, aber für das weitere Verständnis des Textes unentbehrlich sind. Hier sind aber auch die Ergebnisse vieler moderner Arbeiten berücksichtigt.

Im Kapitel 4 werden neuere Arbeiten zu dem sehr komplexen und noch keineswegs vollständig verstandenen Problem der Verarbeitung der optischen Signale aus unserer Umwelt und ihrer Interpretation im Gehirn zu unserer Orientierung im Raum, zum Erkennen und Wiedererkennen von Personen und Objekten und zum Verständnis der Zusammenhänge besprochen.

1 Physikalische und signaltheoretische Grundlagen

In diesem Kapitel werden drei Möglichkeiten, die optische Abbildung formelmäßig darzustellen, beschrieben. Dies sind

1. die klassische Darstellung für die Abbildung von Objektpunkten in eine Bildebene, wobei die Bilder der einzelnen Objektpunkte bei ausgedehnten Objekten entsprechend überlagert werden müssen,
2. die Abbildung von trigonometrischen Funktionen (sin- und cos-Gitter), aus denen Objekt- und Bildverteilungen zusammengesetzt werden,
3. die Zerlegung von Objekt und Bild in lokale Ortsfrequenz-Komponenten.

Die Gesetze der optischen Abbildung werden dabei aus Zweckmäßigkeitsgründen von Betrachtungen zur Energie- bzw. Lichtübertragung getrennt. Die Grundbegriffe von Strahlungs- und Lichtmessung werden gesondert behandelt.

1.1 Die optische Abbildung

Die physikalischen und signaltheoretischen Grundlagen, die für die Psychophysik des Sehens benötigt werden, beziehen sich naturgemäß auf Abbildungsfragen. Es ist dabei nicht nur an die optische Abbildung durch das Auge oder optische Instrumente zu denken, sondern auch an die Vorgänge bei der Übertragung der elektrischen Erregung in einer Nervenschicht auf eine andere. Zunächst wird zur Vereinfachung die einfache optische Abbildung durch eine Sammellinse betrachtet.

In Figur 1.1 ist die optische Abbildung einer Objektebene auf eine zugehörige Bildebene, vermittelt durch eine einfache Sammellinse, dargestellt. Die optische Abbildung ist vorwiegend ein örtliches Problem. Es werden daher kartesische Koordinaten x, y in der Objektebene, ebensolche Koordinaten x', y' in der Bildebene eingeführt. Die Koordinaten werden zu zweidimensionalen Vektoren

$$r = (x, y), \quad r' = (x', y'),\tag{1.1}$$

in der Objekt- bzw. Bildebene zusammengefaßt. Die Achsenrichtungen sind in den beiden Ebenen entsprechend der Bildumkehr bei der optischen Abbildung vertauscht (s. Fig. 1.1).

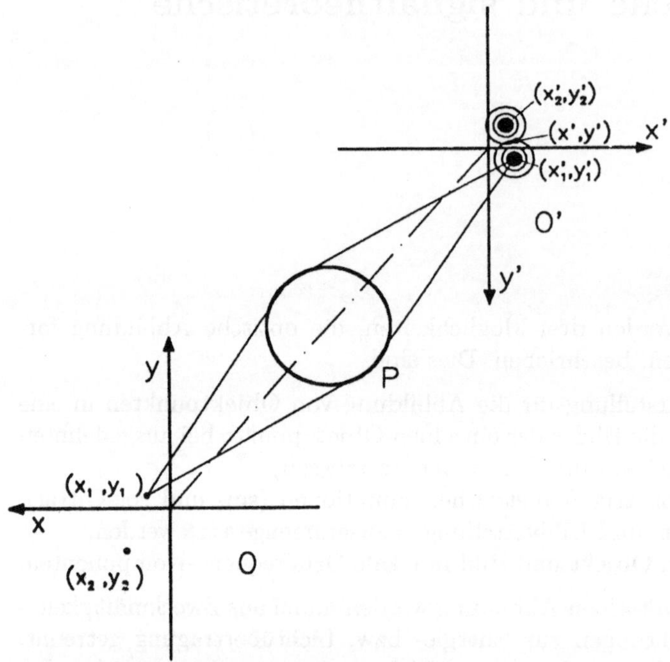

Fig. 1.1. Schema der optischen Abbildung durch eine Linse. Die Objektebene O wird durch die Linse in die Bildebene O' abgebildet. Ein Objektpunkt (x_1, y_1), der bei idealer Abbildung in den Bildpunkt (x_1', y_1') abgebildet würde, erzeugt dort unter dem Einfluß von Beugung und Aberrationen ein Zerstreuungsscheibchen. Das Gleiche gilt für einen beliebigen anderen Punkt (x_2, y_2)

Über der Objektebene sei eine *Objektverteilung* $o(r)$ definiert. Hier soll $o(r)$ die vom Objekt in Richtung Bild abgestrahlte Lichtintensität darstellen, wobei die Diskussion der photometrisch-lichttechnischen Größen bis zum Abschn. 1.2 zurückgestellt wird.

Die Abbildung soll hier, wie bereits erwähnt, als örtliches Problem betrachtet werden, d.h. $o(r)$ wird als zeitunabhängig angesehen. Zeitliche Abhängigkeiten, die bei optischen Phänomenen oft eine große Rolle spielen, wie z.B. bei der Bewegung, werden in späteren Kapiteln untersucht.

Entsprechend der Objektverteilung $o(r)$ wird eine *Bildverteilung* $b(r')$ eingeführt. In diesem Abschnitt soll der Zusammenhang zwischen $o(r)$ und $b(r')$ untersucht werden. Insbesondere soll $b(r')$ aus $o(r)$ berechnet werden. Zur Vereinfachung dieser Aufgabe wird $o(r)$ in einfache Komponenten zerlegt und die Abbildung dieser Komponenten betrachtet. Es gibt verschiedene Möglichkeiten für geeignete Zerlegungen, von denen hier drei dargestellt werden:

1. Zerlegung des Objektes in Punktlichtquellen,
2. Entwicklung des Objektes nach Ortsfrequenzen,
3. Entwicklung des Objektes nach lokalen Ortsfrequenzen.

1.1.1 Zerlegung des Objektes in Punktlichtquellen

Mathematisch wird eine Punktlichtquelle mit Hilfe der δ-Funktion dargestellt.[1] Die Objektverteilung läßt sich dann darstellen durch

$$o(r) = \int_{\text{Objektebene}} o(r_0)\delta(r - r_0)\,\mathrm{d}r_0 \;. \tag{1.2}$$

$o(r_0)$ ist die Intensitätsbelegung des Punktes r_0 in der Objektebene.

Bei der Abbildung wird bekanntlich nicht alles Licht, das einen Punkt r_0 der Objektebene in Richtung Bildebene verläßt und die Apertur passiert, in einem Punkt $b(r_0')$ der Bildebene vereinigt, weil Beugung und Aberrationen eine ideale Abbildung verhindern. Daher ist das Bild des Objektpunktes r_0 nicht ebenfalls ein Punkt, sondern ein ausgedehntes *Zerstreuungsscheibchen*. Man hat also die Abbildung

$$o(r_0) \rightarrow b(r', r_0) \;. \tag{1.3}$$

Die Gestalt des Zerstreuungsscheibchens ist im allgemeinen von r_0 abhängig.

Das Zerstreuungsscheibchen, das von einer Einheitsquelle $\delta(r - r_0)$ an der Stelle r_0 der Objektebene in der Bildebene erzeugt wird, wird mit $d(r', r_0)$ bezeichnet. Es gibt also die Abbildung

$$\delta(r - r_0) \rightarrow d(r', r_0) \;. \tag{1.4}$$

Es gilt dann

$$b(r', r_0) = o(r_0)\, d(r', r_0) \;. \tag{1.5}$$

Statt „Zerstreuungsscheibchen" wird auch die Bezeichnung *Punktbild* benutzt.

Wenn das Objekt aus zwei dicht benachbarten Punkten besteht,

$$o(r) = o(r_1)\,\delta(r - r_1) + o(r_2)\,\delta(r - r_2) \tag{1.6}$$

überlappen sich die beiden Punktbilder $b(r', r_1)$ und $b(r', r_2)$, die zur Vereinfachung mit $b_1(r')$ bzw. $b_2(r')$ bezeichnet werden können.

Für eine weitere Behandlung des Abbildungsproblems ist eine Vorschrift für die Addition zweier Lichterregungen in der Bildebene erforderlich. Eine solche Vorschrift ist im allgemeinen ziemlich kompliziert. Sie hängt von dem Kohärenzgrad der Beleuchtung des Objektes und insbesondere auch bei Selbstleuchtern, von der Öffnung des abbildenden Objektivs ab. Es gibt nur zwei Grenzfälle, bei denen eine einfache, d.h. lineare Additionsvorschrift besteht: die kohärente und die inkohärente Beleuchtung. Beides sind idealisierte

---

[1] Die δ-Funktion ist so definiert, daß $\delta(r) = 0$ für $r \neq 0$ und
$\int \delta(r - r_0)\, f(r_0)\, dr_0 = f(r)$. Für $f \equiv 1$ wird hieraus $\int \delta(r)\, dr = 1$.

Grenzfälle, die in der Praxis nicht realisierbar sind, trotzdem für theoretische Überlegungen und für experimentelle Vorgaben große Bedeutung haben. Für psychophysikalische Anwendungen ist in erster Linie das Konzept der inkohärenten Beleuchtung von Interesse. In diesem Falle werden die Intensitäten der auf der Bildebene von verschiedenen Objektpunkten auftreffenden Lichtstrahlung additiv überlagert. Bei vollkommen kohärenter Beleuchtung werden dagegen nicht die Intensitäten, sondern die komplexen Schwingungsamplituden der Lichtwellen additiv überlagert.

Hier soll nur der – idealisierte – inkohärente Fall betrachtet werden. Er ist (näherungsweise) bei allen Selbstleuchtern und bei allen Objekten, die mit genügend großflächigen Lichtquellen beleuchtet werden, gegeben. Da sich in diesem Falle die Intensitäten der aus verschiedenen Richtungen auf einen Punkt der Bildebene einfallenden Strahlungen additiv superponieren, kann man die Bildverteilung des durch (1.6) gegebenen Objektes darstellen, als

$$b(r') = o(r_1)\, d(r', r_1) + o(r_2) d(r', r_2) \ . \tag{1.7}$$

Durch Verallgemeinerung dieser Argumentation ergibt sich bei einer kontinuierlichen Objektverteilung $o(r_0)$ die zugehörige Bildverteilung als

$$b(r') = \int o(r_0)\, d(r', r_0)\, \mathrm{d}r_0 \ . \tag{1.8}$$

Die Integration erstreckt sich über die Objektebene. Diese ist i.a. von endlicher Ausdehnung. Man kann zahlreiche spätere Überlegungen dadurch vereinfachen, daß man der Funktion $o(r)$ eine Ausdehnung über die unendliche Ebene zuschreibt, die Funktion aber außerhalb des vom Objekt tatsächlich eingenommenen Bereiches gleich Null setzt. Dann kann man in (1.8) als Integrationsbereich die unendliche Ebene angeben.

Wenn das Punktbild $d(r', r_0)$ bekannt ist, kann man die Bildverteilung $b(r')$ aus $o(r_0)$ berechnen. Indessen ist $d(r', r_0)$ eine vierdimensionale Funktion. Ihre Kenntnis erfordert erheblichen Meßaufwand, ihre Anwendung in (1.8) erheblichen Daten- und Rechenaufwand.

In vielen Fällen ist die Gestalt des Punktbildes nur sehr langsam mit dem Ort in der Bildebene veränderlich. Dann ist es meistens möglich, die Objektgröße so einzuschränken, daß die Veränderung vernachlässigt werden kann. Man spricht dann von einer *isoplanatischen* Abbildung oder von einer *Verschiebungsinvarianz* des Punktbildes. In solchen Fällen ist es nützlich, die Einheiten der Koordinatenachsen in Objekt- bzw. Bildebene so aufeinander abzustimmen, daß numerisch $x_0 = x'_0, y_0 = y'_0$ gilt. Dabei soll $r'_0 = (x'_0, y'_0)$ derjenige Punkt der Bildebene sein, der bei einer idealen Abbildung der Bildpunkt von r_0 wäre. Da der eingeschränkte Objektbereich in aller Regel den Ursprung der Ebene, also den Durchstoßpunkt der optischen Achse enthält und das entspechende Punktbild aus Symmetriegründen kreisförmige oder elliptische Symmetrie haben muß, bildet r'_0 das Zentrum des zugehörigen Zerstreuungsscheibchens.

Unter diesen Voraussetzungen kann man (1.8) schreiben:

$$b(r') = \int_{-\infty}^{\infty} \int_{-\infty}^{\infty} o(x_0, y_0)\, d(x' - x_0, y' - y_0)\, \mathrm{d}x_0\, \mathrm{d}y_0 \qquad (1.9)$$

$d(r')$ ist dann eine rotationssymmetrische Funktion oder bei Vorliegen von Astigmatismus eine Funktion mit elliptischer Symmetrie. Sie charakterisiert die Abbildungseigenschaften der Linse bzw. – in Verallgemeinerung – des Objektivs. Sie entspricht der Impulsreaktion bei zeitlichen Übertragungssystemen (s. z.B. akustische Übertragung). Im Unterschied zur Impulsreaktionsfunktion ist das Punktbild nicht den durch die Kausalität bedingten Beschränkungen unterworfen. Dafür besteht bei der inkohärenten Abbildung, bei der Intensitäten summiert werden, die Bedingung, daß $d(r')$ keine negativen Anteile haben darf, weil es keine negativen Intensitäten gibt.

Wenn sich die Isoplanasie-Bedingung nicht mit genügender Genauigkeit erfüllen läßt, kann man die Bildebene in „isoplanatische Bereiche" einteilen. In jedem dieser Bereiche ist dann diese Bedingung erfüllt. An den Bereichsgrenzen erleidet das Punktbild dann aber eine unstetige Änderung, was die Berechnung des Bildes dort sehr erschwert. Mit einer überlappenden Überdeckung der Bildebene durch isoplanatische Bereiche kann man sich manchmal helfen.

In Bereichen außerhalb der Bildmitte braucht das Punktbild die erwähnten Symmetrieeigenschaften nicht mehr zu besitzen. Dann ist die Festlegung des Zentrums des Punktbildes und damit die Zuordnung von Objektpunkt und idealem Bildpunkt normalerweise nur mit einer gewissen Willkür möglich (Röhler 1975).

Das Punktbild spielt für die Beurteilung der Güte der Abbildung eine große Rolle. Wenn zwei Objektpunkte sehr nahe beieinander liegen, überlappen sich die zugehörigen Punktbilder sehr stark. Dies führt dazu, daß die Einsattelung im Intensitätsprofil zwischen den beiden Maxima sehr klein wird oder ganz verschwindet. In einem solchen Fall kann man nicht mehr unterscheiden, ob ein oder zwei Objektpunkte abgebildet wurden: die Grenze des *Auflösungsvermögens* ist erreicht. Bei reiner Beugung, wenn das abbildende Objektiv vernachlässigbar kleine Aberrationen hat und das Punktbild nur durch die Beugung an der Objektivfassung bzw. am Blendenrand bestimmt wird, ist die Gestalt des Punktbildes leicht zu berechnen. Es ergibt sich (s. Lehrbücher der Optik oder z.B. Röhler 1967):

$$d(r') = 4\pi \left(\frac{J_1(2\pi r')}{2\pi r'} \right)^2 \qquad (1.10)$$

Hier ist J_1 die Besselfunktion erster Ordnung. Die Funktion $d(r')$ ist in Fig. 1.2 dargestellt. Nach Rayleigh ist das Auflösungsvermögen für zwei Punktbilder dieser Art erreicht, wenn das Maximum des zweiten Punktbildes in das erste Minimum des ersten Punktbildes fällt. Es ergibt sich eine Lichtverteilung, wie sie als Schnitt in Fig. 1.3 wiedergegeben ist. Die Einsattelung beträgt hier 19 % des Maximums. In Verallgemeinerung dieses Spezialfalles wendet man auch bei anderen Punktbild-Strukturen dieses Rayleighsche Kriterium an.

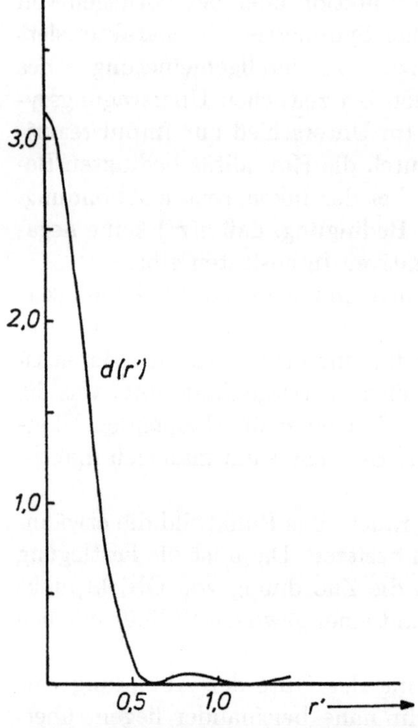

Fig. 1.2. Intensitätsverteilung des Punktbildes im Falle reiner Beugung gemäß (1.10)

Das tatsächliche Auflösungsvermögen, wie man es als menschlicher Beobachter oder mit Hilfe eines Mikrophotometers erzielt, ist offensichtlich noch von anderen Parametern abhängig. Die Eigenschaften und Fähigkeiten des menschlichen Beobachters werden im psychophysischen Teil genauer diskutiert. Bezüglich der Leistung eines Mikrophotometers ist hier anzumerken, daß die erreichbare Genauigkeit durch das Rauschen und damit hauptsächlich durch die Lichtintensität bestimmt wird.

Im Zusammenhang mit der Lichtintensität ist das *Linien-* oder *Spaltbild* zu erwähnen, das zum Punktbild in enger Beziehung steht. Es entsteht in der Bildebene, wenn statt eines Punktes eine gerade Linie, im allgemeinen erzeugt durch einen dünnen Spalt, abgebildet wird. Der Zusammenhang zwischen Punktbild $d(x', y')$ und Linienbild $\overline{d(x')}$ ist durch

$$\overline{d(x')} = \int_{-\infty}^{\infty} d(x', y')\, \mathrm{d}y' \tag{1.11}$$

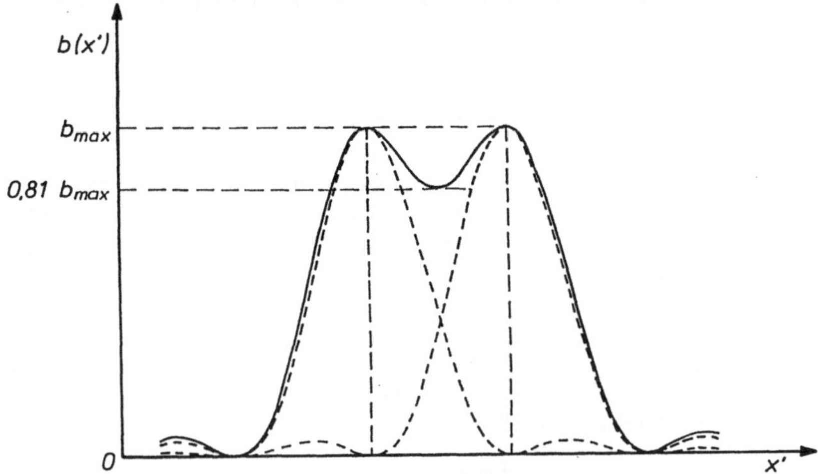

Fig. 1.3. Zum Rayleighschen Auflösungskriterium (nach Born u. Wolf 1964). Die Intensitätsverteilung im Bild zweier benachbarter Punkte ist eine Überlagerung der einzelnen Punktbilder. Wenn die Einsattelung zwischen den beiden Maxima 19 % beträgt, ist nach Rayleigh das Auflösungsvemögen erreicht

gegeben. Man kann das Punktbild natürlich statt in der x-Richtung (Spalt senkrecht zur x-Richtung) in jeder anderen Richtung abtasten.

Da durch einen Spalt wesentlich mehr Licht hindurchtritt als durch eine Lochblende gleicher Dimension, läßt sich das Spaltbild entsprechend genauer messen. Die Rückrechnung des Punktbildes aus Spaltbildmessungen wird im nächsten Abschnitt genauer diskutiert.

Es hat sich als günstig erwiesen, die Abbildungsfragen (Isoplanasie, Punkt- oder Linienbild, Auflösungsvermögen usw.) getrennt von Fragen der Lichtintensität (Öffnungsverhältnis des Objektivs, absolutes Intensitätsniveau in Objekt und Bild, Empfindlichkeit der Detektoren in der Bildebene usw.) zu besprechen. Man geht daher bei der Betrachtung des Punktbildes gerne von der Fiktion aus, daß alles von einer δ-Quelle in der Objektebene in Richtung Bildebene ausgesandte Licht dort ankommt und registriert wird. Infolge der Normierung der δ-Funktion gilt dann die Beziehung

$$\int_{BE} d(\boldsymbol{r}')\,\mathrm{d}\boldsymbol{r}' = 1 \; . \tag{1.12}$$

Mit dieser Schreibweise soll hier und im folgenden eine Integration über die unendlich ausgedehnte Bildebene bezeichnet werden, also in ausführlicher Schreibweise

$$\int_{-\infty}^{\infty}\int_{-\infty}^{\infty} d(x',y')\,\mathrm{d}x'\mathrm{d}y' \; .$$

Diese Schreibweise soll auch bei Integrationen in der Objektebene und in weiterhin einzuführenden Ebenen sinngemäß verwendet werden.

1.1.2 Entwicklung des Objektes nach Ortsfrequenzen

Unter der Voraussetzung, daß es sich um eine inkohärente Abbildung mit einem verschiebungsinvarianten Punktbild handelt, beschreibt eine Abbildungsgleichung wie (1.9) eine lineare Operation. Wenn also das abbildende System zwei Abbildungen

$$o_1(r) \rightarrow b_1(r')$$
$$o_2(r) \rightarrow b_2(r')$$

vermittelt, soll daraus folgen, daß auch

$$\alpha o_1(r) + \beta o_2(r) \rightarrow \alpha b_1(r') + \beta b_2(r') \tag{1.13}$$

gilt. Dabei sind α und β reelle, nicht negative Zahlen.

Nun haben lineare Operatoren die trigonometrischen Funktionen als Eigenfunktionen, d.h., wenn A ein linearer Operator und $\mathrm{trg}\,(x)$ eine trigonometrische Funktion ist, gilt

$$A\,\mathrm{trg}(x) = \kappa\,\mathrm{trg}(x)\,.$$

Hier ist κ eine möglicherweise komplexe Zahl.

Es liegt nahe, ein optisches Objekt in trigonometrische Funktionen zu zerlegen. Für diese Funktionen, die dann als Elemente des Objektes betrachtet werden, gelten sehr einfache Abbildungsgesetze.

Die Entwicklung von Signalen nach trigonometrischen Funktionen ist in der Nachrichtentechnik seit langem geläufig und wird dort mit großem Erfolg angewandt. In der Optik hat sich diese Betrachtungsweise erst seit etwa den 50er Jahren durchgesetzt.

Zur Entwicklung eines optischen Objektes nach trigonometrischen Funktionen bedient man sich – ebenso wie in der Nachrichtentechnik – des mathematischen Instrumentes der Fouriertransformation. Da das optische Objekt im Gegensatz zum zeitlichen Signal der normalen Nachrichtenübertragung zweidimensional ist, wird eine Zerlegung in trigonometrische Funktionen mit zwei verschiedenen Raumorientierungen benötigt, was zu einer zweidimensionalen Fouriertransformation führt. Im folgenden soll ein kurzer Abriß dieser „Fourier-Optik" gegeben werden. Ausführlichere Darstellungen findet der interessierte Leser in (Goodman 1968, Linfoot 1964, Röhler 1967, Stößel 1993).

Formal kann man an die Gleichung (1.9) des vorigen Abschnittes anknüpfen. Diese ist ihrer Struktur nach ein Faltungsintegral. Man kann diese Gleichung formal transformieren, indem man zunächst jede der darin auftretenden Funktionen getrennt transformiert. Dabei wird ausgenutzt, daß x, y numerisch gleich sind zu x', y', so daß für beide Paare von Variablen die gleichen Transformationsvariablen verwendet werden können. Es wird also definiert:

$$O(u,v) = \int_{-\infty}^{\infty} \int_{-\infty}^{\infty} o(x,y)\, \mathrm{e}^{-2\pi\mathrm{i}(ux+vy)}\, \mathrm{d}x\, \mathrm{d}y \tag{1.14}$$

$$B(u,v) = \int_{-\infty}^{\infty} \int_{-\infty}^{\infty} b(x',y')\, \mathrm{e}^{-2\pi\mathrm{i}(ux'+vy')}\, \mathrm{d}x'\, \mathrm{d}y' \tag{1.15}$$

$$D(u,v) = \int_{-\infty}^{\infty} \int_{-\infty}^{\infty} d(x',y')\, \mathrm{e}^{-2\pi\mathrm{i}(ux'+vy')}\, \mathrm{d}x'\, \mathrm{d}y'\ . \tag{1.16}$$

Die transformierten Funktionen $O(u,v)$, $B(u,v)$, $D(u,v)$ sind i.a. komplexwertige Funktionen der beiden reellen Variablen u,v. Diese Variablen werden als *Ortsfrequenzen* bezeichnet in Analogie zur zeitlichen Frequenz, die auf analoge Weise durch Transformation einer Zeitfunktion gewonnen wird. Man kann sich darunter periodische Gitter mit sinusförmiger Intensitätsmodulation vorstellen, durch deren lineare Überlagerung die entsprechenden Ortsfunktionen zusammengesetzt werden. Die Funktionswerte geben, wie noch näher auszuführen sein wird, die Amplitude und Phase an, mit der die betreffende Ortsfrequenz am Aufbau der Ortsfunktion beteiligt ist.[2] Die Fourier-Transformationen besitzen eindeutige Umkehrungen, man kann also die Ortsfunktionen $o(x,y), b(x',y'), d(x',y')$ aus den entsprechenden Ortsfrequenzfunktionen zurückgewinnen. Die Umkehrformel lautet:

$$o(x,y) = \int_{-\infty}^{\infty} \int_{-\infty}^{\infty} O(u,v)\, \mathrm{e}^{2\pi\mathrm{i}(ux+vy)}\, \mathrm{d}u\, \mathrm{d}v \tag{1.17}$$

und entsprechend für die anderen beiden Funktionen.

Mit diesen Definitionen schreibt sich die transformierte Gleichung (1.9):

$$B(u,v) = O(u,v)\, D(u,v)\ . \tag{1.18}$$

Beim Beweis von (1.18) wird das Faltungstheorem aus der Theorie der Fourier-Transformationen benutzt. Dieses Theorem besagt, daß ein Faltungsintegral bei der Fourier-Transformation in das Produkt der transformierten Komponenten übergeht. Der Beweis dafür findet sich z.B. in den angegebenen Büchern zur Fourier-Optik und in einschlägigen Mathematikbüchern.

$O(u,v)$ kann als zweidimensionales Ortsfrequenzspektrum betrachtet werden, analog dazu $B(u,v)$ als Bildspektrum. $D(u,v)$ kennzeichnet – ebenso wie $d(x',y')$ – das abbildende System. Die Funktion gibt an, wie die einzelnen Ortsfrequenzkomponenten bei der Abbildung verändert werden. Da die trigonometrischen Funktionen und damit auch die Komponenten

$$\exp\left[-2\pi\mathrm{i}(ux+vy)\right]$$

---

[2] Die Konvergenz der Transformationsintegrale ist gesichert, weil die Funktionen der optischen Objektverteilung zwangsläufig auf einen endlichen Bereich beschränkt sind.

Eigenfunktionen des Abbildungsoperators sind, kann eine Ortsfrequenzkomponente bei der Abbildung nicht ihre Ortsfrequenz, sondern nur ihre Amplitude und Phase verändern. Es sollen im folgenden einige Eigenschaften von $D(u, v)$ zusammengestellt werden. $D(u, v)$ wird als *optische Übertragungsfunktion*, abgekürzt OTF bezeichnet.

Wie man aus der Definitionsgleichung (1.16) abliest, ist für die Ortsfrequenz $(0,0)$:

$$D(0,0) = \int_{BE} d(r') \, dr' = 1 \,, \tag{1.19}$$

letzteres entsprechend (1.12). Bei einem idealen Abbildungssystem, das keine Aberrationen hätte und auch keine Beugung hervorrufen würde, wäre das Punktbild wie der Objektpunkt eine δ-Funktion. Die Fourier-Transformation, also die optische Übertragungsfunktion, wäre dann eine Konstante: $D(u, v) = 1$. Das Bild wäre dann mit dem Objekt identisch. Bei einer realen Abbildung sind stets Beugung und Aberrationen vorhanden, es ist daher einleuchtend, daß

$$D(u, v) \leq 1 \quad \text{für} \quad (u, v) \neq (0, 0) \tag{1.20}$$

gilt. Dies ist auch leicht mit Hilfe der Schwarzschen Ungleichung zu beweisen (s. z.B. Röhler 1967). Darüber hinaus kann eine obere Schranke für den Betrag der OTF angegeben werden, die in großen Bereichen der Ortsfrequenz deutlich kleiner als eins ist (Lukosz 1958).

Im weiteren soll zur Vereinfachung der Schreibweise das Koordinatenpaar (u, v) zu dem Koordinatenvektor w zusammengefaßt werden.

$D(w)$ besitzt einige bemerkenswerte Symmetrieeigenschaften. Geht man von der Definitionsgleichung

$$D(w) = \int_{BE} d(r') e^{-2\pi i(w, r')} dr' \tag{1.21}$$

– (w, r') ist hier das Skalarprodukt zwischen den Vektoren w und r', im übrigen gilt die Verabredung zu (1.12) – zur konjugiert-komplexen Gleichung über:

$$D^*(w) = \int d(r') e^{-2\pi i(r', -w)} dr' \,, \tag{1.22}$$

so folgt

$$D^*(w) = D(-w) \,. \tag{1.23}$$

Wenn $d(r')$ symmetrisch ist, d.h. $d(r') = d(-r')$, so gilt

$$D(w) = D(-w) \,. \tag{1.24}$$

$D(w)$ ist also in diesem Fall reell.

Als komplexwertige Funktion kann $D(\boldsymbol{w})$ in Betrag und Phase zerlegt werden:

$$D(\boldsymbol{w}) = |D(\boldsymbol{w})|\, \mathrm{e}^{\mathrm{i}\Phi(\boldsymbol{w})} \,. \tag{1.25}$$

Der Betrag der optischen Übertragungsfunktion heißt *Modulationsübertragungsfunktion* (MTF), der Phasenanteil $\Phi(\boldsymbol{w})$ heißt *Phasenübertragungsfunktion* (PTF) . Die Bedeutung dieser beiden Anteile für die optische Abbildung soll an dem einfachen Fall der Abbildung eines Gitters demonstriert werden. Das Gitter wird durch die Objektfunktion

$$\begin{aligned}
o(x,y) &= 1 + \alpha \cos\left(2\pi\,\frac{x\cos\vartheta + y\sin\vartheta}{p}\right) \\
&= 1 + \alpha/2\left(\mathrm{e}^{(2\pi\mathrm{i}/p)(x\cos\vartheta + y\sin\vartheta)} + \mathrm{e}^{(-2\pi\mathrm{i}/p)(x\cos\vartheta + y\sin\vartheta)}\right)
\end{aligned}$$

wobei $\alpha < 1$ ist, beschrieben. Das Objektspektrum wird dann

$$O(u,v) = \delta(u,v) + \frac{\alpha}{2}\delta\left(u - \frac{\cos\vartheta}{p}, v - \frac{\sin\vartheta}{p}\right) + \frac{\alpha}{2}\delta\left(u + \frac{\cos\vartheta}{p}, v + \frac{\sin\vartheta}{p}\right).$$

Die OTF möge an den Singularitäten $(u,v) = \pm 1/p(\cos\vartheta, \sin\vartheta)$ die Werte haben:

$$D(u,v) = \begin{cases} \eta\mathrm{e}^{\mathrm{i}\Theta} & \text{für } (u,v) = 1/p(\cos\vartheta, \sin\vartheta) \\ \eta\mathrm{e}^{-\mathrm{i}\Theta} & \text{für } (u,v) = -1/p(\cos\vartheta, \sin\vartheta) \end{cases}$$

Gemäß (1.23) ist $D(-u,-v) = D^*(u,v)$. Das Bildspektrum entsteht als Produkt von $O(u,v)$ und $D(u,v)$. Durch Rücktransformation erhält man die Bildfunktion

$$b(x',y') = 1 + \eta\alpha\cos\left(2\pi\frac{x'\cos\vartheta + y'\sin\vartheta}{p} + \Theta\right) \,.$$

Das Bild ist also um den Faktor η in der Modulation reduziert und um den Betrag $(p/2\pi)\Theta$ senkrecht zur Streifenrichtung verschoben worden. Der Phasenanteil bewirkt also eine Verschiebung der Bildgitter gegen die Objektgitter, die ortsfrequenzabhängig ist. Dies führt bei komplizierten Strukturen zu einer unsymmetrischen Verzerrung des Bildes.

Die MTF wird am Beispiel der reinen Beugung näher erläutert. Prinzipiell ist es möglich, die MTF durch die Fourier-Transformation des entsprechenden Punktbildes (s. Fig. 1.2 und die zugehörige Formel) zu gewinnen. Im Fall der reinen Beugung gibt es aber einen einfacheren Weg, der zugleich sehr instruktiv ist. Das Objekt möge aus einem einzigen leuchtenden Punkt bestehen, etwa dem Punkt auf der optischen Achse. Alles Licht, das zur Abbildung beiträgt, muß die Austrittspupille des abbildenden Systems passieren. Das von einem einzelnen Punkt ausgesandte Licht ist kohärent. Die von ihm ausgehende, in der Austrittspupille möglicherweise mit Aberrationen behaftete Wellenfront wird dort gebeugt und erzeugt in der Bildebene die komplexe Amplitudenverteilung $g(r')$, das Beugungsbild der Austrittspupille, vermittelt durch die Wellenfront $g(r')$. Es ist, wie aus der Wellenoptik bekannt ist, die Fourier-Transformierte der komplexen Amplitudenerregung in der Pupille, der sogenannten Pupillenfunktion $G(s_x, s_y)$. Wir haben es in unseren Betrachtungen aber nicht mit komplexen Amplituden, sondern mit Intensitäten zu tun. Es gilt

$$d(\mathbf{r}') = g(\mathbf{r}')\, g^*(\mathbf{r}') .$$

Gesucht ist die Fourier-Transformierte von $d(r')$. Nach dem Faltungssatz der Theorie der Fourier-Transformation ist diese Größe gleich der Autokorrelation von $G(s_x, s_y)$:

$$D(w) = \int\limits_{\text{Austrittspupille}} G(s - w/2) G^*(s + w/2)\, \mathrm{d}s . \tag{1.26}$$

Dies ist das „Duffieux-Integral" (Duffieux 1946). Es gestattet die Berechnung der OTF aus der Pupillenfunktion. Gerade bei reiner Beugung ist die Pupillenfunktion von sehr einfacher Struktur, nämlich eine Konstante innerhalb der i.a. kreisförmigen Begrenzung der Austrittspupille. Entsprechend der Vorschrift des Autokorrelationsintegrals hat man über das Produkt zweier sich überlappender Austrittpupillen zu integrieren. Die gegenseitige Verschiebung der Pupillen ist durch den Ortsfrequenzvektor gegeben (s. Fig. 1.4). Nur in dem schraffierten Bereich, der von beiden Pupillen überdeckt wird, ist der Integrand von Null verschieden und hat einen konstanten Wert. Zur Berechnung der OTF hat man lediglich den Flächeninhalt des schraffierten Bereiches in Abhängigkeit von der Verschiebung zu berechnen. Dazu ist es nur notwendig, von dem Flächeninhalt des Segmentes mit dem Winkel φ denjenigen des Dreiecks M0B abzuziehen. Der Radius der Austrittspupille ist dabei auf eins normiert. Drückt man alle Größen als Funktion von w aus, so erhält man als OTF:

$$D(w) = \frac{2}{\pi}\left[\arccos\frac{w}{2} - \frac{w}{2}\sqrt{1 - \left(\frac{w}{2}\right)^2}\right] . \tag{1.27}$$

Zur quantitativen Interpretation dieser Formel sind noch einige Bemerkungen erforderlich. Im vorhergehenden Abschn. 1.1.1 wurde festgelegt, daß die Maßstäbe in Objekt- und Bildebene so abgeglichen werden, daß die Koordinaten von Objektpunkt und zugehörigem Bildpunkt numerisch gleich sind. Damit es einen Bezug dieser reduzierten Koordinaten (x, y) bzw. (x', y') zu den natürlichen, beispielsweise in cm gemessenen Koordinaten (ξ, η) bzw. (ξ', η') gibt, wird diese Beziehung folgendermaßen festgelegt:

$$x = \frac{h\xi}{\lambda R}, \quad y = \frac{h\eta}{\lambda R}, \tag{1.28a}$$

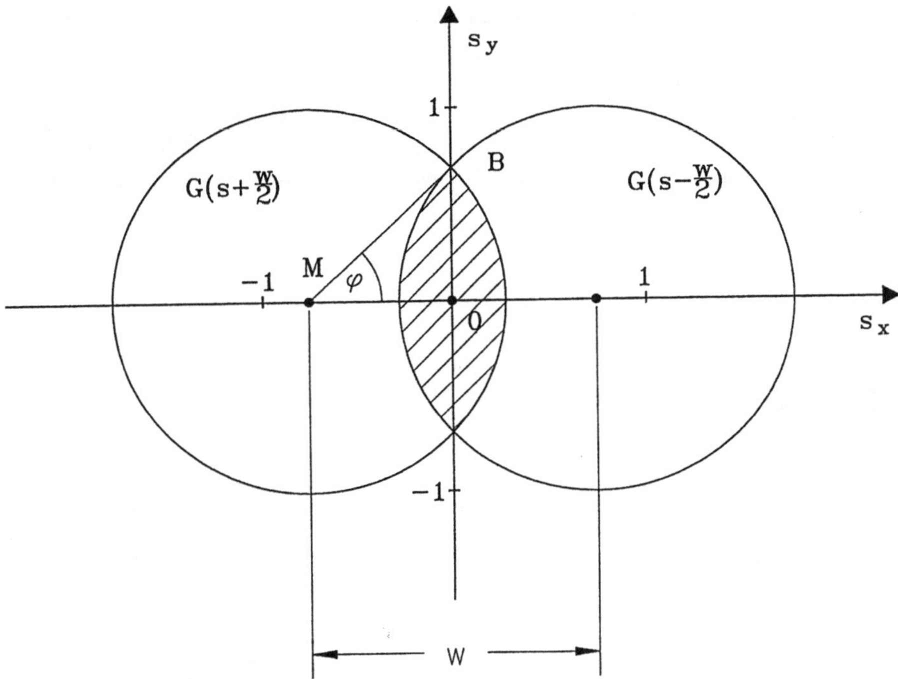

Fig. 1.4. Zur Berechnung der OTF aus dem Duffieux-Integral. Die Kreise deuten die um $\pm w/2$ verschobenen Pupillenfunktionen an, die innerhalb der Kreisfläche den Wert eins, außerhalb den Wert null haben. Die OTF ist nach (1.25) gleich der Fläche (*schraffiert*) des Durchschnitts der beiden Kreise

$$x' = \frac{h\xi'}{\lambda R'} \ , \quad y' = \frac{h\eta'}{\lambda R'} \ . \tag{1.28b}$$

Hier ist λ die Wellenlänge, R der Abstand der Objektebene von der Eintrittspupille, R' der Abstand der Bildebene von der Austrittspupille und h der natürliche Radius der Austrittspupille. Zwischen den natürlichen Ortsfrequenzen (μ, ν) und den reduzierten Ortsfrequenzen (u, v) besteht die Beziehung

$$(\mu, \nu) = \frac{h}{\lambda R'}(u, v) \ . \tag{1.29}$$

Schließlich ist der Zusammenhang zwischen den natürlichen und reduzierten Koordinaten in der Austrittspupille:

$$(\alpha, \beta) = h\,(s_x, s_y) \ . \tag{1.30}$$

Einen Phasenanteil hat die OTF der reinen Beugung nicht, weil die Wellenfront in der Austrittspupille nicht durch Aberrationen deformiert worden ist.

Die OTF eines beugungbegrenzten Abbildungssystems, wie sie in (1.27) ausgedrückt ist, ist in Fig. 1.5 dargestellt. Die bemerkenswerteste Eigenschaft dieser Funktion ist, daß sie nur für $|\mathbf{w}| < 2$ von null verschieden ist. Der Ortsfrequenz $|\mathbf{w}| = 2$ entspricht die Gitterperiode $r' = 1/2$, d.h. $\xi' = \lambda R'/2h \simeq \lambda/2\sin\epsilon'$. Dabei ist ϵ' der bildseitige Öffnungswinkel. Im Vergleich dazu liefert das Rayleighsche Auflösungskriterium den Wert $\delta = 1.22\,\lambda/2\sin\epsilon'$.

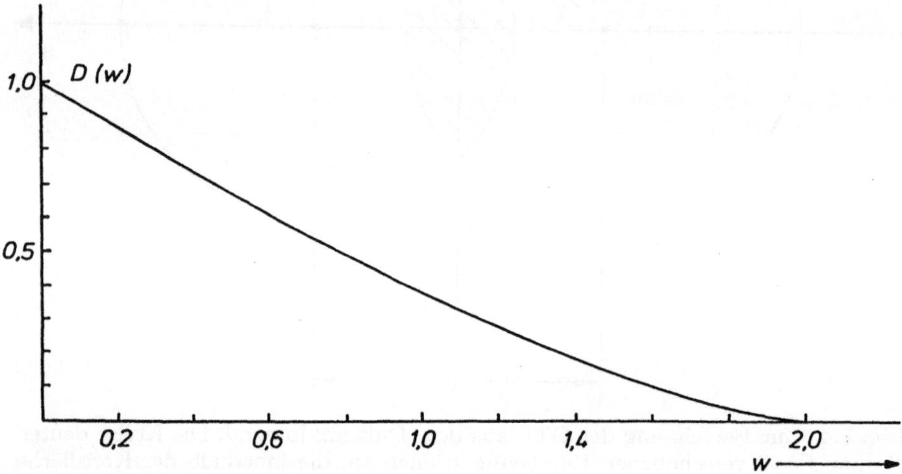

Fig. 1.5. Die MTF bei reiner Beugung als Funktion der reduzierten Ortsfrequenz $w = \sqrt{u^2 + v^2}$

Die Begrenzung der OTF auf den Ortfrequenzbereich $|\mathbf{w}| < 2$ bleibt offensichtlich auch für aberrationsbehaftete Systeme bestehen, denn durch Aberrationen kann sich die Abbildung nur verschlechtern. Es ist aber ziemlich mühsam, bei Abbildungssystemen gleichzeitig die Beugung und bestimmte Aberrationen zu berücksichtigen. Deshalb werden die Aberrationen und die dadurch hervorgerufenen optischen Übertragungsfunktionen gerne unabhängig von der Beugung betrachtet. Dies geschieht unter dem Aspekt, daß bei relativ kleinen Ortsfrequenzen, bei denen die Beugung noch keine wesentliche Rolle spielt, die Aberrationen den Haupteinfluß auf die OTF haben. Bei höheren Ortsfrequenzen, bei denen die geometrisch-optische OTF u.U. asymptotische Ausläufer hat, die sich bis ins Unendliche erstrecken, muß die Beugung natürlich berücksichtigt werden.

Die zweidimensionale OTF ist als zweifache Fourier-Transformation (1.16) des Punktbildes definiert. Geht man dagegen vom Spaltbild $\bar{d}(x')$ aus, so bedarf es nur einer eindimensionalen Fourier-Transformation. Wie man aus (1.16) sieht, wird mit $v = 0$

$$D(u,0) = \int_{-\infty}^{\infty} e^{-2\pi i u x'} \left[\int_{-\infty}^{\infty} d(x',y')\, dy' \right] dx'$$
$$= \int_{-\infty}^{\infty} \overline{d}(x')\, e^{-2\pi i u x'}\, dx' \,, \tag{1.31}$$

d.h. die Fourier-Transformierte des Spaltbildes $\overline{d}(x')$ ist $D(u,0)$.

Jetzt wird wieder an die Symmetriebetrachtungen [s. (1.23), (1.24)] angeknüpft. Wenn das Punktbild rotationssymmetrisch ist, ist dies auch die OTF. Wegen (1.24) ist die OTF dann auch reell. Es ist dann gleichgültig, in welcher Richtung das Punktbild von einem Spalt abgetastet wird, und man hat:

$$D(u,0) = D(\pm\sqrt{u^2 + v^2}) \,. \tag{1.32}$$

Will man von einem vorgegebenen Spaltbild das zugehörige Punktbild berechnen, von dem man weiß, daß es rotationssymmetrisch ist, so kann man folgendermaßen vorgehen: Man berechnet vom Spaltbild die einfache Fourier-Transformation und daraus vermöge (1.32) die zweidimensionale Rücktransformation. Diese stellt das Punktbild dar.

Gerne wird die geometrisch-optische OTF mit Hilfe bekannter analytischer Funktionen modelliert. Besonders beliebt ist in dieser Beziehung die Gauß-Funktion. Obwohl diese Funktion für praktische Fälle i.a. nicht sehr realistisch ist, eignet sie sich doch vorzüglich für überschlägige theoretische Betrachtungen. Der Übersichtlichkeit halber sollen die folgenden Betrachtungen eindimensional durchgeführt werden. Sei also das Punktbild durch die Gauß-Funktion gegeben:

$$d(x') = \frac{1}{\sqrt{2\pi}\sigma} e^{-x'^2/(2\sigma^2)} \,. \tag{1.33}$$

Die „Breite" dieser Glockenkurve wird durch σ gemessen, welches bei einer statistischen Interpretation der Gauß-Funktion die Schwankung der entsprechenden Wahrscheinlichkeitsverteilung darstellt.

Die Fourier-Transformation hiervon ist, wie man in einschlägigen Mathematik-Lehrbüchern nachlesen kann:

$$D(u) = e^{-2\pi^2\sigma^2 u^2} \,. \tag{1.34}$$

Dies ist bis auf die Normierung wieder eine Gauß-Funktion. Ihre Breite ist $\sigma' = 1/2\pi\sigma$, so daß die Beziehung

$$\sigma\,\sigma' = \frac{1}{2\pi} \tag{1.35}$$

besteht.

Dies bedeutet, daß das Produkt der Breiten des Spaltbildes und der OTF im Falle der Gaußfunktionen gleich $1/2\pi$ ist. Die Gaußfunktionen sind in dieser Beziehung die günstigsten Funktionen. Bei allen anderen Paaren von Spaltbild und zugehöriger OTF fällt dieses Produkt größer aus.

Bei allgemeineren Punktbildern bzw. den zugehörigen OTFen werden die Breiten der Glockenkurven üblicherweise folgendermaßen definiert:

$$(\Delta x')^2 = \frac{\int_{-\infty}^{\infty} x'^2 d^2(x') \, \mathrm{d}x'}{\int_{-\infty}^{\infty} d^2(x') \, \mathrm{d}x'} \, , \qquad (1.36)$$

$$(\Delta u)^2 = \frac{\int_{-\infty}^{\infty} u^2 |D(u)|^2 \, \mathrm{d}u}{\int_{-\infty}^{\infty} |D(u)|^2 \, \mathrm{d}u} \, . \qquad (1.37)$$

Es gilt dann die Ungleichung

$$\Delta x' \, \Delta u \geq \frac{1}{4\pi} \, . \qquad (1.38)$$

Sie soll im folgenden als *Fourier-Unschärfe-Relation* oder einfach als *Unschärfe-Relation* bezeichnet werden. Dabei ist zu beachten, daß dies eine rein mathematische Relation ist, die mit der physikalisch begründeten Heisenbergschen Unschärfe-Relation nur formale Ähnlichkeit hat.

Wenn es sich bei dem Punktbild und seiner OTF nicht um Gauß-Funktionen handelt, steht hier das $>$ - Zeichen. Beim Vergleich von (1.38) mit (1.35) muß man bedenken, daß im Falle der Gauß-Funktionen gilt:

$$\sigma = \sqrt{2} \, \Delta x' \, , \quad \sigma' = \sqrt{2} \, \Delta u \, .$$

Diese Zusammenhänge werden im nächsten Abschnitt eine wichtige Anwendung finden.

Große praktische Bedeutung hat das Konzept der optischen Übertragungsfunktion bei zusammengesetzten Übertragungssystemen, in denen mehrere Abbildungsschritte hintereinander stattfinden. Man denke z.B. an eine photographische Aufnahme. Sowohl die Abbildung durch das Photoobjektiv als auch die mit der Lichtstreuung in der Photoemulsion verbundene Unschärfe können durch eine OTF beschrieben werden. Die OTF des Gesamtsystems ist dann einfach das Produkt der OTFen der beiden Teilsysteme:

$$D(w) = D_{\mathrm{opt}}(w) \, D_{\mathrm{phot}}(w) \, . \qquad (1.39)$$

Mit Hilfe dieses Zusammenhanges kann eine Optimierung der gesamten Abbildung erfolgen. Verwendet man beispielsweise einen sehr feinkörnigen Film, so ist die photographische Übertragung sehr gut. Der Film ist aber recht unempfindlich, und man benötigt u.U. eine große Blende. Dadurch wird aber die optische Übertragung schlecht. Es liegt auf der Hand, daß es hier ein Optimum gibt. Ein einfacher Zusammenhang wie in (1.39) besteht allerdings nur, wenn die einzelnen Abbildungsschritte für sich inkohärent verlaufen. Es ist z.B. nicht möglich, auf diese Weise die Abbildungseigenschaften eines aus mehreren Linsen zusammengesetzten Objektivs zu berechnen.

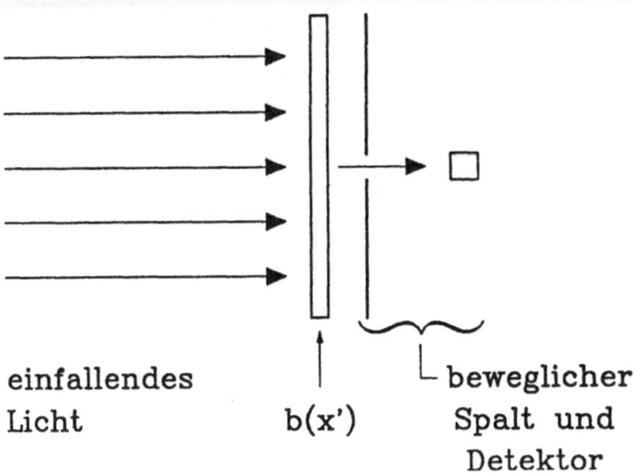

Fig. 1.6. Abtastung einer Bildverteilung mit einem Spalt. Die Bildverteilung *b(x')* wird mit einem Spalt der Breite $2a$ abgetastet. Zur Korrektur des Fehlers wird die Spaltfunktion bzw. deren MTF benutzt

Ein für die Anwendungen besonders wichtiges Beispiel der multiplikativen Kombination von Übertragungsfunktionen ist die Verwendung der Spaltfunktion. In vielen Anwendungen, z.B. bei der Ausmessung des Spaltbildes eines Abbildungsvorganges, wird ein Bild mit einem Spalt abgetastet und dadurch die Lichtverteilung im Bild gemessen. Nun hat der Spalt notwendigerweise eine endliche Breite, wodurch das Meßergebnis verfälscht wird. Zur Korrektur dieses Fehlers kann man die Spaltfunktion verwenden. Man kann z.B. von der in Fig. 1.6 skizzierten Anordnung ausgehen. Eine Transparenz $b(x')$ wird von einem Spalt der Breite $2a$ abgetastet. Die hinter der Transparenz gemessene Lichtintensität gibt nicht genau den Wert $b(x')$ wieder, sondern einen über die Spaltbreite $2a$ gemittelten Wert. Ist der Spalt zunächst um den Punkt $x' = 0$ zentriert, so ist die Spaltfunktion gegeben durch

$$sp(x) = \begin{cases} \frac{1}{2a} & \text{falls } |x| \leq a \\ 0 & \text{sonst} \end{cases} .$$

Die Fourier-Transformation hiervon wird

$$\begin{aligned}
SP(u) &= \int_{-a}^{a} \frac{1}{2a} e^{-2\pi i u x}\, dx \\
&= \int_{-a}^{a} \frac{1}{2a} \cos(2\pi u x)\, dx \\
&= \frac{\sin(2\pi u a)}{2\pi u a} .
\end{aligned} \tag{1.40}$$

Die Funktion $\sin \pi x / \pi x$ wird auch als sinc x bezeichnet. Bei einer Verschiebung des Spaltes über das Bild multipliziert sich (1.40) nur mit einem komplexen Phasenfaktor. Betrachtet man nur die MTF, so bleibt diese von der Verschiebung unberührt. Die hinter dem Bild gemessene MTF ist dann gleich dem Bildspektrum, multipliziert mit der Spalt-MTF. Die Funktion sinc u ist in Fig. 1.7 dargestellt. Die Abtastung eines Bildes oder Objektes mit einer

Fensterfunktion wird im nächsten Abschnitt genauer untersucht. Sie hat auch für die Analyse des visuellen Systems große Bedeutung.

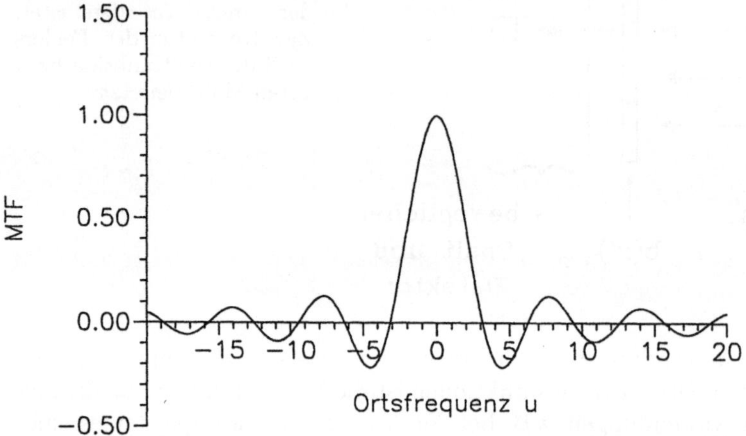

Fig. 1.7. Die Funktion sinc u als Fourier-Transformierte der Spaltfunktion

Der Spalt – oder im zweidimensionalen Fall die Lochblende – ist nur eine Möglichkeit, die OTF eines Systems durch eine Blende zu modifizieren. Man kann für bestimmte Zwecke Blendenformen mit anderen Transmissionsfunktionen wählen. Letzten Endes bleiben aber die Möglichkeiten bei der inkohärenten optischen Abbildung sehr beschränkt. Insbesondere kann man sehr kleine Ortsfrequenzen einschließlich der Ortsfrequenz null durch eine Blende praktisch nicht beeinflussen. Dies geht schon aus der Diskussion der Formeln (1.19), (1.20) hervor. Gerade eine Abschwächung des Spektrums bei sehr niedrigen Ortsfrequenzen wäre aber oft sehr erwünscht, wenn es sich nämlich darum handelt, die Bildwirksamkeit der höheren Frequenzen gegenüber den niedrigeren zu erhöhen und damit die Brillanz des Bildes in kleinen Details zu verbessern. Es wird sich später zeigen, daß die Abbildung über Nervennetze hier weit mehr Möglichkeiten bietet.

Damit diese Zusammenhänge hier bereits vorgeklärt werden, soll ein zweistufiges photographisches Verfahren besprochen werden, mit dem eine Dämpfung der niedrigen Ortsfrequenzen möglich ist. Es handelt sich um das Verfahren der „unscharfen Maske" (Spiegler u. Juris 1931), das ursprünglich zur Verbesserung der Papierkopien von Röntgenbildern entwickelt wurde. Man stellt zunächst von der transparenten Originalaufnahme (Negativ) eine unscharfe Maske her (s. Fig. 1.8), indem man die Originalaufnahme unter Zwischenschaltung einer dickeren Glasplatte auf einen Planfilm kopiert. Das Licht soll dabei möglichst als Parallelbündel auffallen. Durch die Streuung in der Emulsion des Originals und den durch die Glasplatte gegebenen Abstand wird die Kopie unscharf. Im zweiten Schritt werden Original (Negativ) und un-

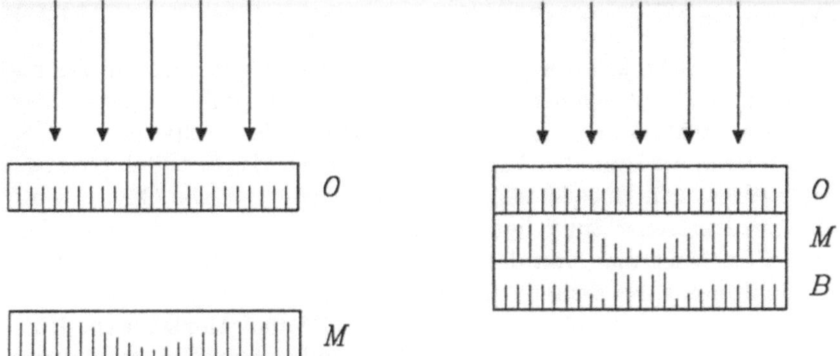

Fig. 1.8. Schema zur Abbildung mit unscharfer Maske. Vom Objekt O wird durch unscharfe Abbildung eine Maske M hergestellt. Das Bild B des Objektes wird unter Zwischenschaltung der Maske angefertigt

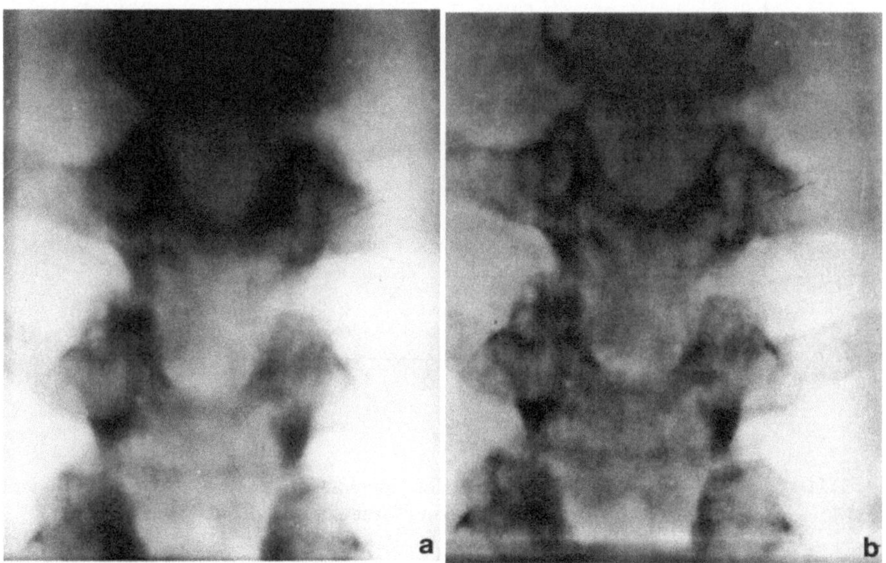

Fig. 1.9 a,b Beispiel für die Wirkung der unscharfen Maske. (a) ohne Maske, (b) mit Maske

scharfe Maske (Positiv) in Kontakt auf ein Photopapier oder einen Planfilm kopiert. Durch die unscharfe Maske werden die großflächigen Schwärzungsunterschiede ausgeglichen, während die feineren Details des Originals beim Kopiervorgang erhalten bleiben (s. Fig. 1.8). Ein Beispiel zeigt Fig. 1.9.

Geht man zur Modellierung dieser zweistufigen Abbildung wieder von Gauß-Funktionen für die beiden Einzelschritte aus, so folgt als Punktbild der gesamten Abbildung

$$d(x') = c + a\,\mathrm{e}^{-x'^2/2\sigma_1^2} - b\,\mathrm{e}^{-x'^2/2\sigma_2^2} \ . \tag{1.41}$$

Da inkohärentes Licht keine negativen Signale übertragen und die Photoemulsion diese nicht aufzeichnen kann, muß die Hintergrundtransparenz des
Originals plus der Maske genügend groß sein. Durch das Verhältnis der Ge-
wichtsfaktoren a und b kann das Aussehen des Punktbildes in weiten Grenzen
verändert werden. Ein Beispiel zeigt Fig. 1.10. Diese typische Gestalt wird
gerne als „mexikanischer Hut" bezeichnet. Die zugehörige MTF ist in Fig.
1.11 dargestellt. Sieht man von der Singularität bei $w = 0$ ab, so stellt sie
ein Bandpaßfilter dar, bei dem die niedrigen Ortsfrequenzen geschwächt sind.
Man erkennt also, daß Bandpaß-Struktur der MTF und Mexikanische-Hut-
Struktur des Punktbildes einander äquivalent sind. Dieser Zusammenhang
wird bei der Analyse der Abbildung durch neuronale Netzwerke eine wichtige Rolle spielen.

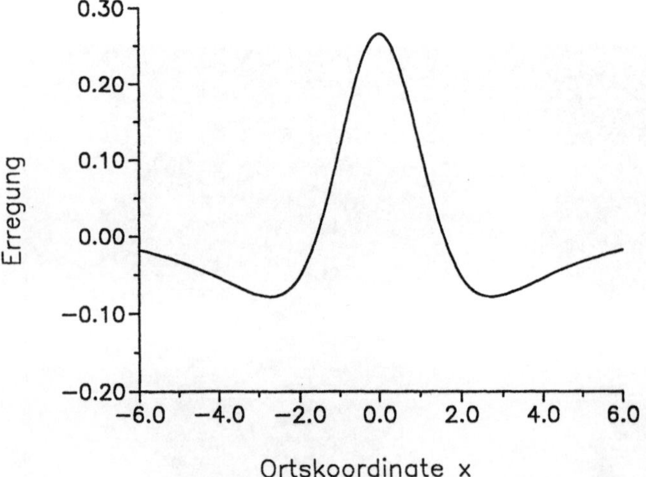

Fig. 1.10. Punktbild der Abbildung mit der unscharfen Maske, zusammengesetzt
aus zwei Gauß-Funktionen unterschiedlichen Vorzeichens

Mit dem Duffieux-Integral (1.26) ist der Zusammenhang zwischen der
Pupillenfunktion und der OTF aufgezeigt worden. In etwas verallgemeiner-
tem Sinne ist die Pupillenfunktion das Fraunhofersche Beugungsbild eines
kohärent beleuchteten Objektes. Es stellt daher die Verteilung des gestreu-
ten oder gebeugten Lichtes auf die verschiedenen Richtungen im Raum dar.
Wegen des umkehrbar eindeutigen Zusammenhanges zwischen der Objektverteilung und seiner Fourier-Transformation sollte es also möglich sein, aus einer
Messung der Streuwinkelverteilung auf die Struktur des Objektes zurückzu-
schließen. Tatsächlich wird von dieser Möglichkeit auch vielfältiger Gebrauch
gemacht. Allerdings gibt es hier einige Beschränkungen, die besonders bei
sehr kleinen Objekten wirksam werden. Zunächst wird wegen der stets vor-

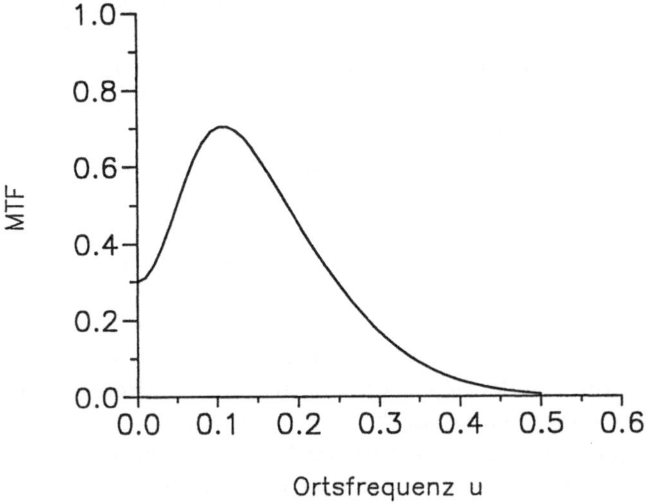

Fig. 1.11. MTF der Abbildung mit der unscharfen Maske

handenen Aperturbegrenzungen nur ein endlicher Bereich der Ortsfrequenzen übertragen. Ortsfrequenzen, die nicht übertragen werden, können auch nicht rekonstruiert werden. Ferner ist bei etwas ausgedehnteren Objekten zu beachten, daß das beleuchtende Licht nur teilweise kohärent sein kann. Partiell kohärentes Licht befolgt wesentlich kompliziertere Übertragungsgesetze als das hier behandelte inkohärente oder das kohärente Licht. Unter anderem muß hier auch die Phasenkomponente der OTF sorgfältig beachtet werden. Schließlich stellt die Rückrechnung von der Streuwinkelverteilung mathematisch ein „inverses" Problem dar, bei dem das Ergebnis außerordentlich empfindlich von den eingegebenen Meßdaten (und deren Unsicherheiten) abhängt.

1.1.3 Entwicklung des Objektes nach lokalen Ortsfrequenzen

Es hat sich im vorigen Abschnitt gezeigt, daß die Ortsfrequenz-Darstellung eines optischen Objektes oder Bildes viele interessante Eigenschaften hat. Durch die Fouriertransformation geht aber die unmittelbar anschauliche Ortsinformation verloren. Diese ist vielmehr in Phasenfaktoren kodiert, aus denen sie nur auf Umwegen, z.B. durch Rücktransformation, wieder gewonnen werden kann. Gerade die unmittelbar anschauliche Ortsinformation ist aber in vielen Fällen für die Interpretation und weitere Verarbeitung des Bildes sehr wichtig. Es ist daher naheliegend, nach Möglichkeiten zu suchen, Orts- und Ortsfrequenzinformation gleichzeitig zur Verfügung zu stellen. Aus (1.38) ist klar, daß dies nicht mit beliebiger Genauigkeit geschehen kann, aber unter Einhaltung dieser Beschränkung sollten hier Möglichkeiten bestehen. Hinzu kommt, daß die auf der Fourier-Transformation beruhende Ortsfrequenzanalyse ein homogenes Objekt- bzw. Bildfeld zur Voraussetzung hat. Dies ist aber in vielen Fällen und zumal bei der Abbildung durch das visuelle System nicht gegeben. Außerdem ist ein Ortsfrequenzspektrum, das durch die Fouriertransformation eines ganzen Objektfeldes gewonnen wurde, bezüglich lokaler Einzelheiten nicht sehr informativ. Daher erzeugen lokale Änderungen der Objektstruktur nur geringfügige Änderungen im Spektrum, die u.U. nur schwer nachzuweisen sind. Auch aus dieser Sicht muß also nach Alternativen gesucht werden.

Schon Gabor hat ein Konzept entwickelt, das diesen Wünschen weitgehend entgegenkommt (Gabor 1946). Er hatte dabei allerdings eher Zeit- als Ortsfunktionen vor Augen. Eine Melodie z.B. wird durch eine Folge von Noten dokumentiert. Eine Note bezeichnet eine Tonfrequenz, die für eine bestimmte Zeitdauer aufrecht erhalten wird. Die Notenschrift ist daher die adäquate Ausdrucksform für eine Aufeinanderfolge zeitlich begrenzter Tonfrequenzen. Weder durch eine reine Zeitdarstellung, noch durch eine reine Frequenzdarstellung könnte eine vergleichbare Transparenz der tatsächlichen, durch das akustische Signal zu vermittelnden Information erreicht werden. Eine reine Zeitdarstellung wäre ein schwer zu interpretierendes, komplexes Schwingungsmuster, eine reine Frequenzdarstellung eine Superposition von allen in der Melodie vorkommenden Frequenzen mit zusätzlicher, schwer zu interpretierender Phaseninformation.

Gabor hat diese qualitativen Überlegungen durch einen quantitativen Formalismus präzisiert, indem er die Entwicklung eines Zeitsignals in eine Summe von zeitlich begrenzten Frequenzkomponenten formulierte. Dieser Formalismus ist mühelos auf Ortsfunktionen und -frequenzen übertragbar. Er soll zunächst für den eindimensionalen Fall entwickelt werden, bevor zum Schluß noch einige Bemerkungen und Beispiele für den zweidimensionalen Fall angeführt werden.

Anstatt zur Synthese einer Signalfunktion $o(x)$ reine Orts- oder reine Ortsfrequenz-Komponenten zu verwenden, sollen nach Gabor jetzt hybride Orts-Ortsfrequenz-Komponenten verwendet werden. Wegen der Unschärferelation können diese Komponenten nicht kontinuierlich über die Orts-/Ortsfrequenz-Ebene verteilt sein. Daher unterteilt man diese Ebene in Zellen mit dem durch die Unschärferelation vorgegebenen Flächeninhalt. Die einzelnen Elementarbereiche werden durch Indizes n, m bezeichnet (s. Fig. 1.12). Als Elementarfunktionen wurden von Gabor modulierte Gauß-Funktionen gewählt:

$$g(x - mX)\, e^{2\pi i n U x} , \tag{1.42}$$

wobei

$$g(x) = \left(\frac{\sqrt{2}}{X}\right)^{1/2} \exp(-\pi x^2/X^2) \tag{1.43}$$

gesetzt ist. Hier ist X die Ausdehnung der Elemetarzelle in Ortsrichtung, U diejenige in Ortsfrequenzrichtung. Die Normierung der Gauß-Funktion ist gegenüber früher so geändert, daß

$$\int_{-\infty}^{\infty} |g(x)|^2 \, dx = 1 \tag{1.44}$$

gilt. Hierdurch wird die Anwendung von (1.36), (1.37) vereinfacht. Die Elementarfunktionen (1.42) sind im wesentlichen auf die betreffenden Zellen m,n der (x, u)-Ebene konzentriert. Mit ihren Ausläufern reichen sie allerdings in benachbarte Zellen hinein. In Fig. 1.13 sind je eine symmetrisch bzw. antisymmetrisch modulierte Elementarfunktion angegeben.

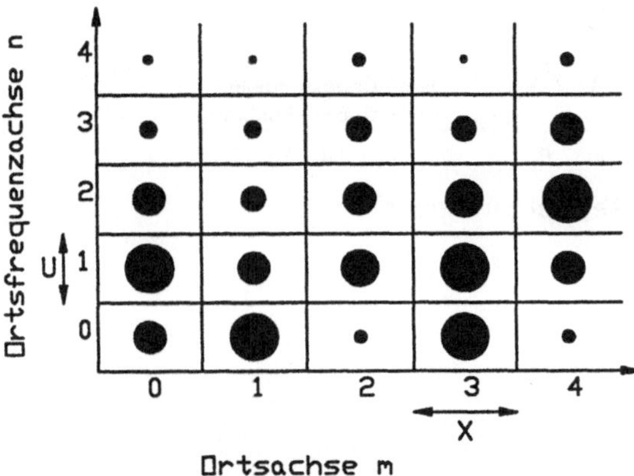

Fig. 1.12. Orts-Ortsfrequenz-Ebene mit Parzellen, die durch die Indizes m,n bezeichnet werden. Die Fläche der Zellen XU entspricht der Unschärfe-Relation. Die Kreise deuten die Größe der Entwicklungskoeffizienten a_{mn} an. Die Komponenten sind komplex, so daß die Zellen Raum für zwei unabhängige Elementarfunktionen haben müssen. Dem entsprechen symmetrisch (cos) bzw. antisymmetrisch (sin) modulierte Gaußfunktionen. Statt dessen können auch einfache Zellen gewählt werden, wobei dann n positive und negative Werte haben muß

Die Unschärferelation wird allerdings je nach dem aktuellen Themenkomplex gelegentlich etwas unterschiedlich geschrieben. Im Zusammenhang mit der lokalen Ortsfrequenz-Analyse ist es in der Nachfolge von Gabors grundlegender Arbeit üblich geworden, anstatt von (1.36), (1.37) folgende Definitionen zu verwenden:

$$\Delta x = [2\pi \overline{(x - \bar{x})^2}]^{1/2} \, , \quad \Delta u = [2\pi \overline{(u - \bar{u})^2}]^{1/2} \, .$$

Außerdem ist jede Elementarzelle wegen der komplexen Darstellung mit zwei Elementarfunktionen, der symmetrischen und der antisymmetrischen, besetzt. Dadurch erweitert sich die Elementarzelle nochmals um den Faktor 2, so daß

$$XU = 1 \tag{1.45}$$

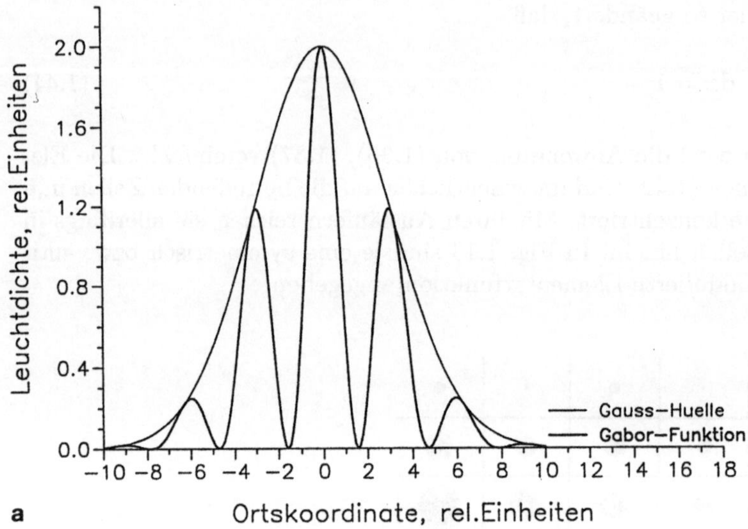

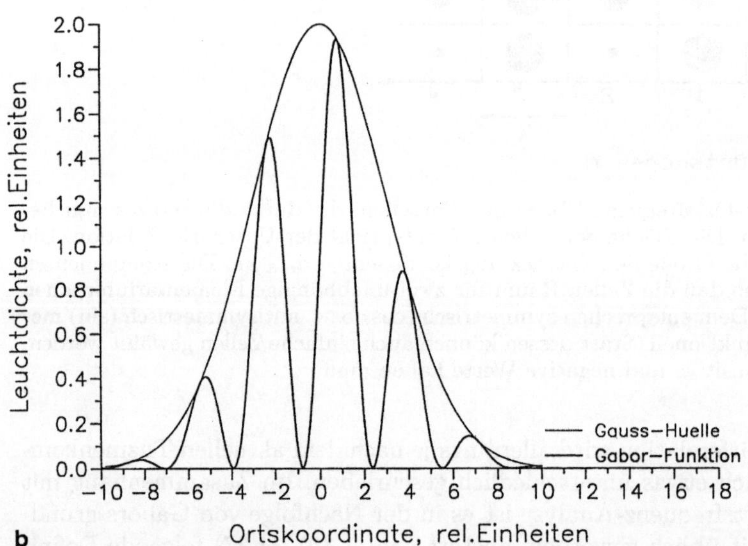

Fig. 1.13 a,b Zwei Beispiele für symmetrisch (a) bzw. antisymmetrisch (b) modulierte Gauß-Funktionen

gilt.[3]

Mit diesen Definitionen wird die Gabor-Entwicklung einer Signalfunktion $o(x)$:

---

[3] Manche Autoren schließen in die Definition der Ortsfrequenz noch einen Faktor 2π ein, entsprechend der Kreisfrequenz bei zeitlichen Vorgängen.

$$o(x) = \sum_m \sum_n a_{mn} g(x - mX) \exp(2\pi i n U x) \,. \tag{1.46}$$

Die Koeffizienten a_{mn} geben das Gewicht an, mit dem die betreffenden Elementarfunktionen in die Entwicklung eingehen. Dies ist in Fig. 1.12 durch die Größe der in die Zellen eingetragenen Kreise angedeutet.

Für die Wahl der Gauß-Funktionen als Elementarfunktionen wurde Gabor vor allem durch ihre Minimaleigenschaft bei der Unschärferelation motiviert. Allerdings ist das Minimum nicht sehr ausgeprägt, so daß auch andere Funktionen gewählt werden können, ohne daß durch den Verlust der Minimaleigenschaft wesentliche Nachteile entstehen.

Die Berechnung der Koeffizienten a_{mn} ist u.U. nicht ganz einfach, weil die Elementarfunktionen nicht orthogonal zueinander zu sein brauchen. Dies trifft insbesondere auch auf die Gauß-Funktionen zu, weil diese sich mit ihren Ausläufern überlappen. Möglichkeiten zur Berechnung dieser Koeffizienten sind von Bastiaans angegeben worden (Bastiaans 1980). Diese Arbeit liegt der hier gegebenen Darstellung zugrunde. Eine neuere, gründliche, zusammenfassende Darstellung der Gaborschen Signalentwicklung und weiterer Möglichkeiten zur lokalen Ortsfrequenzanalyse, sowie der damit zusammenhängenden Fragestellungen wurde ebenfalls von Bastiaans gegeben (Bastiaans 1988).

Zur Berechnung der Koeffizienten a_{mn} in (1.46) bieten sich Fourier-Methoden an. Mit Hilfe der diskreten Fourier-Transformation (s. z.B. Harmuth 1972, Ahmed und Rao 1975) bildet man

$$\bar{o}(x, u) = \sum_m o(x + mX) \exp(-2\pi i u m X) \,, \tag{1.47a}$$

$$\bar{g}(x, u) = \sum_m g(x + mX) \exp(-2\pi i u m X) \,, \tag{1.47b}$$

$$\bar{a}(x, u) = \sum_{mn} a_{mn} \exp[-2\pi i(u m X - x n U)] \,. \tag{1.47c}$$

Die Tilde ist hier zur Bezeichnung der transformierten Größe verwendet worden.

Hiermit kann die Gabor-Entwicklung (1.46) umgeschrieben werden in

$$\bar{o}(x, u) = \bar{a}(x, u)\, \bar{g}(x, u) \,. \tag{1.48}$$

Wenn die Division durch $\bar{g}(x, u)$ erlaubt ist – was insbesondere bei Gabor-Funktionen im allgemeinen der Fall ist – , kann man aus (1.48) $\bar{a}(x, u)$ und dann durch Rücktransformation auch a_{mn} berechnen:

$$a_{mn} = \int_X \int_U \bar{a}(x, u) \exp[2\pi i(u m X - x n U)]\, \mathrm{d}x\, \mathrm{d}u \,. \tag{1.49}$$

Die Koeffizienten a_{mn} sind die Werte des lokalen Ortsfrequenz-Spektrums an den Gitterpunkten n, m. $\bar{a}(x, u)$ kann als kontinuierliche Interpolation zwischen diesen Gitterpunkten betrachtet werden.

Die Durchführung der Rechnung bietet allerdings i.a. größere analytische Schwierigkeiten, so daß ein zweiter, ebenfalls von Bastiaans (Bastiaans 1980) angegebener Weg vorzuziehen ist. Wenn die Gaborschen Elementarfunktionen auch nicht orthogonal zueinander sind, so läßt sich doch eine Funktion finden, die in einem bestimmten Sinne „bi-orthogonal" zu den Elementarfunktionen ist. Es wird eine Funktion $\tilde{\gamma}(x,u)$ definiert durch

$$\tilde{\gamma}(x,u)\,\tilde{g}^*(x,u) = \frac{1}{X} \ . \tag{1.50}$$

Die Substitution in (1.48) ergibt

$$\frac{1}{X}\,\tilde{a}(x,u) = \tilde{o}(x,u)\,\tilde{\gamma}^*(x,u) \tag{1.51}$$

Die Rücktransformation dieser Gleichung ergibt

$$\gamma(x+mX) = \frac{1}{U}\int_U \tilde{\gamma}(x,u)\,\exp(2\pi i u m X)\,\mathrm{d}u \ . \tag{1.52}$$

Analog zu (1.47b) kann (1.51) transformiert werden in

$$a_{mn} = \int o(x)\,\gamma^*(x-mX)\,\exp(-2\pi i u m X)\,\mathrm{d}x \ . \tag{1.53}$$

Wenn $o(x)$ und $\gamma(x)$ bekannt sind, kann a_{mn} mit (1.53) berechnet werden. Die Definitionsgleichung (1.50) für $\tilde{\gamma}(x,u)$ ist äquivalent zu

$$\int \gamma(x)\,g^*(x-mX)\,\exp(-2\pi i x n U)\,\mathrm{d}x = \delta_m\,\delta_n \ . \tag{1.54}$$

Dies ist der Ausdruck für die Bi-Orthogonalität von $\gamma(x)$ zu $g(x)$. Die δ-Symbole bedeuten hier die Kronecker-Symbole, z.B.:

$$\delta_m = \begin{cases} 1 & \text{falls } m = 0 \\ 0 & \text{falls } m \neq 0 \end{cases} \ .$$

Die Funktion $\gamma(x)$ läßt sich folgendermaßen darstellen:

$$\gamma(x+mX) = \left(\frac{1}{X\sqrt{2}}\right)^{1/2}\exp\left[\pi\left(\frac{x}{X}\right)^2\right]\left(\frac{K_0}{\pi}\right)^{-3/2}(-1)^m$$

$$\times \exp\left(2\pi m\frac{x}{X}\right)\sum_{n\geq 0}(-1)^n\exp\left[-\pi\left(n+\frac{1}{2}\right)\left(2m+n+\frac{1}{2}\right)\right] \ . \tag{1.55}$$

Die komplizierte Summe in dieser Formel entsteht durch eine θ-Funktion in der Transformationsformel. Außerdem gilt $K_0 = 1.85407468$. In guter Näherung kann $\gamma(x/X)$ nach Kritikos und Farnum (1987) auch dargestellt werden durch

$$X\,\gamma(x) = 2^{-1/4}\,(K_0/\pi)^{-3/2}(-1)^m\exp\left\{\pi\left[(x/X)^2 - (m+1/2)^2\right]\right\} \tag{1.55a}$$

mit

$$m - 1/2 \le |x| < m + 1/2 , \quad m \text{ nicht negativ, ganz.}$$

In Figur 1.14 ist die Funktion $\gamma(x)$ entsprechend (1.55a) wiedergegeben. Dabei ist zur Erhöhung der Übersichtlichkeit der Faktor $2^{-1/4}\,(K_0/\pi)^{-3/2} = 1.854711973$ unterdrückt und $X = 1$ gesetzt worden.

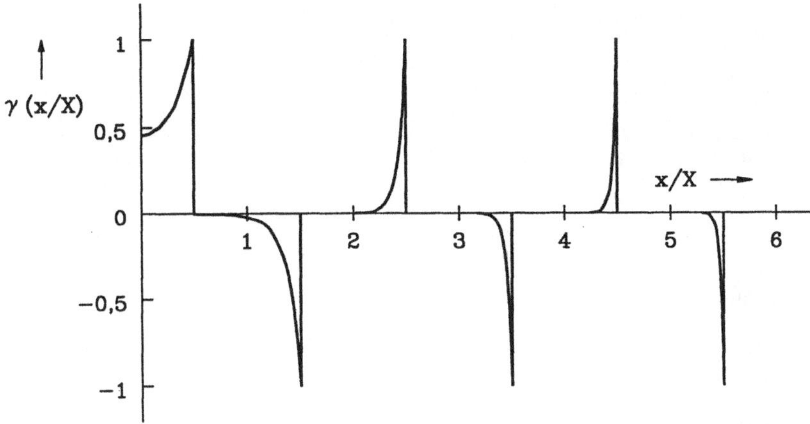

Fig. 1.14. Die Hilfsfunktion $\gamma(x/X)$

Die Berechnung von a_{mn} aus (1.53) wird in den meisten Fällen nur numerisch erfolgen können. Wegen der Unstetigkeiten von $\gamma(x)$ muß man das Integral in Teilintegrale aufspalten. Leider konvergieren die Teilintegrale über $\gamma(x)$ nicht besonders gut, so daß u.U. bis zu mehr als zehn Anteile berechnet werden müssen, wenn die angegebene Näherungsformel nicht verwendet wird. Die Gestalt von $o(x)$ kann diese Situation naturgemäß stark beeinflussen.

Durch eine lokale Änderung der Objektfunktion wird i.a. auch das Spektrum nur lokal beeinflußt. Dies wird im folgenden an einem Beispiel demonstriert (Fischer 1982). In Fig. 1.15 sind die Beträge der Koeffizienten $a_{m,0}$ und $a_{m,1}$ für $m = 0, 1, \ldots, 11$ für die Signalfunktion $o(x) = J_0(x)$ (Besselfunktion 0-ter Ordnung) ohne eine Störung und mit einer „Störung": $0.3\sin(\frac{\pi}{2}x), x \in [3, 5]$ aufgetragen. Man erkennt, daß sich die Störung im wesentlichen nur auf das Spektrum im Bereich der Störung und der unmittelbaren Nachbarschaft auswirkt.

Wie dieses Beispiel zeigt, erfüllt die lokale Ortsfrequenz die Erwartung, daß lokale Änderungen der Objektfunktion auch nur lokale Änderungen des Spektrums hervorrufen.

Die Gaborschen Elementarfunktionen sind allerdings keine Eigenfunktionen linearer Übertragungssysteme. Dies bedeutet, daß die Berechnung einer linearen Abbildung nicht mehr so einfach verlaufen kann wie mit dem normalen Ortsfrequenzspektrum. Durch die Unvollkommenheiten der Abbildung

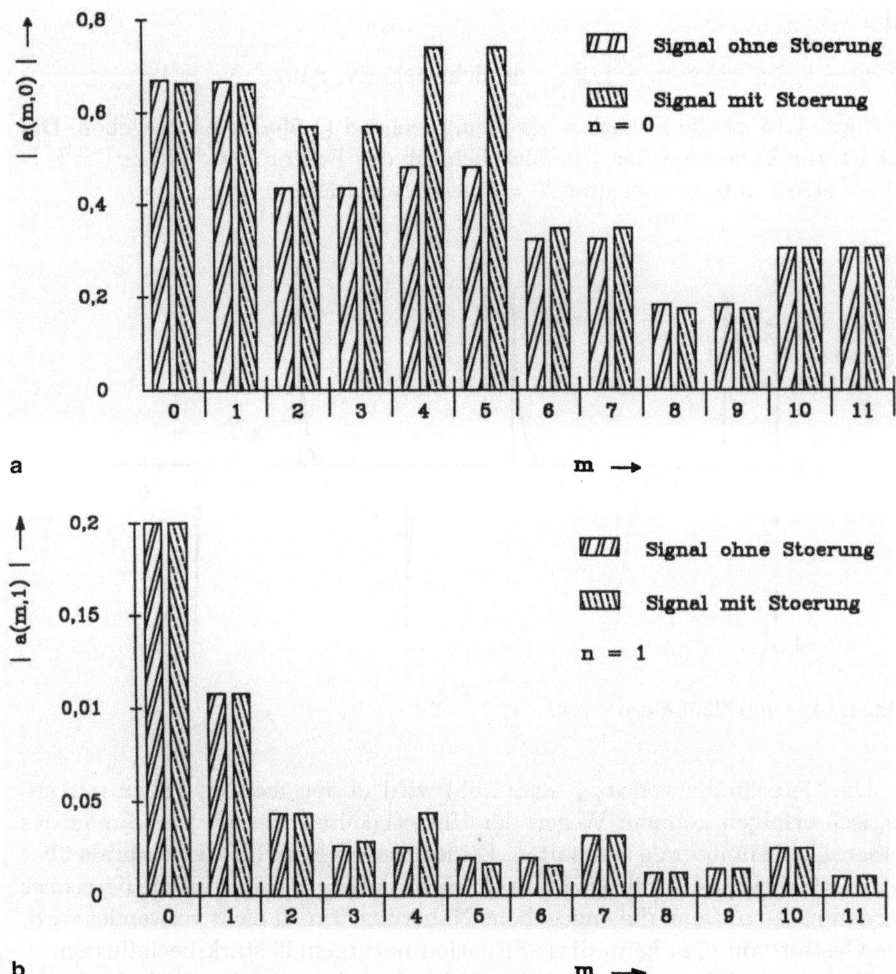

Fig. 1.15 a,b Auswirkung lokaler Änderungen auf ein lokales Ortsfrequenzspektrum. Eine Objektfunktion $J_0(x)$ wurde mit einer Störung in Form einer Sinus-Halbwelle $0.3\sin[(\pi/2)x]$, $x \in [3,5]$ überlagert. (a) Koeffizienten $a_{m,0}$ ohne und mit Störung. (b) Wie (a), jedoch für Koeffizienten $a_{m,1}$

werden die Orts- und Ortsfrequenz–Auflösung stark beeinflußt, so daß dem Bild u.U. eine andere Einteilung in Elementarbereiche angemessener ist als die beim Objekt verwendete. Die hierbei auftretenden Probleme sind in der modernen Optik bereits diskutiert worden, doch liegen noch wenig konkrete Ergebnisse vor. Insbesondere ist dieses Problem im Zusammenhang mit der Abbildung durch den Gesichtssinn noch kaum diskutiert worden. Daher soll dieses Thema hier nicht weiter vertieft werden.

Zum Schluß dieses Abschnittes sind noch einige Bemerkungen über die zweidimensionale lokale Ortsfrequenzanalyse erforderlich. Die Übertragung des Formalismus auf zwei Dimensionen macht keinerlei Schwierigkeiten. Man benötigt zwei Ortskoordinaten x, y und zwei Ortsfrequenzkoordinaten u, v. Dann ergibt sich die Entwicklung nach Gabor-Funktionen:

$$o(x,y) = \sum_{mnpq} a_{mnpq} g(x - mX, y - pY) \exp\left[\mathrm{i}(xnU + yqV)\right] \tag{1.56}$$

mit

$$g(x,y) = \left(\frac{\sqrt{2}}{X}\right)^{1/2} \left(\frac{\sqrt{2}}{Y}\right)^{1/2} \exp\left\{-\pi\left[(x/X)^2 + (y/Y)^2\right]\right\} . \tag{1.57}$$

Die Produkte XU, YV sind durch die Unschärfe-Relation nach unten begrenzt. Auch die γ-Funktion kann leicht sinngemäß auf zwei Dimensionen erweitert werden. Die Figuren 1.16, 1.17 zeigen einige Beispiele für zweidimensionale Funktionen, die mit sehr wenig Komponenten rekonstruiert wurden. Die Wirkungsweise dieser Bildanalyse bzw. - synthese ist gut erkennbar.

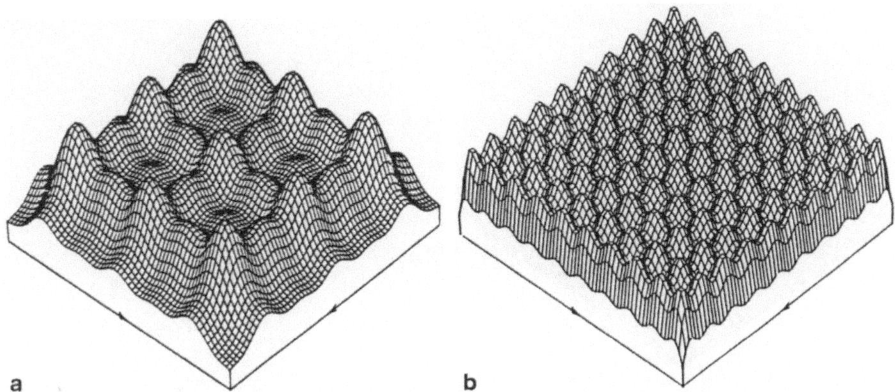

Fig. 1.16 a,b Zwei Rekonstruktionen mit verschiedener Auflösung der Funktion $o(x,y) = 1$. (a) Rekonstruktion mit $n = 0$, $q = 0$, (b) Rekonstruktion mit $n = -1, 0, 1$; $q = -1, 0, 1$

1.2 Strahlungsmessung und Lichtmessung

1.2.1 Strahlungsmessung

Im vorigen Abschnitt 1.1 wurden die Objektverteilung $o(\mathbf{r})$ und die Bildverteilung $b(\mathbf{r}')$ eingeführt, ohne daß die physikalische Dimension dieser Größen genauer erklärt wurde. Dies wird in diesem Abschnitt nachgeholt.

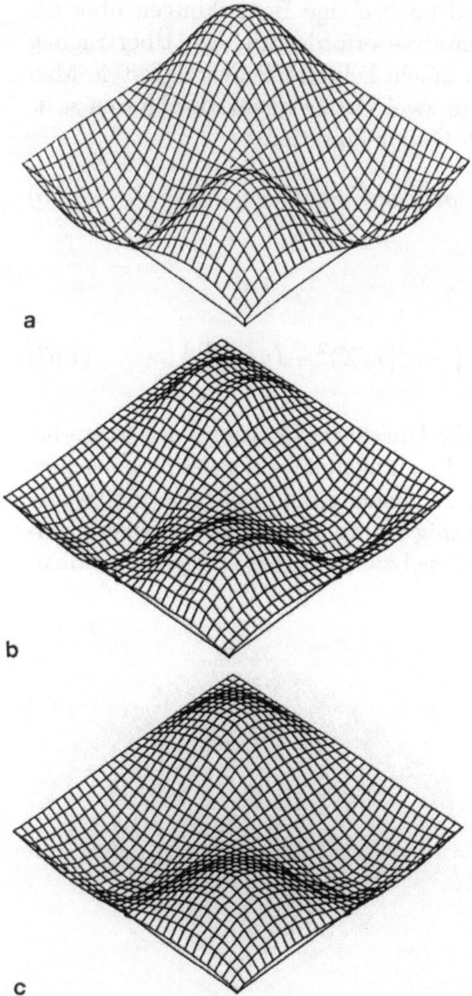

Fig. 1.17 a-c Original und zwei Rekonstruktionen der Funktion $f(x,y) = \sin x \sin y$. (a)Original (b)Rekonstruktion mit $n = -1, 0, 1$; $q = 0$, (c)Rekonstruktion mit $n, q = -1, 0, 1$

Dieses Thema führt auf das Gebiet der Strahlungsmessung bzw. bei den Anwendungen in der physiologischen Optik auf die Lichtmessung, das i.a. sowohl bei Lernenden als auch bei Lehrenden sehr unbeliebt war oder teilweise immer noch ist. Der Grund dafür ist, daß die Zahl der Variablen, die dabei beachtet werden muß, ziemlich groß ist, was noch durch eine größere Zahl von mehr oder weniger gebräuchlichen Einheiten mit der gleichen physikalischen Dimension verschlimmert wird. Die Situation wurde 1948 von Pohl in seinem bekannten Lehrbuch der Experimentalphysik, Band „Optik" (Pohl 1948) sehr treffend charakterisiert: „Nun kommt etwas recht Überflüssiges: Man gibt allen abgeleiteten Einheiten besondere Namen, und durch sie bekommt diese harmlose Meßkunst das Ansehen einer wahrhaft esotherischen Lehre." Die Situation hat sich in neuerer Zeit durch eine konsequente Normengebung zwar wesentlich gebessert, beim Gebrauch der älteren oder der ausländischen Literatur ist aber immer noch große Sorgfalt anzuraten. An dieser Stelle soll nur das für die Vorbereitung der späteren Kapitel über physiologisch-optische Fragestellungen unbedingt Notwendige referiert werden. Eine ausführlichere Darstellung der modernen Begriffsbildungen findet man z.B. im Lehrbuch „Optik" von Klein u. Furtak (Klein u. Furtak 1988), die älteren Bezeichnungen sind z.B. in „Das Sehen" (Schober 1957) ausführlich erläutert.

Die Strahlungsmessung ist eine rein physikalische Angelegenheit. Unter „Strahlung" wird dabei elektromagnetische Strahlung verstanden. Sie geht von einer Strahlungsquelle aus, die ein Selbststrahler sein kann. Es kann auch ein Gegenstand sein, der für die Strahlung einer entsprechenden Quelle mehr oder weniger transparent ist, wie z.B. ein Diapositiv. Oder das Objekt kann die Strahlung reflektieren, wie z.B. ein von der Sonne beschienener Gegenstand. In jedem Falle geht von der Oberfläche der als räumlich ausgedehnt vorausgesetzten Quelle ein *Strahlungsfluß* aus, der mit Φ_e bezeichnet wird. Es ist die gesamte von der Quelle abgestrahlte Leistung und wird in W gemessen.

Normalerweise ist die Abstrahlung von einer Quelle nicht über die ganze Oberläche gleichmäßig. Daher ist es sinnvoll, den Strahlungsfluß pro Oberflächeneinheit der Quelle zu betrachten. Man definiert die *spezifische Ausstrahlung* als

$$M_e = \frac{\mathrm{d}\Phi_e}{\mathrm{d}A} , \tag{1.58}$$

wobei $\mathrm{d}A$ das Oberflächenelement der Quelle ist. Die Größe wird in $\mathrm{W/m^2}$ gemessen. Bei einer Quelle, die wie z.B. ein Diapositiv eher als zweidimensional betrachtet wird, muß hier sorgfältig zwischen Vorder- und Rückfläche unterschieden werden. Bei einem Dia z.B. ist nur die Abstrahlung in die der Lichtquelle abgewandten Richtung von Interesse. Umgekehrt ist bei einem Objekt, das in Reflexion betrachtet wird, die der Lichtquelle zugewandte Richtung wichtig, auch wenn das Objekt vielleicht teilweise transparent ist.

In der Art, wie der Lichtstrom oben eingeführt wurde, stellt er nur einen Spezialfall dar, nämlich die Strahlungsleistung, die durch die gesamte Oberfläche der Quelle austritt. Statt auf die Oberfläche der Quelle kann man die Strahlungsleistung auf jede andere tatsächliche oder nur gedachte Fläche beziehen. Der Strahlungsfluß bezeichnet also im allgemeineren Sinne die gesamte Strahlungsleistung, die eine Fläche durchsetzt. Man kann den Strahlungsfluß daher auch auf eine bestrahlte Fläche beziehen. Um diesen Fall von dem der strahlenden Fläche zu unterscheiden, definiert man als Gegenstück zu der spezifischen Ausstrahlung die *Bestrahlungsstärke* als

$$E_e = \frac{d\Phi_e}{dA} \,, \tag{1.59}$$

wobei dA jetzt das Oberflächenelement der bestrahlten Fläche ist. Die Bestrahlungsstärke wird ebenfalls in W/m^2 gemessen.

Nach der älteren Normung wurde die bestrahlte Fläche in m^2, die strahlende Fläche in cm^2 gemessen und zur Unterscheidung von bestrahlten Flächen mit Kleinbuchstaben bezeichnet. Der Grund für diese Festsetzung war, daß Quellen in der Regel eine viel kleinere Fläche und dafür einen um so größeren Strahlungsfluß pro Flächeinheit haben als bestrahlte Flächen. Es liegt auf der Hand, daß sich hierbei leicht ein Fehlerfaktor von 10^4 einschleichen konnte. Noch komplizierter wurde die Lage dadurch – und ist sie z.T. noch heute – , daß in der ausländischen Literatur Flächeneinheiten wie Quadratfuß oder Quadratzoll verwendet wurden. Dies verdeutlicht die Situation, auf die Pohl in dem oben angeführten Zitat anspielt, etwas.

Die spezifische Ausstrahlung bezeichnet die gesamte von einem Flächenelement ausgehende Strahlung. Diese Strahlung breitet sich normalerweise in den gesamten Halbraum, dem das Flächenelement zugewandt ist, aus. Da die Strahlungsleistung in verschiedene Richtungen nur in Ausnahmefällen gleich ist, muß man zusätzlich die Richtungen genauer kennzeichnen. Dies geschieht durch die Definition der *Strahldichte*. Die Ausstrahlungsrichtung wird durch den Winkel θ gegen die Normale des Flächenelementes definiert. Sehr häufig ist die Strahldichte „empfängerorientiert", d.h. die Position des Empfängers legt die Ausstrahlungsrichtung fest. Der Empfänger ist aber nicht ohne weiteres in der Lage, die Orientierung des Flächenelementes, das ihm Strahlungsleistung zustrahlt, zu erkennen. Daher wird bei der Berechnung der Strahldichte nicht der tatsächliche Flächeninhalt des Flächenelementes, sondern der Inhalt der Projektion dieser Fläche auf eine Ebene senkrecht zur Ausstrahlungsrichtung zugrunde gelegt. Außerdem ist die Strahlungsleistung in eine mathematisch festgelegte Richtung physikalisch nicht erfaßbar. Es muß vielmehr noch eine Raumwinkelgröße $d\Omega$ um die Ausstrahlungsrichtung festgelegt werden. Dann ist die Strahldichte definiert durch

$$L_e = \frac{d^2\Phi_e}{dA\,\cos\theta\,d\Omega} \,. \tag{1.60}$$

Die geometrischen Verhältnisse sind in Fig. 1.18 dargestellt. Der Raumwinkel wird in *Steradian* [sr] gemessen. Er ist so definiert, daß die gesamte Kugel um einen Punkt den Raumwinkel von 4π sr einnimmt. Der Halbraum, in den ein Flächenelement strahlt, nimmt daher den Raumwinkel von 2π sr ein.

Der Zusammenhang zwischen der spezifischen Ausstrahlung und der Strahldichte ist

$$M_e = \int\limits_{\text{Halbraum}} L_e\,\cos\theta\,d\Omega \,.$$

Die Strahldichte steht in unmittelbarer Beziehung zur optischen Abbildung. Die Ausstrahlungsrichtung eines Oberflächenelementes des Objektes ist

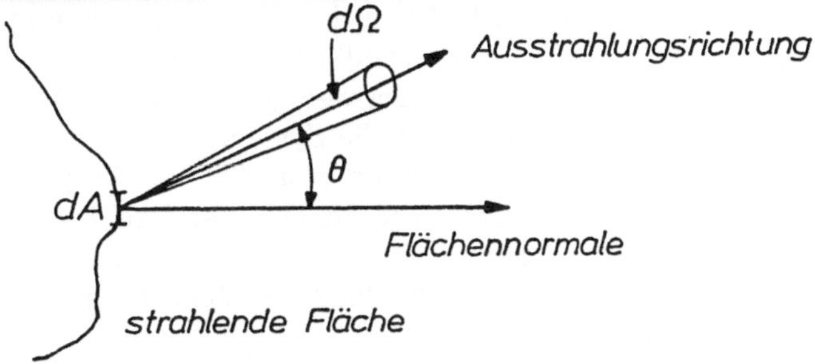

Fig. 1.18. Zur Definition der Strahldichte. Es bedeuten Φ_e den Strahlungsfluß, dA das Oberflächenelement, θ den Winkel der Ausstrahlungsrichtung zur Oberflächennormalen und $d\Omega$ das Raumwinkelelement um die Ausstrahlungsrichtung

durch den Hauptstrahl festgelegt, der Objektelement und zugehöriges Bildelement verbindet. Der Raumwinkel wird durch die Öffnung des abbildenden Systems festgelegt. Daher kann die Strahldichte mit der früher eingeführten Objektverteilung $o(\mathbf{r})$ identifiziert werden.

Die Bildverteilung $b(\mathbf{r'})$ wird durch das bildseitige Gegenstück der Strahldichte definiert. Da bei einer optischen Abbildung ein Bildelement nur Strahlung von dem zugehörigen Objektelement erhalten sollte, kann man zur Definition der Bildverteilung die Bestrahlungsstärke verwenden. Dabei sollte naturgemäß sichergestellt werden, daß hier nur die Projektion der betrahlten Fläche auf die Ebene senkrecht zur Strahlungsrichtung berücksichtigt wird.

1.2.2 Lichtmessung

Bei der im vorigen Abschnitt besprochenen Strahlungsmessung geht man davon aus, daß man einen Detektor hat, der die auftreffende Strahlung nach Möglichkeit vollständig, vor allem aber mit einer von der Wellenlänge unabhängigen Empfindlichkeit mißt. Dies ist in der Praxis nur selten, und dann auch nur in sehr begrenzten Wellenlängenbereichen realisierbar. Bei den meisten Strahlungsempfängern ist die Empfindlichkeit von der Wellenlänge abhängig und dabei auch insgesamt auf einen relativ kleinen Wellenlängenbereich beschränkt. Daher ist es erforderlich, die spektrale Empfindlichkeitsabhängigkeit der Detektoren bei der Strahlungsmessung zu berücksichtigen.

Bei der Thematik dieses Buches ist als Strahlungsempfänger in erster Linie das menschliche Sehorgan von Interesse. Die von diesem Organ in unserem Bewußtsein ausgelöste Empfindung wird als *Licht* bezeichnet. Die *Lichtmessung* oder *Photometrie* beschäftigt sich damit, Licht auf einer physikalischen Basis zu messen. Dies hat nur sehr wenig mit der vom Menschen empfundenen Helligkeit zu tun, wie in späteren Kapiteln noch ausführlich erörtert wird. Trotzdem geht natürlich die spektrale Empfindlichkeit des Sehorgans wesentlich in diese Messungen ein. Es wäre daher folgerichtig, die Lichtmessung erst nach den physiologischen Grundlagen des Sehens zu besprechen. Nun sind aber die Begriffsbildungen in diesem Bereich denen der Strahlungsmessung weitgehend analog, und es wäre daher sehr umständlich, die Ausführungen des vorigen Abschnittes an späterer Stelle mehr oder weniger zu wiederholen.

Ohne Spezialisierung auf das menschliche visuelle System muß man bei einem Detektor, der nicht wellenlängenunabhängig ist, zunächst auf die spektrale Verteilung der Strahlungsquelle zurückgreifen. Sei $\Phi_{e,\lambda}$ der Strahlungsfluß, der im Spektralbereich $[\lambda, \lambda + d\lambda]$ von einer Strahlungsquelle ausgesandt wird. Bei Verwendung eines vollständig und wellenlängenunabhängig absorbierenden Detektors ist die Relation

$$\Phi_e = \int_0^\infty \Phi_{e,\lambda}\, d\lambda \tag{1.61}$$

gültig. Nachdem viele Detektorarten nicht wellenlängenunabhängig sind, muß man in solchen Fällen in das obige Integral noch eine von der Wellenlänge abhängige Empfindlichkeitsfunktion einbauen.

Beim menschlichen Auge hängt diese Funktion, hier *spektraler Hellempfindungsgrad* genannt, noch von der mittleren Helligkeit des Gesichtsfeldes ab, weil das Auge zwei verschiedene Rezeptorarten besitzt, die Zapfen und die Stäbchen. Erstere sind beim Tagessehen aktiv, letztere beim Sehen in der Dämmerung. Dazwischen gibt es noch verschiedene Übergangszustände. Dies wird in den folgenden Kapiteln eingehend besprochen. Hier werden nur die Funktionen für die beiden Grenzzustände angegeben. Der relative spektrale Hellempfindungsgrad für das Tagessehen wird mit V_λ bezeichnet. Er ist in Fig. 2.8 als Kurve a dargestellt. „Relativ" heißt diese Funktion deswegen, weil ihr Maximum, das bei $\lambda = 554\,\text{nm}$ liegt, willkürlich auf den Wert *eins* normiert ist. Der relative spektrale Hellempfindungsgrad für das Dämmerungssehen wird mit V_λ' bezeichnet (Kurve b in Fig. 2.8). Er hat sein Maximum bei $\lambda' = 513\,\text{nm}$.

Der Gesichtssinn unterscheidet sich von einem physikalischen Strahlungsempfänger dadurch, daß er nicht die physikalische Strahlungsleistung bewertet, sondern eine Sinnesempfindung auslöst: *Licht* bzw. *Helligkeit*. Die photometrischen Größen sind daher keine physikalischen, sondern psychophysikalische Größen. Als Grundgröße wird der *Lichtstrom* betrachtet, das Gegenstück zum Strahlungsfluß. Die Einheit ist das *Lumen* (Formelzeichen Φ_v). Der Lichtstrom bewertet das gesamte von einer Strahlungsquelle ausgesandte *Licht*.

Die Beziehung zwischen den psychophysikalischen, photometrischen Größen und den physikalischen, radiometrischen Größen wird durch das *mechanische Strahlungsäquivalent* (Formelzeichen M) hergestellt. Es hat die Dimension [W/lm] und gibt an, wie groß bei der Wellenlänge $\lambda = 554\,\text{nm}$, dem Maximum des spektralen Hellempfindungsgrades, der Strahlungsfluß ist, der einen Lichtstrom von 1 lm erzeugt:

$$M = 0,00147\,\text{W/lm}\,. \tag{1.62}$$

Mit diesen Definitionen kann man schreiben:

$$\Phi_{\mathrm{v}} = \frac{1}{M} \int_0^{\infty} V_{\lambda} \Phi_{\mathrm{e},\lambda} \, \mathrm{d}\lambda \, . \tag{1.63}$$

Der spektrale Hellempfindungsgrad und das mechanische Strahlungsäquivalent werden in dem *photometrischen Strahlungsäquivalent*

$$K_{\lambda} = \frac{V_{\lambda}}{M}$$

zusammengefaßt.

Der Lichtstrom ist der unmittelbaren Beurteilung durch den menschlichen Beobachter nicht zugänglich, weil der Raumwinkel, den das Auge erfassen kann, durch die Pupille begrenzt ist, und der Gesichtssinn nicht die Fähigkeit hat, Helligkeitseindrücke beim sukzessiven Abtasten eines größeren Raumwinkelbereiches zu integrieren. Eine für die direkte Beurteilung geeignetere Größe ist die *Leuchtdichte*, das Gegenstück zur Strahldichte (1.60). Sie ist definiert als *der durch einen Querschnitt in einen Raumwinkelbereich gehende, auf die Querschnitts- und Raumwinkeleinheit bezogene Lichtstrom* (Formelzeichen L_{v}). Es gilt daher:

$$L_{\mathrm{v}} = \frac{\mathrm{d}^2 \Phi_{\mathrm{v}}}{\mathrm{d}A \, \cos\theta \, \mathrm{d}\Omega} \, , \tag{1.64}$$

wobei $\mathrm{d}A$ das Flächenelement der Lichtquelle, θ dessen Neigung gegen die Ausstrahlungsrichtung und $\mathrm{d}\Omega$ das Raumwinkelelement bezeichnen. Die Leuchtdichte wird nach neuerer Nomenklatur in Einheiten von $[\mathrm{lm}/(\mathrm{m}^2\,\mathrm{sr})]$, auch als *Nit* bezeichnet, gemessen. Von älteren Einheiten mögen $[\mathrm{Stilb}] = [\mathrm{lm}/(\mathrm{cm}^2\,\mathrm{sr})]$ und $[\mathrm{Lambert}] = (1/\pi)[\mathrm{lm}/(\mathrm{cm}^2\,\mathrm{sr})]$ genannt sein.

Die Leuchtdichte ist diejenige Größe, über die das mechanische Lichtäquivalent experimentell festgelegt wird. Der Schwarze Strahler hat bei der Temperatur des erstarrenden Platins (2043,5 K) definitionsgemäß die Leuchtdichte von $6 \times 10^5 \mathrm{lm}/(\mathrm{m}^2\,\mathrm{sr})$.

In der älteren Literatur spielt der Begriff der *Lichtstärke* eine herausragende Rolle. Er bezeichnet den von einer Lichtquelle insgesamt in eine bestimmte Richtung ausgesandten Lichtstrom. Es liegt auf der Hand, daß diese Größe nur sinnvoll definiert werden kann, wenn sowohl die Fläche der Lichtquelle, als auch die des Detektors klein gegen den gegenseitigen Abstand sind. Die Lichtstärke

$$I_{\mathrm{v}} = \frac{\mathrm{d}\Phi}{\mathrm{d}\Omega} \, ,$$

wird in candela $= \mathrm{lm}/\mathrm{sr}(= \mathrm{cd})$ gemessen. Diese Größe läßt sich leicht mit dem mechanischen Strahlungsäquivalent (1.62) verknüpfen, wenn die Fläche des Schwarzen Strahlers berücksichtigt wird. Die Bedeutung dieser Größe geht auf die Anfänge der wissenschaftlichen Lichttechnik zurück. Sie ist eine verbesserte Version der *Hefner-Kerze*, die als Lichtnormal früher eine große Rolle

spielte. Seit photometrische Messungen nicht mehr ausschließlich auf Photo-
meterbänken ausgeführt werden, ist die Bedeutung dieser Größe gegenüber
der Leuchtdichte sehr in den Hintergrund getreten.

Das psychophysikalische Analogon zur spezifischen Ausstrahlung (1.58)
ist die *spezifische Lichtausstrahlung*:

$$M_\mathrm{v} = \frac{\mathrm{d}\Phi_\mathrm{v}}{\mathrm{d}A} \; . \tag{1.65}$$

Sie wird in $\mathrm{lm/m^2}$ gemessen.

Ebenso wie bei der Strahlungsmessung gibt es zu der spezifischen Lichtausstrahlung (1.59) auf der Empfängerseite eine entsprechende Größe der gleichen Dimension, die *Beleuchtungsstärke*:

$$E_\mathrm{v} = \frac{\mathrm{d}\Phi_\mathrm{v}}{\mathrm{d}A} \; . \tag{1.66}$$

Die Beleuchtungsstärke wird wegen der Dimensionsgleichheit mit der spezifischen Lichtausstrahlung ebenfalls in $\mathrm{lm/m^2}$ gemessen. Für diese Einheit ist
in diesem Falle auch noch die Bezeichnung Lux gebräuchlich.

In Tabelle (1.1.) sind die besprochenen Größen der Strahlungs- und Lichtmessung noch einmal zusammengestellt.

Tabelle 1.1. Radiometrische und photometrische Grundgrößen

Radiometrische Größen	Symbol	Einheit
Strahlungsfluß	ϕ_e	Watt
Spez. Ausstrahlung	M_e	$\mathrm{W/m^2}$
Bestrahlungsstärke	E_e	$\mathrm{W/m^2}$
Strahldichte	L_e	$\mathrm{W/(m^2 sr)}$

Photometrische Größen	Symbol	Einheit
Lichtstrom	Φ_v	Lumen
Spez. Lichtausstrahlung	M_v	$\mathrm{lm/m^2}$
Beleuchtungsstärke	E_v	$\mathrm{lm/m^2} = \mathrm{Lux}$
Leuchtdichte	L_v	$\mathrm{lm/(m^2 sr)}$
Lichtstärke	I_v	$\mathrm{lm/sr} = \mathrm{cd}$

An den Begriff der Leuchtdichte knüpft die für physiologisch-optische
Beobachtungen sehr oft herangezogene Einheit *Troland* an. Sie ist unmittelbar auf eine früher von König vorgeschlagene Einheit bezogen. Es wird
dabei berücksichtigt, daß die Hornhautbeleuchtungsstärke für die Netzhaut
nur insoweit wirksam werden kann, als die Pupillenöffnung das auffallende
Licht durchläßt. Daher wird eine Einheit Troland definiert. Man bezeichnet damit eine Netzhautbeleuchtungsstärke, die eine ausgedehnte leuchtende

Fläche von der Leuchtdichte 1 cd/m^2 bei einer Pupillenöffnung von 1 mm^2 erzeugt. Normalerweise ist hier an das Tagessehen gedacht. Kommt auch das Dämmerungssehen in Betracht, muß man wegen der unterschiedlichen Hellempfindungskurven zwischen *photopischen* Trolands (für das Tagessehen) und *skotopischen* Trolands (für das Dämmerungssehen) unterscheiden. Absorptionseigenschaften der Augenmedien und insbesondere der später zu erklärende Stiles-Crawford-Effekt bleiben bei der Definition des Troland unberücksichtigt. Da der Pupillendurchmesser von der Leuchtdichte der betrachteten Fläche abhängt, benutzt man für derartige Experimente normalerweise eine künstliche Pupille, d.h. eine Blende, die in die Augenpupille abgebildet wird und jedenfalls kleiner als letztere ist. Ein Troland entspricht 2,1 König-Einheiten.

Literatur zu Kapitel 1

Ahmed N, Rao KR (1975) Orthogonal transforms for digital signal processing. Springer, Berlin Heidelberg New York

Bastiaans MJ (1980) The expansion of an optical signal into a discrete set of Gaussian beams. Optik 57:95-102

Bastiaans MJ (1988) Local-Frequency description of optical signals and systems. EUT Report 88-E-191 Eindhoven

Born M, Wolf E (1964) Principles of optics. 2nd edn. Pergamon, Oxford. p 334

Duffieux PM (1946) L'integrale de Fourier et ses applications à l'optique. Besançon

Fischer B (1982) Lokale Ortsfrequenzanalyse. Diplomarbeit, Fakultät für Physik an der LMU München

Gabor D (1946) Theory of communication. J Inst Elec Eng 93(III):429-457

Goodman JW (1968) Introduction to Fourier optics. McGraw-Hill, New York

Harmuth HF (1972) Transmission of information by orthogonal functions. Springer, Berlin Heidelberg

Klein MV, Furtak TE (1988) Optik. Springer, Berlin Heidelberg

Kritikos HN, Farnum PT (1987) Approximate evaluation of Gabor expansions. IEEE Trans. SMC-17:978-981

Linfoot EH (1964) Fourier methods in optical image evaluation. Focal Press, London

Lukosz W (1958) Zur geometrisch-optischen Übertragungstheorie der inkohärenten Abbildung. Dissertation, Universität Braunschweig

Pohl RW (1948) Einführung in die Physik, 3. Bd, Optik, 7./8. Aufl. Springer, Berlin Göttingen Heidelberg S 325

Röhler R (1967) Informationstheorie in der Optik. Wissensch Verlagsges, Stuttgart

Röhler R (1975) Zur Festlegung der Phase bei der Messung der optischen Übertragungsfunktion. Optik 48:419-430

Schober H (1957) Das Sehen. Bd 1, 2. Aufl, Fachbuchverlag Leipzig

Spiegler G, Juris K (1931) Ein neues Verfahren zur Herstellung ausgeglichener Kopien nach besonders harten Originalaufnahmen. Photographische Korrespondenz

Stößel W (1993) Fourieroptik - Eine Einführung. Springer, Berlin Heidelberg

2 Physiologische Grundlagen

Da der Schwerpunkt dieses Buches auf der Psychophysik liegt, wird in diesem Kapitel nur das Notwendige mitgeteilt, das zum Verständnis der psychophysikalischen Experimente und ihrer Interpretation erforderlich ist. Psychophysik und Physiologie, insbesondere die Neurophysiologie sind in gewissem Sinne komplementär zueinander. Die Physiologie deckt die Strukturen des Sinnesorgans, besonders auch die Strukturen der neuronalen Verschaltungen auf, sie kann aber keine Aussagen über den Zusammenhang zwischen Nervensignalen und der dadurch ausgelösten Empfindung machen. Umgekehrt untersucht die Psychophysik den Zusammenhang zwischen physikalischem Reiz und der dadurch ausgelösten Sinnesempfindung, wobei die detaillierte Struktur der dabei aktivierten Signalverarbeitung unklar bleibt. Eine enge Kooperation zwischen Physiologie und Psychophysik ist daher unerläßlich.

Im einzelnen werden in diesem Kapitel die Komponenten und Grundfunktionen des Auges, der Aufbau der Netzhaut und des nachgeschalteten neuronalen Netzwerkes, sowie die für das Sehen absolut notwendigen Augenbewegungen besprochen.

2.1 Der physikalisch-optische Apparat des Auges

Das Auge erzeugt ein optisches Bild der Außenwelt, genau genommen eines Ausschnittes der Außenwelt, der etwas größer als der Halbraum um die optische Achse des Auges ist. Das optische Bild wird auf der *Netzhaut* des Auges aufgefangen. Diesen Vorgang der optischen Abbildung der Außenwelt hat erstmals in aller Deutlichkeit der Astronom J. Kepler 1604 beschrieben. Er brachte damit recht verworrene und komplizierte Theorien aus dem Mittelalter zu Fall, die sich noch auf Aristoteles stützten und die sich vor der unüberwindlich erscheinenden Schwierigkeit sahen, daß bei einer ganz normalen optischen Abbildung das Bild der Außenwelt auf der Netzhaut umgekehrt, d.h. auf dem Kopf stehend, erscheint. Dies schien damals in Verbindung mit der Tatsache, daß wir die Welt aufrecht sehen, keine annehmbare Theorie zu sein. Eine eindrucksvolle Abbildung, die sich auf Keplers Theorie stützt, (Fig. 2.1) findet sich in der Abhandlung „Dioptrique" von R. Descartes (1637). Dieser Abbildung liegt ein Experiment des Paters Scheiner (1619) zugrun-

de. Scheiner hatte bei einem enukleierten Ochsenauge die undurchsichtige
Augenrückwand so weit abgetragen, daß er im durchscheinenden Licht die
Bilder von punktförmigen Lichtquellen beobachten konnte, die auf der Rück-
wand des Auges entstanden (s.a. Pirenne 1970).

Eine etwas modernere, vereinfachte Darstellung des optischen Abbildungsvorganges ist in Fig. 2.2 wiedergegeben. Die Komponenten, die die
optische Abbildung vermitteln, sind die *Hornhaut (cornea)* und die *Kristallinse* in Verbindung mit den beteiligten optischen Medien: *Kammerwasser*
und *Glaskörper*. Dabei übernimmt die Hornhaut den überwiegenden Anteil
der optischen Brechkraft, die für die Erzeugung eines scharfen Bildes auf der
Netzhaut (*Retina*) erforderlich ist.

Die Hornhaut ist in ihrem optisch wirksamen Bereich nahezu sphärisch
geformt. Normalerweise hat sie in ihrem vertikalen Meridian einen etwas kleineren Krümmungsradius als im horizontalen Meridian. Dies führt zu einem
sog. *physiologischen Hornhaut-Astigmatismus*, der aber in der Regel durch
die Kristallinse zum großen Teil kompensiert wird. Zwischen Hornhaut und
Kristallinse befindet sich das Kammerwasser, das die vordere Augenkammer
ausfüllt.

Die Kristallinse ist das Instrument für die *Akkommodation* des Auges.
Darunter versteht man die Fähigkeit, optische Objekte, die sich in verschiedenen Entfernungen vom Auge befinden, wahlweise scharf auf die Netzhaut
abzubilden. In technischen Systemen wird diese Aufgabe in der Regel durch
eine Verschiebung des abbildenden Systems gelöst: Bei einem Photoapparat wird die Entfernung des Objektivs von der Bildebene dem Abstand des
Objektes angepaßt, bei einem Projektionsapparat wird die Entfernung des
Objektivs von der Objektebene dem Abstand der Bildebene angepaßt. Beim
Auge des Säugetieres wird dagegen die Brechkraft des abbildenden Systems,
genauer gesagt, die Brechkraft der Kristallinse den Abbildungsbedingungen
angepaßt.

Die Kristallinse ist eine bikonvexe Linse, deren Form durch eine entsprechende Muskulatur geändert werden kann. An dem äußeren Rand der Linse,
dem *Linsenäquator*, sind Fäden – die sog. *Zonula-Zinnii-Fasern* – befestigt,
die am anderen Ende mit dem *Ziliarkörper* verbunden sind. Ohne den Zug dieser Fasern nimmt die Linse – jedenfalls im jugendlichen Alter – Kugelgestalt
an. Nach einem von Helmholtz aufgestellten Modell, das in den Grundzügen
auch heute noch Gültigkeit hat, bilden die Kristallinse, die Zonula-Zinnii-
Fasern, der Ziliarkörper und die mit letzterem fest verbundene, im folgenden
zu erwähnende Aderhaut eine geschlossene Kapsel, die vom Glaskörper prall
gefüllt ist. Dadurch wird ein Zug über die Zonula-Zinnii in radialer Richtung
auf die Linse ausgeübt, der diese aus ihrer Kugelgestalt in eine abgeflachte
Gestalt deformiert. Durch den Ziliarmuskel kann die Richtung und Spannung
der Zonula-Zinnii verändert, bei Akkommodation auf die Nähe verringert
werden, so daß der Zug der Zonula-Zinnii-Fasern auf die Linse geschwächt
wird, wodurch diese sich der Kugelgestalt nähert, ihre Brechkraft also erhöht

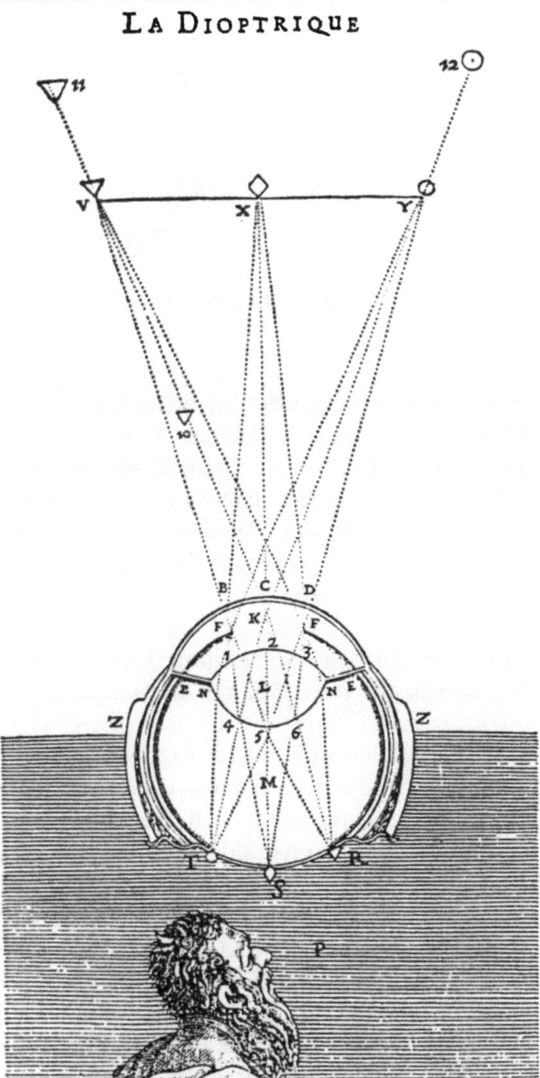

Fig. 2.1. Optische Abbildung durch das Auge (nach Descartes 1637). Die Objektpunkte V, X, Y werden auf der Retina in die Punkte R, S, T abgebildet. Im optischen Bild sind gegenüber dem Objekt *rechts* und *links* wie auch *oben* und *unten* vertauscht

wird. Der entspannte Zustand des Auges ist aber keineswegs eine Einstellung auf ferne Objekte. Die Ruhelage der Akkommodation liegt vielmehr bei einer Objektentfernung von ca. 1 m. Dies hängt mit der etwas komplizierten Innervation der Muskulatur zusammen, die bei der Besprechung der Pupillenfunktion noch etwas genauer diskutiert werden soll (s. z.B. Schober,

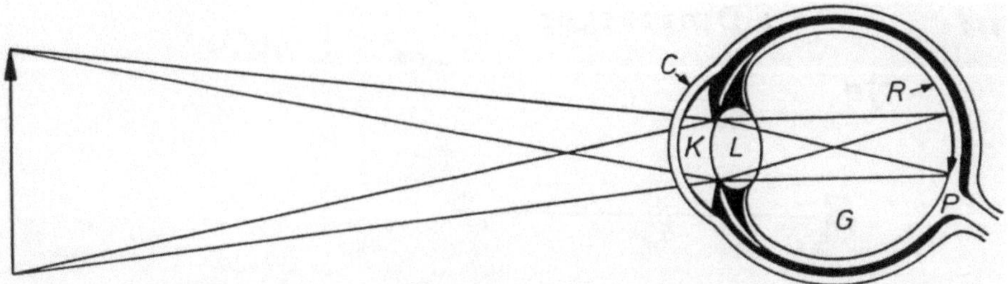

Fig. 2.2. Schematische Darstellung des Auges und der optischen Abbildung. C: Cornea, G: Glaskörper, K: Kammerwasser, L: Linse, P: Papille, R: Retina

1957). Die Augenlinse hat einen zwiebelschalenförmigen Aufbau. In den einzelnen Schichten ist die Brechzahl konstant; von Schicht zu Schicht steigt sie von außen nach innen an und zwar von 1,386 bis 1,406. Dies führt zu einer Erhöhung der Gesamtbrechkraft. Die Elastizität der Linse entsteht durch die äußere Schicht. Mit zunehmendem Lebensalter verhärtet sich die Linse, so daß der Akkommodationsmechnismus nicht mehr gut funktioniert. Dadurch entsteht die Alterssichtigkeit oder *Presbyopie*.

Der Raum zwischen Linse und Netzhaut wird vom Glaskörper ausgefüllt. Dies ist eine gallertartige Substanz, die beim Sehvorgang keine aktive Rolle spielt, sondern nur durch ihre Brechzahl von 1,336 zur optischen Abbildung im Auge beiträgt.

Für das Sehen von wesentlicher Bedeutung ist die *Regenbogenhaut* (oder *Iris*). Durch sie wird die Größe der Pupille, also der Blende des abbildenden Systems im Auge eingestellt (s.Fig. 2.3). Dadurch wird nicht nur der Lichteinfall in das Auge reguliert, sondern auch die Abbildungsqualität beeinflußt. Die Iris besteht aus zwei Muskeln, einem ringförmigen Schließmuskel, durch den die Pupille zusammengezogen wird, und radiären, die Pupille erweiternden Muskelfasern. Der kontraktierende Muskel wird vom *Parasympathikus*, die Fasern für die Dilatation werden vom *Sympathikus* innerviert.

Parasympathikus und Sympathikus bilden die Hauptbestandteile des vegetativen Nervensystems. Dieses System und die von ihm versorgten Endorgane sind der unmittelbaren bewußten Kontrolle entzogen. Die Größe der Pupille wird also unbewußt durch ein Gleichgewicht der Erregungszustände von Sympathikus und Parasympathikus eingestellt. Den hauptsächlichen Einfluß auf die Pupillengröße übt dabei die in die Augen gelangende Lichtintensität – genauer gesagt, die *Netzhautbeleuchtungsstärke* – aus. Auch der allgemeine Erregungszustand der beiden Nervensysteme spielt eine wichtige Rolle: bekannt ist z.B. die durch Schreck geweitete Pupille. Auch durch Medikamente wird dieses Gleichgewicht beeinflußt, z.B. durch das *Atropin*, einer aus der Tollkirsche gewonnenen und bereits im Mittelalter als „Belladonna" bekannten Substanz, die die Pupille erweitert. Dies galt offenbar als besonders „seelenvoller Blick". Um Mißverständnissen an dieser Stelle vorzubeugen, soll betont werden, daß die Substanz nicht etwa eingenommen, sondern in den

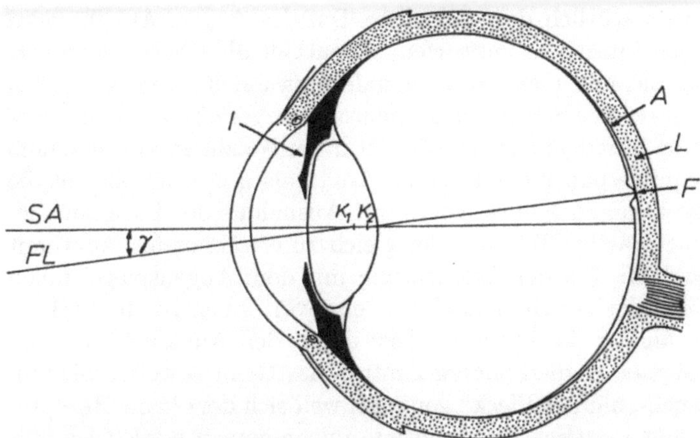

Fig. 2.3. Aufbau des Auges. A: Aderhaut, F: fovea centralis, FL: Fixierline, I: Iris, K_1: vorderer Knotenpunkt, K_2: hinterer Knotenpunkt, L: Lederhaut, SA: Symmetrieachse des Auges, γ: Winkel zwischen der Symmetrieachse des Auges und der Fixierlinie

Bindehautsack des Auges geträufelt wird. Da auch die Muskulatur für die Akkommodation des Auges durch das vegetative Nervensystem reguliert wird, entsteht in aller Regel parallel zur Beeinflussung der Pupillengröße auch eine solche der Akkommodation. Beispielsweise wird durch das Atropin das Akkommodationsvermögen in die Nähe gelähmt.

Die vielleicht wichtigste Funktion des Pupillenreflexes, also die Verengung der Pupille bei einer Erhöhung der Netzhautbeleuchtungsstärke, ist der Schutz des visuellen Systems vor zu viel Licht. Obwohl die Pupille von einem minimalen Durchmesser von ca. 2 mm bis zu einem maximalen von ca. 8 mm die Beleuchtungsstärke nur um einen Faktor 16 verändern kann, ist dies nicht unbedeutend, denn die Pupillenreaktion verläuft relativ schnell, verglichen mit den neuronalen und chemischen Prozessen zur Anpassung der Lichtempfindlichkeit des Systems – der sog. *Adaptation.*

Als zweite, ebenfalls sehr wichtige Funktion des Pupillenreflexes ist die damit verbundene Verbesserung der optischen Abbildung im Auge zu nennen. Wie bei einem Photoapparat bedeutet eine Verkleinerung der Pupille eine Reduktion der optischen Aberrationen, insbesondere der sphärischen Aberration und der höheren Öffnungsfehler wie z.B. der Koma. Dadurch wird die Schärfe des Netzhautbildes verbessert. Außerdem ist mit der Verkleinerung der Pupille eine Erhöhung der *Tiefenschärfe* verbunden. Bekannt ist z.B., daß in früheren Zeiten gelegentlich versucht wurde, die Leistungen bei Schützenwettbewerben durch pupillenverengende Medikamente zu verbessern. Dies gelingt, weil mit einer kleineren Pupille Kimme, Korn und Ziel leichter gleichzeitig scharf gesehen werden können.

Die Netzhaut ist natürlich der wichtigste Teil des Auges. Auf ihr wird das optische Bild der Außenwelt entworfen, sie enthält die Photorezeptoren, die das absorbierte Licht in elektrische Signale umwandeln, und schließlich werden dort schon die ersten Schritte einer neuronalen Verarbeitung der empfangenen Information durchgeführt. Die Struktur der Netzhaut wird in einem der nächsten Abschnitte näher beschrieben. Anatomisch gesehen kleidet die Netzhaut die ganze Innenfläche des Auges mit Ausnahme der Linse aus, jedoch ist nur der rückwärtige Teil, der der gleich zu erwähnenden Aderhaut anliegt, lichtempfindlich. Bei der Betrachtung mit dem Augenspiegel fallen bereits zwei Bereiche der Netzhaut auf. Der eine von ihnen ist die Stelle – *Papille* genannt –, an der der optische Nerv durch den Augapfel tritt, um die empfangenen Signale in die höheren Zentren des Gehirns weiterzuleiten. Diese Stelle wird auch „blinder Fleck" genannt, weil sich dort keine Rezeptoren befinden, also keine optische Information aufgenommen wird. Dies fällt indessen beim normalen Sehen nicht auf, weil ein später noch genauer zu diskutierender, neuronaler Prozeß die aus diesem Bereich fehlende Sehempfindung durch Mittelung aus der Umgebung ergänzt.

Der zweite Bereich ist die Netzhautgrube (*Fovea centralis*), die den Bereich des schärfsten Sehens bildet. Es ist ein Bereich von nur ca. 2,5 Winkelgraden im hinteren Bereich der Netzhaut. Wegen der in diesem Bereich sehr spezifisch organisierten und später noch im einzelnen zu besprechenden Struktur ist hier das optische Auflösungsvermögen besonders groß. Es ist die Netzhautstelle, mit der wir Objekte fixieren, die wir genau betrachten wollen.

Das Auge ist im optischen Sinne kein gut zentriertes System (s. Fig. 2.3). Die optische Achse (Symmetrieachse des abbildenden Systems), die auch den dingseitigen und bildseitigen Brennpunkt der Linse enthält und durch die Knotenpunkte des Systems geht, durchstößt die Netzhaut nicht im Zentrum der Netzhautgrube. Die *Fixierlinie*, die das Zentrum der Netzhautgrube mit dem fixierten Objektpunkt verbindet, schneidet die Symmetrieachse unter dem mit γ bezeichneten Winkel, der individuell schwankt und im Mittel etwa 5° beträgt.

Nach außen wird der Augapfel durch eine feste, weißliche Haut, die *Lederhaut*, abgeschlossen. Sie erscheint dem Betrachter als „das Weiße am Auge", die Umgebung der Pupille und Iris.

An der Innenseite der Lederhaut liegt eine stark pigmentierte, eigenständige Schicht, die *Traubenhaut*. Sie hat, obwohl sie anatomisch eine Einheit bildet, in den unterschiedlichen Bereichen des Augapfels verschiedene Ausgestaltungen. In der reichlichen hinteren Hälfte des Augapfels bildet sie die *Aderhaut*, durch die die Netzhaut von der Lederhaut getrennt wird. Die Aderhaut erfüllt eine wichtige Funktion bei der Ernährung der Netzhaut und durch die Absorption von Licht, das unabsorbiert die Netzhaut durchdrungen hat und anderenfalls durch unkontrollierte Rückreflektion nur Störungen der Bildqualität bewirken könnte. Die beiden weiteren Teile der Traubenhaut sind der im

Zusammenhang mit der Akkommodation bereits erwähnte Ziliarkörper und
die Iris.

2.2 Grundfunktionen des Auges

Im vorausgegangenen Abschnitt sind im wesentlichen die *statischen* Komponenten des Auges beschrieben worden. Dabei wurden auch bereits einige *dynamische* Funktionen kurz angesprochen: Die Akkommodation und die Pupillenfunktion. Im folgenden sollen hierüber, zusätzlich auch über die Augenbewegungen und über einige Formen der Fehlsichtigkeit ergänzende Bemerkungen gemacht werden.

Vom rechtsichtigen *(emmetropen)* Auge werden bei der Akkommodation auf sehr ferne optische Objekte diese scharf auf die Netzhaut abgebildet. Dies ist auch die äußerste Grenze der Akkommodation in die Ferne. Man sagt, daß der *Fernpunkt* des Auges im Unendlichen liege. Durch Akkommodation in die Nähe können näher gelegene Objekte scharf abgebildet werden. Die dabei erreichbare, minimale Entfernung von scharf abzubildenden Objekten wird *Nahpunkt* genannt. Die Entfernung zwischen Fernpunkt und Nahpunkt, bzw. der dabei aufzuwendende Unterschied in der Brechkraft des optischen Systems wird *Akkommodationsbreite*, ausgedrückt in Dioptrien [dptr], genannt. Die Akkommodationsbreite nimmt im Laufe des Lebens ab. Dies liegt daran, daß sich die Kristallinse mit zunehmendem Alter verhärtet.

Mit fünf Lebensjahren beträgt die mittlere Akkommodationsbreite 14 dptr, d.h., daß bei einem rechtsichtigen Auge der Nahpunkt bei 7 cm liegt. Mit 40 Jahren sind die entsprechenden Zahlen 5,6 dptr bzw. 18 cm und mit 60 Jahren 1 dptr bzw. 100 cm. Darüber hinaus ändert sich die Akkommodationsbreite dann kaum noch.

Die Erscheinung der abnehmenden Akkommodationsbreite wird „Alterssichtigkeit" oder *Presbyopie* genannt. Es handelt sich nicht um eine Fehlsichtigkeit, sondern um einen normalen physiologischen Prozeß. Trotzdem ist es natürlich erforderlich, die reduzierte Akkommodationsbreite durch eine Nah- oder Lesebrille oder andere Sehhilfen auszugleichen.

Andere Verhältnisse liegen vor, wenn die Brechkraft der abbildenden Augenmedien dem Bau des Auges nicht angepaßt ist. Dies kann verschiedene Ursachen haben, die aber im wesentlichen darauf hinauslaufen, daß entweder die Länge des Auges den Brechkräften der einzelnen optischen Komponenten nicht angepaßt ist oder umgekehrt.

Wie in Fig. 2.4 demonstriert ist, gibt es im wesentlichen zwei Fälle. Es kann sein, daß die Brechkraft der Augenmedien, insbesondere der Hornhaut, für die Baulänge des Auges zu groß ist. Dann ensteht das scharfe Bild eines weit entfernten Objektes bei der Akkommodation auf Unendlich vor der Netzhaut. Der Fernpunkt, also die Objektentfernung, bei der unter dieser Akkommodationsbedingung ein scharfes Bild auf der Netzhaut entsteht, liegt also in einer endlichen Entfernung. Die Akkommodationsbreite (in Dioptrien gerechnet) wird dadurch normalerweise nicht beeinflußt. Ein Mensch, der mit dieser Anomalie behaftet ist – man kann hier keinesfalls von einer Krankheit sprechen – sieht also weit entfernte Objekte nicht scharf; dafür ist sein Sehvermögen in der Nähe besser als bei Normalsichtigen. Er ist „kurzsichtig" oder *myop*.

Andererseits gibt es den Fall, daß die Brechkraft der Augenmedien für die Baulänge des Auges zu klein ist. Es ist eine kaum zu entscheidende Frage, ob die Brechkraft zu klein oder die Baulänge des Auges zu klein ist. Der Fernpunkt des Auges liegt in diesem Fall jenseits des Unendlichen, also in der optischen Konstruktion hinter dem Auge. Entsprechend ist auch der Nahpunkt weiter in die Ferne gerückt. Der Mensch ist „übersichtig" oder *hyperop*.

Es gibt natürlich auch den Fall, daß die Brechkräfte in zwei aufeinander senkrecht stehenden Meridianen nicht gleich sind. Dann handelt es sich um einen *Astigmatismus*, der häufig von einer der beiden vorher erwähnten Fehlsichtigkeiten überlagert ist.

Die Pupille reguliert, wie schon erwähnt, in erster Linie den Lichteinfall in das Auge. Zwischen dem Pupillendurchmesser d_p und dem Logarithmus der Beleuchtungsstärke E (in Lux) auf der Pupille besteht ein linearer Zusammenhang:

$$d_\mathrm{p} = -0,913 \log E + 5,8 \, ,$$

wobei d_p der „scheinbare" Pupillendurchmesser ist, so wie er bei der Betrachtung des Auges von außen erscheint. Die der Pupille vorgelagerte Hornhaut mit dem Kammerwasser wirken wie eine Lupe, die die Pupille etwas größer erscheinen läßt, als sie tatsächlich ist. Der Vergrößerungsfaktor beträgt 1,12. Die angegebene Beziehung gilt für das mittlere Lebensalter. Der durchschnittliche Pupillendurchmesser nimmt mit fortschreitendem Lebensalter ab – Beginn bei etwa zwanzig Jahren.

Die Pupillen beider Augen sind normalerweise gleich groß, unabhängig davon, ob sie gleich stark beleuchtet werden oder nicht. Die Pupillen stellen sich entsprechend einer mittleren Beleuchtungsstärke ein.

Außer von der Beleuchtungsstärke ist die Pupille noch von der Akkommodation abhängig. Akkommodation in die Nähe verkleinert die Pupille.

Die Abbildung im Auge ist oft mit derjenigen in einem Photoapparat verglichen worden. Die Analogie ist aber nur sehr lose und kann leicht zu Mißverständnissen führen. *Sehen* ist ein aktiver Prozeß, der vom Beobachter maßgeblich beeinflußt und gesteuert werden kann und muß. Dies wird besonders deutlich an den Augenbewegungen. Die Netzhaut ist ja keine photographische Schicht, auf der ein optisches Bild entsteht, das später betrachtet werden soll. Vielmehr wird in ihr die optische Information in elektrische Signale umgesetzt. Die Güte der optischen Abbildung, über die im nächsten Abschnitt genauer zu sprechen sein wird, ist in verschiedenen Bereichen der Netzhaut sehr unterschiedlich, ebenso wie die Art der elektrischen Verarbeitung. Der Bereich des schärfsten Sehens, also der besten optischen und

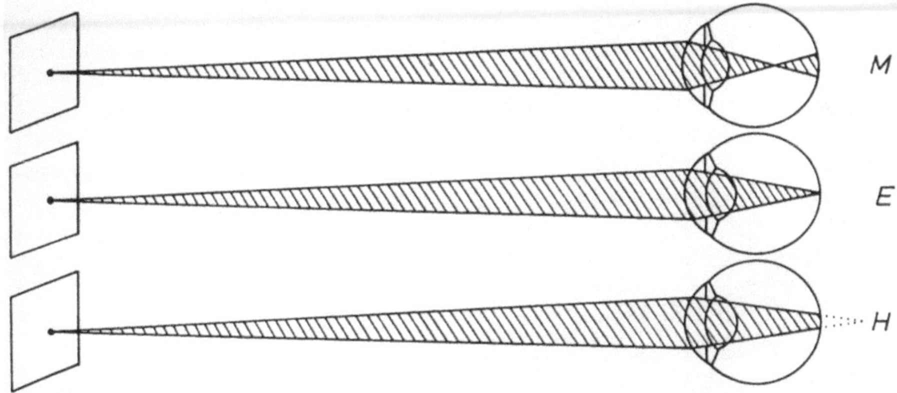

Fig. 2.4. Fehlsichtigkeiten. M: myopes (kurzsichtiges), E: emmetropes (rechtsichtig), H: hyperopes (übersichtiges) Auge

neuronalen Auflösung ist, wie bereits erwähnt, die Netzhautgrube. Wenn wir ein Objekt genauer betrachten wollen, „richten wir den Blick darauf", d.h. wir bringen durch Kopf- und Körperbewegungen, hauptsächlich aber durch Augenbewegungen das optische Bild dieses Objektes in den Bereich der Fovea. Durch schnelle Blickbewegungen können wir die Umgebung abtasten und erkunden. Die höheren Zentren des Gehirns setzen die einzelnen dabei entstehenden Bildelemente zu einem Gesamtbild zusammen, das aber keinesfalls mit einer Photographie verglichen werden darf. Es enthält zahlreiche Elemente einer Interpretation der Umgebung. Es ist am ehesten als eine interne, neuronale Repräsentation der Umwelt anzusprechen. Dies wird in Kap. 3 und 4 ausführlicher erörtert.

Im folgenden werden die wichtigsten physiologischen Grundlagen der Augenbewegungen besprochen (Kronfeld 1969; Rentschler und Schober 1978; Grüsser 1985).

Der Augapfel ist in einer ihn umgebenden, weichen, aber stramm sitzenden Gelenkkapsel gelagert. Lediglich zwei Öffnungen – für den Eintritt des Lichtes, sowie für die Blutversorgung und den Austritt des Sehnervs – sind vorhanden. Der Augapfel ist in der Kapsel nach allen Richtungen frei beweglich. Die aktive Bewegung wird mittels dreier Muskelpaare ausgeführt (s. Fig. 2.5):

1. Schläfen- und nasenseitiger gerader Muskel
2. Oberer und unterer gerader Muskel

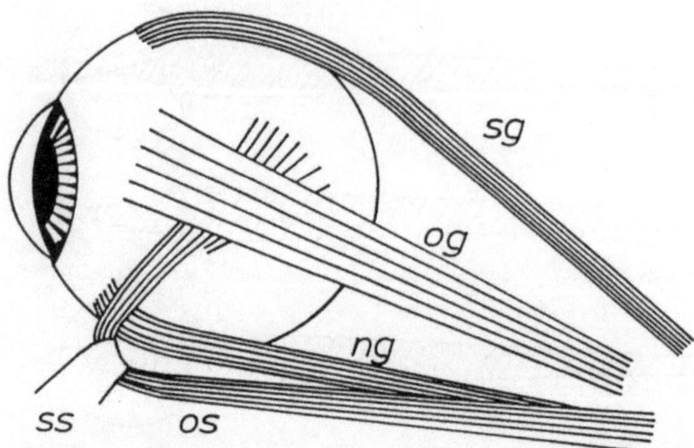

Fig. 2.5. Muskulatur zur Bewegung des Auges (rechtes Auge, von oben gesehen). og: oberer gerader Muskel, os: oberer schiefer Muskel, ss: Seilschlinge zur Umlenkung der Kraft (Trochlea), ng: nasenseitiger gerader Muskel, sg: schläfenseitiger gerader Muskel

gung der Augen nach senkrecht oben bzw. unten zusammen. Der nasenseitige schiefe Muskel wird dabei durch eine Seilschlinge *Trochlea* gezogen, damit die angreifende Kraft umgelenkt wird.

Mit Hilfe dieser Muskeln werden verschiedene Arten von Augenbewegungen bewirkt. Sie spielen für das Sehen eine außerordentlich wichtige Rolle und werden im Abschn. 2.4 genauer beschrieben.

2.3 Netzhaut und neuronales System

Sinnesorgane vermitteln Menschen und Tieren ein Bild der Außenwelt. Naturgemäß ist dieses Bild unvollständig und auf die Modalitäten und Empfindlichkeitsbereiche der verfügbaren Rezeptoren beschränkt. Durch geeignete physikalische Meßinstrumente kann man diese Beschränkungen quantitativ erfassen, wie z.B. die Beschränkung des menschlichen Gesichtssinnes auf einen sehr begrenzten Spektralbereich der elektromagnetischen Strahlung, das Fehlen von Rezeptoren für elektrische oder magnetische Felder.

Andererseits vermitteln uns die Sinnesorgane in den Bereichen, in denen sie empfindlich sind, Informationen über die Außenwelt nicht in Form von zahllosen Einzelinformationen der einzelnen Rezeptoren, sondern nach einem hohen Grad der neuronalen Verarbeitung. Die Komplexität dieser Verarbeitung ist von einem größeren Kreis von Wissenschaftlern erst durch die Computertechnologie, mit deren Hilfe es möglich ist, bescheidene Erkennungsaufgaben, wie das Sortieren gefertigter Kleinteile, automatisch auszuführen, erkannt worden. Die Fähigkeit komplizierter Automaten, z.B. verschiedene Schraubengrößen zu unterscheiden, ist, verglichen mit dem Erkennen einer

Stimme oder eines Gesichtes, das bereits von Kleinkindern beherrscht wird, sehr beschränkt.

In den letzten Jahren hat sich zunehmend die Meinung durchgesetzt, daß Fortschritte in der automatischen Erkennung von Strukturen am ehesten über ein besseres Verständnis der neuronalen Verarbeitungsmechanismen unserer Sinnesorgane erzielt werden können. Daher dient die Beschäftigung mit dieser Materie nicht nur der Befriedigung eines intellektuellen Interesses, sondern auch dem besseren Verständnis ganz konkreter technischer Aufgaben, deren Lösung ein vordringliches Problem unserer Gesellschaft ist.

Die Netzhaut enthält die Photorezeptoren unseres Gesichtssinnes und die ersten Stufen der neuronalen Signalverarbeitung. Morphologisch gesehen ist sie eigentlich ein vorgestülpter Teil des Gehirns, daher ist es berechtigt, sie mit den anschließenden Stationen des neuronalen Systems gemeinsam zu betrachten.

Da die Netzhaut mit Hilfe des Augenspiegels einer unmittelbaren Betrachtung zugänglich ist, kann dabei ohne große Mühe ein medizinisch sehr wichtiges Urteil über den Zustand der Nervenzellen und der Blutversorgung im Gehirn gewonnen werden, das für die Beurteilung gewisser Krankheitssymptome von erheblicher Bedeutung ist.

Die Rezeptoren der Netzhaut gliedern sich in ein *inneres Segment* und ein *äußeres Segment*. Im inneren Segment befinden sich die für die meisten Zellen typischen Zellorganellen, wie Zellkern, Ribosomen, Golgi-Apparat und in besonders hohem Maße Mitochondrien, die für die Bereitstellung der Stoffwechselenergie zuständig sind. Die der Richtung des Lichteinfalls abgewandten äußeren Segmente sind mit den inneren Segmenten über einen dünnen Kanal, das *Zilium* verbunden. Im äußeren Segment ist in einem System geschichteter Membranen das Photopigment gespeichert.

In den *Rezeptoren* der Netzhaut, den *Zapfen* (Z) und *Stäbchen* (S), wird die absorbierte Lichtenergie über eine längere Kette von Zwischenschritten in elektrische Nervensignale umgesetzt. Der primäre Photodetektor ist ein Molekül, das aus einer prosthetischen Gruppe, dem *Retinal* (s. Fig. 2.6), und einer Eiweißkomponente, dem *Opsin*, besteht. Das Retinal, ein „Verwandter" des Vitamin A– das Vitamin A ist der Alkohol (Retinol) des zugehörigen Aldehyds (Retinal) –, kann wegen seiner Doppelbindungen verschiedene sterische Konfigurationen annehmen. In den nicht belichteten Rezeptoren ist es in der 11-cis-Konfiguration vorhanden. Die einzige unmittelbare Wirkung, die die Absorption eines Lichtquantes auslöst, ist die Umwandlung des Moleküls von der 11-cis- in die all-trans-Konfiguration. Diese Konformationsänderung zieht eine Reihe von Folgereaktionen nach sich, die hier im einzelnen nicht diskutiert werden (s. z.B. Bornschein und Hanitzsch 1978).

Physikalisch interessant ist indessen die große Empfindlichkeit und die gleichzeitige Rauschfreiheit dieses Prozesses. Durch Methoden, die im nächsten Kapitel ausführlicher angesprochen werden, läßt sich nämlich nachweisen, daß u.U. die Absorption eines einzelnen Lichtquants genügt, um bei dem

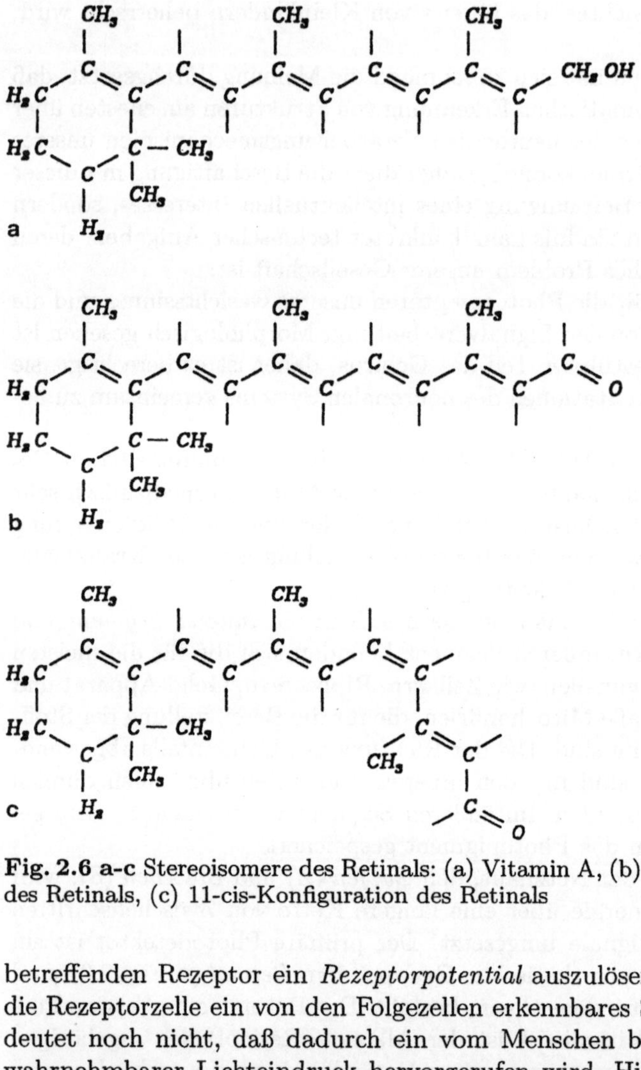

Fig. 2.6 a-c Stereoisomere des Retinals: (a) Vitamin A, (b) all-trans-Konfiguration des Retinals, (c) 11-cis-Konfiguration des Retinals

betreffenden Rezeptor ein *Rezeptorpotential* auszulösen. Dies bedeutet, daß die Rezeptorzelle ein von den Folgezellen erkennbares Signal erzeugt. Es bedeutet noch nicht, daß dadurch ein vom Menschen bzw. vom Versuchstier wahrnehmbarer Lichteindruck hervorgerufen wird. Hierzu bedarf es in der Regel der gleichzeitigen Erregung mehrerer Rezeptoren.

Dieser Prozeß, der eine nahezu „rauschfreie" Verstärkung von der Konformationsumwandlung eines einzelnen Rhodopsin-Moleküls bis zur signifikanten elektrischen Umladung der Membran der Rezeptorzelle bewirkt, ist erst in den letzten Jahren aufgeklärt worden (Stryer 1987; Kühn 1980, 1988; Cook et al. 1987; Fresenko et al. 1985).

In Fig. 2.7 ist ein stark schematisiertes Blockschaltbild der Netzhaut gezeigt. Grob gesehen gibt es in der Netzhaut zwei verschiedene Klassen von Photorezeptoren, die Stäbchen und die Zapfen. Die Stäbchen vermitteln das Sehen in der Dämmerung, während die Zapfen für das Tagessehen einschließ-

lich des Farbensehens verantwortlich sind. In der Dämmerung hat unser Sehorgan eine wesentlich größere Lichtempfindlichkeit als während des Tagesse-
hens. Dies ist nicht nur dadurch bedingt, daß die Stäbchen selbst eine größere
Empfindlichkeit als die Zapfen haben, sondern auch dadurch, daß sie bei der
weiteren Signalverarbeitung zu sog. *rezeptiven Feldern* zusammengeschaltet
sind. Der dadurch erworbene Vorteil einer höheren Lichtempfindlichkeit wird
naturgemäß durch einen Verlust an optischem Auflösungsvermögen (und zwar
örtlich und spektral) erkauft, da die rezeptiven Felder räumlich gesehen als
Detektoreinheiten betrachtet werden müssen.

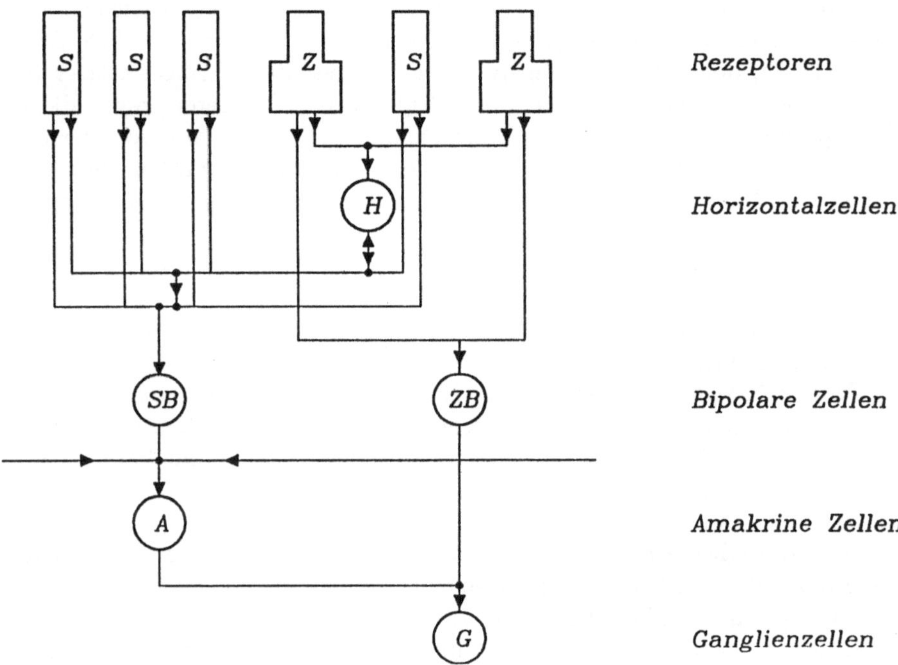

Fig. 2.7. Schema der Signalverarbeitung in der Netzhaut: S: Stäbchen, Z: Zapfen,
H: Horizontalzellen, SB: Stäbchen-Bipolare, ZB: Zapfen-Bipolare, A: Amakrine Zellen, G: Ganglienzellen

Die Klasse der Zapfen kann, grob gesehen, in drei Typen mit unterschiedlichen spektralen Absorptionsvermögen unterteilt werden. Insgesamt vermitteln die Zapfen eine etwas andere spektrale Hellempfindung als die Stäbchen,
weswegen der relative spektrale Hellempfindungsgrad für das Tagessehen,
dem sog. *photopischen Sehen* sich vom Dämmerungssehen, dem *skotopischen
Sehen* unterscheidet. Dies wird durch den Unterschied zwischen den *spektralen Hellempfindungsgraden* V_λ (s. Abschn. 1.2.2) für das Tagessehen und
V'_λ für das Dämmerungssehen quantitativ zum Ausdruck gebracht (s. Fig.
2.8). Man erkennt daraus, daß sich beim Dämmerungssehen das Maximum

der spektralen Hellempfindung in Richtung kürzerer Wellenlängen verschiebt. Der Prozeß der Dunkeladaptation vollzieht sich nicht plötzlich, so daß zwischen dem photopischen und dem skotopischen Sehen mehrere Übergangszustände existieren, die in den Bereich des *mesopischen Sehens* fallen.

Die spektralen Absorptionskurven der erwähnten drei Typen von Zapfen sind in Fig. 2.9 dargestellt. Die Unterschiede zwischen den Stäbchen und den drei Typen von Zapfen werden durch entsprechende Modifikationen in der Konfiguration der Proteinkomponente in den Sehfarbstoffen, dem Opsin, bewirkt.

Die Vermutung, daß das Farbensehen auf drei unabhängigen Detektoren oder Mechanismen beruht, läßt sich wahrscheinlich auf den russischen Universalgelehrten Lomonossov (1756) zurückverfolgen (Wasserman 1978, S.24; Weale 1957), der sich u.a. intensiv mit der Herstellung farbiger Gläser für die Komposition von Mosaiken beschäftigt hatte. Konkreter wurde dieses Konzept zunächst von Thomas Young (Young 1802) und dann von Herman von Helmholtz (Helmholtz 1852) formuliert. Tatsächlich wurden diese drei Typen von Zapfen durch im einzelnen sehr schwierige Messungen des spektralen Absorptionsvermögens an einzelnen Rezeptoren identifiziert (Brown u. Wald 1964; Marks et al. 1964; Liebman u. Entrine 1964), wodurch die Young-Helmholtzsche Theorie bestätigt wurde. Daß dies trotzdem in Bezug auf die Farbempfindung nicht „der Weisheit letzter Schluß" ist, wird im nächsten Kapitel näher erläutert.

Figur 2.7 zeigt in der Schicht der Rezeptoren, grob schematisiert, gewisse morphologische Unterschiede zwischen Stäbchen und Zapfen. Damit man dieses Schema richtig versteht, muß daran erinnert werden, daß das einfallende Licht hier von unten kommt, also zunächst die verschiedenen neuronalen Schichten durchsetzt, bevor es die Rezeptoren erreicht.

Die Außenglieder der Rezeptoren haben einen Durchmesser von der Größenordnung der Lichtwellenlänge. Das bedeutet, daß man bei der Beurteilung der Absorption beim Durchgang des Lichtes die Eigenschaften dielektrischer Wellenleiter beachten muß (Röhler und Fischer 1971; Snyder und Menzel 1975). Wegen der Lichtabsorption in den Rezeptoren gibt es eine Wechselwirkung zwischen dem elektromagnetischen Feld innerhalb der Rezeptoren und demjenigen außerhalb. Bei dicht (in Einheiten der Lichtwellenlänge) benachbarten Rezeptor-Außengliedern gibt es daher eine optische Kopplung zwischen diesen Rezeptoren (Wijngaard 1974).

Die Stäbchen bilden relativ schlanke Einheiten, bei denen sich äußeres und inneres Segment in ihrer seitlichen Ausdehnung nicht sehr unterscheiden. Außerdem liegen die Stäbchen ziemlich dicht beieinander, so daß bei ihrem Durchmesser von höchstens einigen Mikrometern ein optisches und elektrisches „Übersprechen" der Reize bzw. Erregungen sehr wahrscheinlich ist. Dies ist indessen von geringem physiologischen Interesse, da alle Stäbchen ohnehin die gleiche spektrale Empfindlichkeit haben und neuronal zu größeren rezeptiven Feldern zusammengeschaltet sind. Weder für die örtliche, noch für die

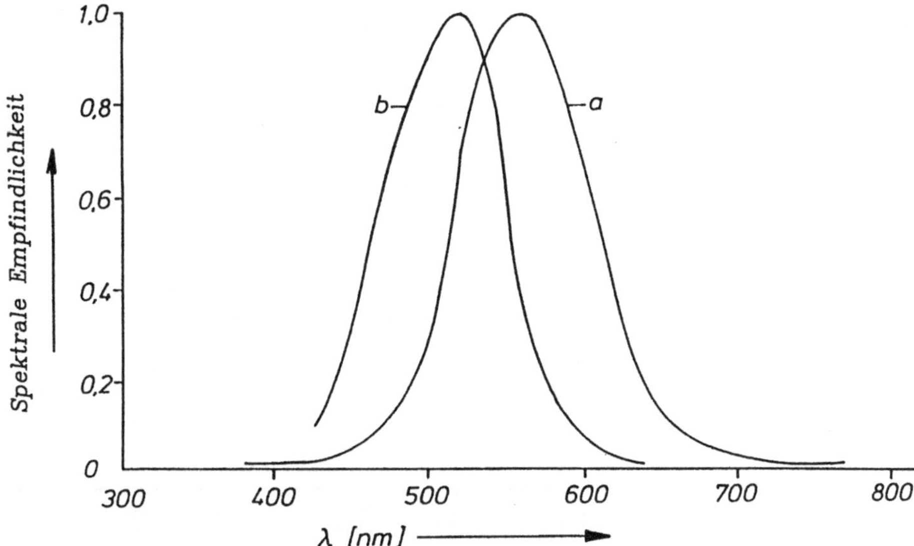

Fig. 2.8 a,b Spektrale Hellempfindungskurven. (a) Der spektrale Hellempfindungs-grad V_λ für das (photopische) Tagessehen, Maximum $\lambda = 554\,\mathrm{nm}$. (b) Der spektrale Hellempfindungsgrad V_λ' für das (skotopische) Dämmerungssehen, Maximum $\lambda = 513\,\mathrm{nm}$

spektrale Auflösung würde daher die Trennung ihrer Signale einen Nutzen bringen, es kommt vielmehr auf eine optimale Absorption des einfallenden Lichtes an.

Anders sieht die Situation bei den Zapfen aus. Es gibt drei Typen mit unterschiedlicher spektraler Empfindlichkeit, mit deren Hilfe unser Farbensehen vermittelt wird. Eine zu dichte Nachbarschaft der Rezeptor-Außenglieder (im Bereich weniger Wellenlängen des Lichtes) würde eine optische Kopplung zwischen den benachbarten Rezeptoren begünstigen und dadurch das spektrale Auflösungsvermögen beeinträchtigen. Außerdem sind die Zapfen für die maximale optische Auflösung im Tagessehen verantwortlich. Im inneren Bereich der Netzhautgrube, der *Foveola*, einem Bereich von ca. 1° 20′ Sehwinkel, der für die optische Auflösung bei der Fixierung der entsprechenden Objekte verantwortlich ist, gibt es nur Zapfen, keine Stäbchen. Außerdem existiert im zentralen Gebiet der Foveola ein Bereich von ca. 20′ Sehwinkel, in dem die Zapfen nicht wie sonst zu rezeptiven Feldern zusammengeschaltet, sondern einzeln an ihre zugehörigen Ganglienzellen angeschlossen sind. In diesen Bereichen des schärfsten Sehens würde ein optisches Übersprechen das örtliche Auflösungsvermögen stark beeinträchtigen. Offensichtlich zur Verhinderung eines solchen Effektes sind die inneren Segmente der Zapfen gegenüber den Außensegmenten deutlich verdickt. Sie wirken gewissermaßen als „Abstands-stücke" zwischen den einzelnen Rezeptoren, wodurch sowohl das spektrale, als auch das örtliche Auflösungsvermögen erhalten bleiben.

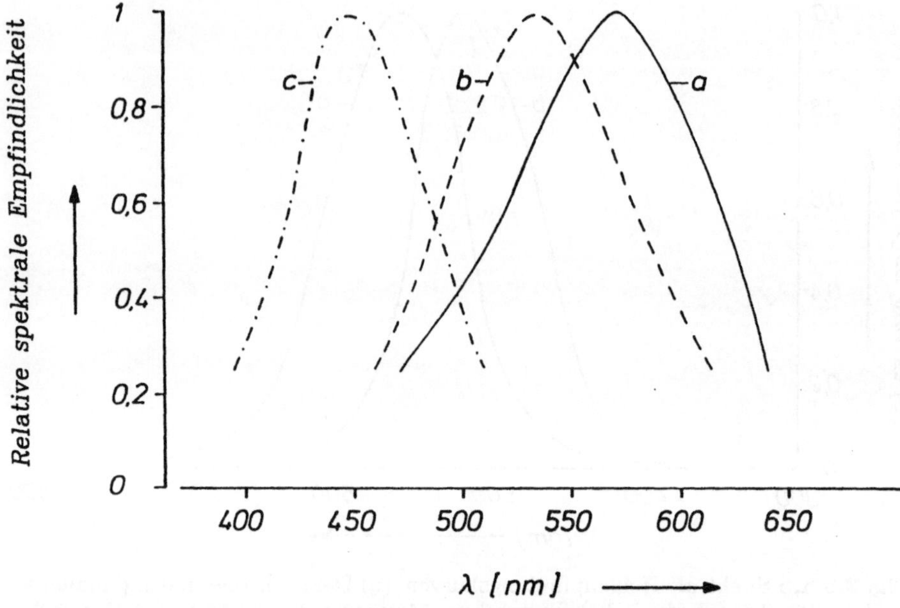

Fig. 2.9. Relativer spektraler Absorptionsgrad einzelner Zapfen aus der Primaten-netzhaut. Die Kurven sind aus mehreren Einzelmessungen gemittelt und auf den Wert eins für die Maxima normiert. Man erkennt drei verschiedene Typen von Zapfen, die ihre Absorptionsmaxima bei a: 570, b: 535 und c: 445 nm haben (Nach Messungen von Marks et al. 1964)

Die Rezeptoren machen synaptische Kontakte zu weiteren Nervenzellen in der Retina (Bornschein u. Hanitzsch 1978; Fain 1988). Dies sind zunächst die *Bipolarzellen*, über die der Kontakt zu den retinalen Ganglienzellen läuft. In aller Regel sind mehrere Rezeptoren auf eine Bipolarzelle geschaltet. Die Ausnahme bilden die vorher erwähnten Zapfen im innersten Bereich der Fovea, die einzeln an Bipolarzellen geschaltet sind. Bei dieser ersten Zusammenfassung in rezeptive Felder bleiben Zapfen- und Stäbchensignale streng getrennt, indem sie auf Zapfen-Bipolare bzw. Stäbchen-Bipolare geschaltet werden, wie dies in Fig. 2.7 angedeutet ist. Außerdem machen die Rezeptoren auch Kontakte zu den *Horizontalzellen*, und zwar in der Regel sowohl Zapfen als auch Stäbchen. Die Kontakte mit den beiden Rezeptortypen sind aber zumindest bei den Horizontalzellen der Säugetiere oft örtlich getrennt, so daß auf eine gesonderte Verarbeitung der Signale in diesen Zellen geschlossen werden kann. Die Horizontalzellen verknüpfen offensichtlich weiter voneinander entfernte Rezeptoren miteinander zu größeren Rezeptorfeldern, wobei die Art der Wechselwirkung noch nicht völlig geklärt ist. Sie geben ihrerseits Signale an die Bipolarzellen weiter. Typischerweise machen die Rezeptoren synapti-sche Kontakte mit drei Folgezellen, einer Bipolaren und zwei Horizontalen.

In Fig. 2.7 sind der Übersichtlichkeit wegen nur jeweils zwei Verbindungen eingezeichnet.

Im Bereich der Rezeptor-, Bipolar- und Horizontalzellen gibt es keine Nervenimpulse, sondern die Signale werden durch sog. *langsame Potentiale*, also stetig veränderliche Membranpotentiale, übertragen. Dabei gibt es hier noch eine Besonderheit. Normalerweise bewirkt die Reizung eines Rezeptors eine *Depolarisation*, also eine Verminderung des im Ruhezustand bestehenden Membranpotentials. Diese Depolarisation bewirkt am synaptischen Kontakt zur nachgeschalteten Nervenzelle eine vermehrte Ausschüttung von Botenstoffen und – je nach dem Typ der Synapse – eine verstärkte Erregung oder Hemmung der Folgezelle. Photorezeptoren dagegen werden durch Belichtung *hyperpolarisiert*, und die nachfolgenden Bipolarzellen werden dadurch ebenfalls hyperpolarisiert. Dieses außerordentlich ungewöhnliche Verhalten wurde zuerst durch eine inzwischen experimentell gut bestätigte Theorie von Trifanov erklärt. Hiernach schütten die präsynaptischen Enden der Rezeptoren im Dunkeln vermehrt Botenstoffe aus, die die nachfolgende Zelle depolarisieren. Bei Lichteinfall wird der Rezeptor hyperpolarisiert, schüttet also weniger Botenstoffe aus, so daß auch die nachfolgende Bipolarzelle hyperpolarisiert wird. Hier entsteht die Frage, wozu dieser Aufwand an Stoffwechselenergie dient. Eine plausible Antwort darauf (Fain 1980) besteht in der Bemerkung, daß auch in elektronischen Verstärkern Transistoren oder Elektronenröhren nicht im Anlaufstromgebiet, sondern im Bereich der größten Steilheit der Kennlinie betrieben werden, wenn es auf große Empfindlichkeit und schnelle Reaktion ankommt.

Durch die Konvergenz der Rezeptorsignale auf die nachfolgenden Bipolarzellen und die Verknüpfung über die Horizontalzellen werden größere Rezeptorbereiche zu sog. *rezeptiven Feldern* zusammengeschaltet, deren Struktur später noch genauer besprochen wird. Bereits auf der Ebene der Bipolarzellen findet sich eine sehr typische Struktur von rezeptiven Feldern. Sie gliedert sich in ein Zentrum und ein Umfeld. Wenn das Zentrum auf einen Lichtreiz mit einer Erregung reagiert, bewirkt ein Lichtreiz im Umfeld eine Hemmung. Die Reaktion einer solchen Zelle läßt sich sehr gut durch das in Fig. 1.8 bzw. mit (1.41) dargestellte Modell der unscharfen Maske beschreiben. Neben diesen *On-Center-Zellen* gibt es auch die *Off-Center-Zellen*, bei denen die Beiträge von Zentrum und Umfeld im Vorzeichen der Reaktion gerade entgegengesetzt sind. Beide Typen sind rotationssymmetrisch und bezüglich der Anteile von Zentrum und Umfeld linear.

Die Bipolarzellen geben ihrerseits die Signale an die *retinalen Ganglienzellen* weiter. Dies sind Nervenzellen, deren Axone den Sehnerv bilden, durch den die visuelle Information aus dem Auge hinaus und in die höheren Nervenzentren des Gehirns geleitet wird. Bei dem Übergang von den Bipolar- zu den Ganglienzellen sind aber spezifische Zellen – *amakrine Zellen* – zwischengeschaltet, die eine horizontale Verknüpfung zwischen den Signalen über große Bereiche bewirken. Die Verschaltungen zwischen den Bipolar-, Ganglien- und amakrinen Zellen bilden ein kompliziertes Nervenfasergeflecht, die sog. *innere plexiforme Schicht*, die in ihren Einzelheiten noch wenig verstanden ist. Eine Besonderheit besteht darin, daß Stäbchen-Bipolare nicht direkt, sondern nur über eine amakrine Zelle mit der zugehörigen Ganglienzelle Kontakt machen.

Ähnlich wie die Bipolarzellen haben auch die Ganglienzellen rezeptive Felder, die durch die Konvergenz der Rezeptorsignale und die Querverbindungen über die Horizontalzellen und amakrinen Zellen gebildet werden. Es gibt hier aber bereits differenziertere Strukturen, die auch spezies-spezifisch sind. Bei Katzen – diese sind bereits sehr gut untersucht – kann man zwei Zelltypen unterscheiden: die sog. *X-Zellen* und *Y-Zellen*. Die *X-Zellen* sind den Feldern der Bipolarzellen sehr ähnlich, also rotationssymmetrisch und linear. Die *Y-Zellen* sind zwar auch rotationssymmetrisch, aber nicht mehr linear. Außerdem ist deren zeitliches und örtliches Summationsvermögen sehr verschieden von dem der *X-Zellen*. Während die *X-Zellen* ein hohes örtliches und ein schlechtes zeitliches Auflösungsvermögen haben, ist es bei den *Y-Zellen* gerade umgekehrt. Schließlich gibt es auch noch *W-Zellen*, die keine rotationssymmetrische Organisation haben. Bei den Primaten unterscheidetet man in der Retina zwischen *Magno- und Parvo-Zellen*, bei denen ähnliche Unterschiede im Auflösungsvermögen bestehen, die aber teilweise auch bereits an der Verarbeitung der Farbinformation beteiligt sind. Die Eigenschaften dieser Zellen werden später genauer besprochen. Schließlich darf man nicht vergessen, daß bei der Signalleitung in der Retina nicht nur eine Konvergenz der Rezeptorsignale auf die nachfolgenden Zellen stattfindet, sondern auch eine Divergenz. Dies führt zu einer sehr starken Überlappung der rezeptiven Felder.

Nach der Signalverarbeitung in der Netzhaut treten die Axone der neuronalen Ganglienzellen, zusammengefaßt im Sehnerv, aus der Augenkapsel aus, um die visuelle Information den höheren Nervenzentren des Gehirns zuzuleiten. Die Austrittsstelle des Sehnervs aus der Augenkapsel ist die Papille, der „blinde Fleck". An dieser Stelle befinden sich keine Photorezeptoren. Dieses „Loch" im Gesichtsfeld wird normalerweise nicht bemerkt, weil ein „intelligenter" Ausgleichsmechanismus der höheren Verarbeitungszentren für die fehlende Information einen aus der Umgebung errechneten Mittelwert einsetzt. Dieser Prozeß wird normalerweise nur dann bemerkt, wenn man absichtlich Testsituationen schafft, bei denen gerade im Bereich des blinden Fleckes Strukturen abgebildet werden, die von der Umgebung radikal abweichen.

Die allgemeine Struktur der weiteren Verarbeitung der visuellen Information ist in Fig. 2.10 dargestellt. Die Informationen aus der rechten bzw. linken Hälfte des Gesichtsfeldes werden in der linken bzw. rechten Hälfte des Gehirns verarbeitet. Die linke Hälfte des Gesichtsfeldes wird auf die rechte Hälfte der Retinae beider Augen abgebildet und umgekehrt. Da die vergleichsweise kleinen Unterschiede der Bildinformation aus den beiden Augen die Grundlage unseres räumlichen Sehvermögens bilden, müssen sie zweckmäßigerweise in

Nervenzellen verarbeitet werden, die aus beiden Augen Informationen über *korrespondierende*, also dem gleichen Ort im Gesichtsfeld zugeordnete Netzhautbereiche erhalten. Daraus entsteht die Notwendigkeit, die aus den beiden Augen austretenden Nervenfasern so zu sortieren, daß die Fasern aus der rechten Netzhauthälfte der beiden Augen in die rechte Seite des Gehirns geleitet werden und umgekehrt. Dies geschieht im *Chiasma*, einer Überkreuzung der Sehnerven aus den beiden Augen, in der eine Sortierung der Fasern, aber keine weitere Signalverarbeitung erfolgt (s. Fig. 2.11). Die Benennung dieser Struktur ist aus ihrer entfernten Ähnlichkeit mit dem griechischen Buchstaben Chi abgeleitet.

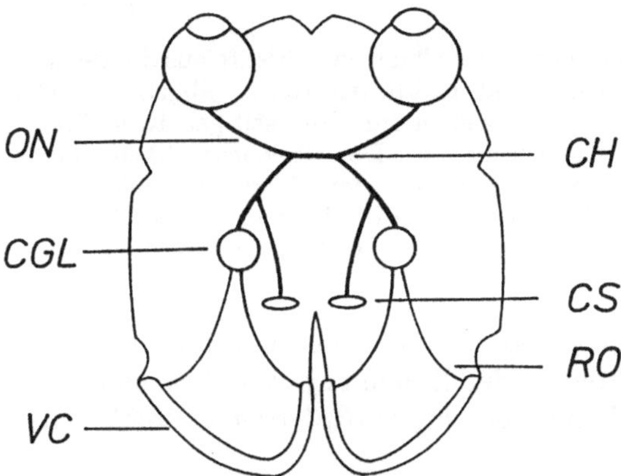

Fig. 2.10. Die Struktur des neuronalen visuellen Systems

Die erste neuronale Schaltstelle nach der Netzhaut im Gehirn ist der *seitliche Kniehöcker (Corpus geniculatum laterale)*. Hier werden die Signale auf neue Nervenzellen geschaltet, die in den *visuellen Cortex, die Hirnrinde* ziehen. In klassischer Bezeichnungsweise heißt dieses Nervenbündel *Sehstrahlung*.

Lange Zeit galt der Kniehöcker als reine Umschaltstation ohne signalverarbeitende Funktionen. Dies ist nach neueren Erkenntnissen nicht richtig (Schmielau 1976). Die von der Retina kommenden Nervenfasern machen nämlich nicht unmittelbar Kontakt zu den Fasern der Sehstrahlung, die zum visuellen Cortex ziehen. Vielmehr erfolgt diese Umschaltung über zwei verschiedene Typen von Nervenzellen, die *Relaiszellen* und die *Interneurone*. Auf den morphologischen und funktionellen Unterschied dieser beiden Zellarten soll hier nicht näher eingegangen werden (Guillery 1969). Außerdem gibt es neben den Nervenfasern, die vom Kniehöcker in den visuellen Cortex ziehen, auch solche, die die entgegengesetzte Übertragungsrichtung haben (sog. *corticofugale* Fasern). Diese Fasern machen Kontakte mit den Relaiszellen und Interneuronen. Es scheint, daß der visuelle Cortex dadurch die Möglichkeit hat, die Verstärkung der Signale bei der Umschaltung vom optischen Nerv

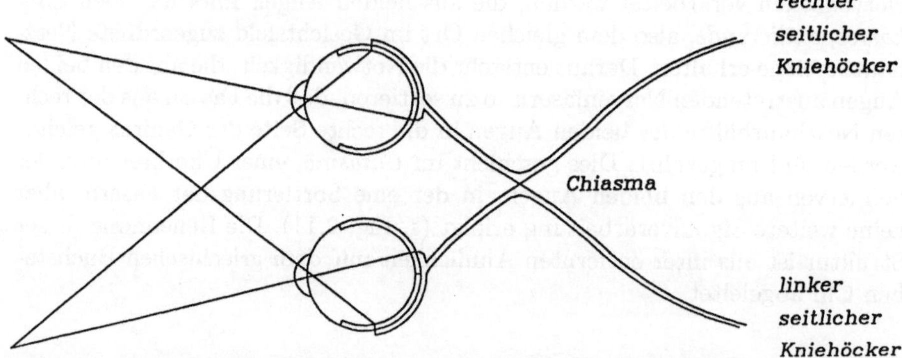

Fig. 2.11. Zur Verteilung der Sehnervenfasern im Chiasma. Objekte aus der rechten Hälfte des Gesichtsfeldes werden auf die linke Hälfte der Retina abgebildet. Die zugehörigen Nervenfasern aus beiden Augen ziehen zum linksseitigen Kniehöcker. Für die linke Gesichtsfeldhälfte gilt Entsprechendes. Der Übersichtlichkeit halber ist die Austrittsstelle der retinalen Ganglienfasern aus dem Augapfel direkt hinter den Rezeptoren eingezeichnet. In Wirklichkeit laufen die Fasern, wie beschrieben, auf der Innenseite der Netzhaut bis zum blinden Fleck, wo sie gemeinsam austreten

in die Sehstrahlung zu steuern. Dies könnte z.B. Bedeutung für das später noch genauer zu besprechende Problem der Erkennung von „interessanten" Objekten in strukturierter Umgebung, dem *Figur-Hintergrund-Problem* haben.

Die Abbildung von der Retina in die verschiedenen Schichten des Kniehökkers ist *retinotop*, d.h. die Topologie der Netzhaut wird aufrechterhalten. Benachbarte rezeptive Felder der Netzhaut werden daher auch auf benachbarte Zellen der Kniehöcker-Schichten abgebildet. Die Packungsdichte der Geniculatum-Zellen entspricht dabei der Zahl der retinalen rezeptiven Felder, d.h. die Fovea, wo die rezeptiven Felder sehr klein oder die Rezeptoren einzeln geschaltet sind, beansprucht im Kniehöcker einen, auf die Fläche in der Retina bezogen, viel größeren Raumanteil als die retinale Peripherie, in der die rezeptiven Felder eine große Ausdehnung haben.

In den verschiedenen Bereichen des visuellen Cortex findet die weitere Aufbereitung der Rezeptorinformation statt, die schließlich zu unseren optischen Wahrnehmungen führt. Der visuelle Cortex, der sich im Hinterkopf befindet, gliedert sich in verschiedene *Areale*, die unterschiedliche Struktur, Funktion oder beides besitzen. So unterscheidet man Area 17, Area 18 und Area 19. In einer anderen Nomenklatur sind die Bezeichnungen V1, V2, V3, V4, V4a, V5 gebräuchlich, wobei Area 17 und V1 im wesentlichen das Gleiche bezeichnen. Bei den übrigen Bereichen gibt es dagegen Unterteilungen bzw. auch Überschneidungen (Baumgartner 1978). Area 17 ist der erste Bereich, den die Sehstrahlung aus dem seitlichen Kniehöcker erreicht. Von hier aus wird die visuelle Information in die anderen Bereiche projiziert und dabei transformiert, doch gibt es hier keine strenge Hierarchie in der Reihenfolge, sondern es existieren verschiedene Verzweigungen und Querverbindungen. Die Projektion vom Kniehöcker zur Area 17 ist ebenfalls retinotop, bei den weiteren Projektionen verliert sich die Retinotopie aber zum Teil. In diesem Buch ist die strukturelle und funktionelle Gliederung des visuellen Cortex nur insoweit von Interesse, als dabei Beziehungen zu psychophysikalischen Ergebnissen erkennbar werden. Näheres wird daher in späteren Abschnitten dargestellt.

Neben dem Informationsfluß von der Netzhaut über den Kniehöcker in den visuellen Cortex, dem *primären* visuellen Kanal, gibt es noch einen *sekundären* Kanal. Er verläuft von der Retina zum *Colliculus superior*, einem Bereich des Mittelhirns. Er scheint die Augenbewegungen zu steuern, hat aber auch Verbindungen zum Stammhirn und damit zu zahlreichen anderen Zentren. So werden z.B. über diesen Kanal reflektorische Kopfbewegungen zur Änderung der Blickrichtung bewirkt. Auch gibt es dort Zellen, die nur auf bewegte Lichtreize ansprechen und dabei richtungsselektiv sind. Im gesunden Gehirn existiert eine enge Wechselwirkung zwischen dem ersten und zweiten Kanal, die durch Nervenleitungen vom visuellen Cortex zum Colliculus superior gesteuert wird. Patienten mit Gehirnverletzungen, durch die der primäre Kanal unterbrochen ist, sind blind; sie haben keine bewußten Sehempfindungen. Trotzdem gibt es bei ihnen ein unbewußtes „restliches Sehvermögen". Wenn man ihnen einen lokalen Lichtblitz darbietet (den sie nicht bewußt wahrnehmen), geben sie auf die Frage „wo war jetzt eben ein Lichtblitz?" erstaunlich korrekte Antworten. In sehr vereinfachter Darstellung kann man daher vielleicht sagen, daß der primäre Kanal die Information vermittelt: „was sehe ich?", während der sekundäre Kanal Antwort auf die Frage: „wo sehe ich etwas?" vermittelt.

Die Physiologie gewinnt ihre Erkenntnisse über den Sehprozeß hauptsächlich mit Hilfe elektrischer Messungen. Die rezeptiven Felder sind bereits erwähnt worden. Man mißt sie aus, indem man bei einem Versuchstier eine Mikroelektrode in die betreffende Nervenzelle einsticht – z.B. in eine retinale Ganglienzelle – zur Untersuchung von derem rezeptiven Feld. Eine Mikroelektrode kann aber nicht so genau plaziert werden, daß man sich im voraus die Zelle aussuchen kann, deren rezeptives Feld man ausmessen möchte. Vielmehr muß man durch vorsichtiges Bewegen der Elektrode mit Hilfe von Mikromanipulatoren mehr oder weniger blind eine geeignete Zelle finden. Man erkennt die Position des rezeptiven Feldes dieser Zelle durch systematisches Bewegen eines punktförmigen Lichtreizes, besser gesagt dessen optischen Bildes auf der Netzhaut. Den Zelltyp erkennt man dann an den Reaktionen der Zelle auf die dargebotenen Lichtreize.

Zur Ausmessung eines rezeptiven Feldes bewegt man den Lichtreiz auf der Netzhaut systematisch in dem Bereich, in dem er elektrische Reaktionen in der Zelle auslöst. Diese Reaktionen werden als Funktion der Position des Lichtreizes registriert, und daraus kann dann die Struktur des Feldes ermittelt werden. Normalerweise scheint es gerechtfertigt, wenigstens eine gewisse

Homogenität im Kleinen in der untersuchten Zellpopulation vorauszusetzen. Wenn man also den Lichtreiz um einen gewissen Betrag seitlich verschiebt, würde die dabei beobachtete Änderung der Zellaktivität derjenigen entsprechen, die man bei einer seitlichen Verschiebung der Elektrode – wenn dies möglich wäre – in eine entsprechend benachbart gelegene Zelle beobachten würde. Dann könnte man, noch gewisse Linearitätseigenschaften der Zelle bei der Summation verschiedener Lichtreize vorausgesetzt, das rezeptive Feld der Zelle mit dem „Punktbild" eines Lichtreizes in der betreffenden Zellschicht identifizieren. Bei Zellpopulationen in höheren Schichten des Cortex kann allerdings weder von Homogenität noch von Linearität die Rede sein. Das Punktbild ist dann nicht mehr der Messung zugänglich und verliert auch seine systemtheoretische Bedeutung für die Transformation optischer Information. Es ist daher sehr interessant, daß in neuerer Zeit Methoden entwickelt wurden, mit denen simultan die Reaktionen mehrerer benachbarter Nervenzellen registriert werden können.

Die Ableitung der intrazellulären elektrischen Aktivität ist in aller Regel nur bei Versuchstieren möglich, außer es ergibt sich bei Patienten mit Gehirnverletzungen die Notwendigkeit, die Funktionsfähigkeit bestimmter Nervenbahnen zu überprüfen. Selbst bei höher entwickelten Primaten unterscheidet sich aber die Signalverarbeitung optischer Information z.T. wesentlich von derjenigen des Menschen. Daher war es naheliegend – aber nicht einfach zu realisieren – , die Methode des Elektroenzephalogramms (EEG) für diese Fragestellung einzusetzen.

Bereits 1875 bemerkte Caton, der Erfinder dieser Methode, daß Sinnesempfindungen das EEG beeinflussen. Diese *evozierten Potentiale* (EP) mit einer sehr kleinen Amplitude ($0,1–10\mu V$) werden aber weitgehend von dem spontanen EEG ($10–100~\mu V$) überdeckt. Durch Entwicklung geeigneter Testreize (zeitlich periodische Reize) und Ausnutzung von Computern zur Mittelung über viele Reaktionsabläufe ist es aber möglich geworden, die EP und speziell die *visuell evozierten Potentiale* (VEP) aus dem spontanen EEG zu isolieren. Da viele Neurone in unterschiedlichen Arealen an der Verarbeitung visueller Information beteiligt sind und dementsprechend zum VEP beitragen, ist es in diesem Stadium noch sehr schwer, den Ursprung bestimmter VEP-Komponenten festzustellen und insbesondere Korrelationen zur Sinnesempfindung aufzufinden. Durch die Auswahl geeigneter, räumlich und zeitlich konfigurierter Testmuster sind bei dieser Fragestellung in den letzten Jahren bedeutende Fortschritte erzielt worden. Einzelheiten hierüber werden bei dem Vergleich mit psychophysikalischen Ergebnissen in den folgenden Kapiteln zur Sprache kommen.

2.4 Augenbewegungen

Die Augenbewegungen spielen für das Sehen eine wichtige Rolle. Sie haben
verschiedene Aufgaben zu erfüllen:

1. Die Fixation: Dabei werden die Augenachsen so eingestellt, daß sie sich am
   Ort des fixierten Objektes schneiden. Diese *Vergenzbewegung* ermöglicht
   ein fusioniertes, binokulares Bild des fixierten Objektes. Je nachdem, ob
   die Änderung des Fixationsabstandes von der Ferne in die Nähe oder umgekehrt erfolgt, spricht man von *Konvergenz-* oder *Divergenzbewegungen.*
2. Die Abtastung des Gesichtsfeldes: Hierbei wird, bewußt oder unbewußt,
   das Gesichtsfeld abgetastet, so daß nacheinander verschiedene Bereiche
   auf die Fovea abgebildet und dadurch scharf gesehen werden. Das Bild der
   Außenwelt wird mosaikartig zusammengesetzt. Die Augenachsen bewegen
   sich dabei synchron zueinander; man spricht von *Versionsbewegungen.*
3. Die Aufmerksamkeitszuwendung: Dies sind schnelle Blickbewegungen –
   oft von Kopf- oder Körperbewegungen begleitet – , wenn die Aufmerksamkeit durch optische, akustische oder andere Reize in eine andere Richtung
   gelenkt wird. Es handelt sich dabei ebenfalls um Versionsbewegungen.
4. Blickfolgebewegungen: Diese haben die Aufgabe, ein sich bewegendes Objekt mit dem Blick zu verfolgen, damit es im Bereich des schärfsten Sehens
   bleibt und ein ruhiges Netzhautbild entsteht. Auch dies sind vorwiegend
   Versionsbewegungen.
5. Der vestibular-okulomotorische Reflex: Es existiert eine neuronale Kopplung zwischen dem Vestibularorgan (den drei Bogengängen im Innenohr,
   die die Kopfstellung bzw. ihre Veränderung registrieren) und dem Auge. Hierdurch werden Augen- und Körperbewegungen und die dadurch
   ausgelösten Empfindungen koordiniert.

Diese unterschiedlichen Aufgaben bewältigt das Sehorgan mit Hilfe verschiedener Typen von Bewegungen:

1. *Sakkaden:* Dieses sind ruckartig verlaufende Bewegungen, die sowohl bewußt als auch unbewußt ausgelöst werden. Die unbewußt ausgelösten *Mikrosakkaden* haben Amplituden von 2′ bis maximal 50′ und benötigen dazu je nach Größe 10–20 ms. Die bewußt oder reflektorisch ausgelösten Auf-
   merksamkeitszuwendungen werden in erster Linie durch Sakkaden ausgeführt. Wenn allerdings die vorher und nachher fixierten Objekte sehr
   unterschiedliche Entfernungen vom Beobachter haben, kommen auch noch
   Vergenzbewegungen hinzu. Sakkaden erreichen eine Winkelgeschwindig-
   keit von 600°/s, benötigen aber zu ihrer Auslösung eine Totzeit von ca.
   200 ms.
2. *Glatte Bewegungen:* Hier handelt es sich im Gegensatz zu den sprunghaften Sakkaden um relativ langsame, kontinuierliche Bewegungen. Sie sind
   der unmittelbaren Willkür entzogen, treten aber bei der Blickfolgebewegung, also bei der Verfolgung eines bewegten Objektes auf. Außerdem gibt

es sog. *Driftbewegungen.* Es sind unbewußte, langsame und kleine Bewegungen, die während der Fixation eines Objektes auftreten. Sie haben eine Amplitude von 1′–6′ und eine Geschwindigkeit von ca. 0.1°/s.
3. *Tremor:* Hier handelt es sich um schnelle Zitterbewegungen mit Frequenzen um 70–90 Hz und Amplituden von 10″–15″.

Die Augenbewegungen, insbesondere die Driftbewegungen und Mikrosakkaden, sind für das Sehen unbedingt erforderlich. Stabilisiert man nämlich mit Hilfe mechanischer oder optischer Methoden das Netzhautbild auf der Netzhaut, verhindert also die Augenbewegungen oder macht sie optisch unwirksam, so verschwinden innerhalb weniger Sekunden alle Helligkeits- und Farbunterschiede der Sehempfindung und bleichen zu einem strukturlosen Grau aus. Dieses Phänomen wird der *Lokaladaptation* zugeschrieben. Jeder Photorezeptor bzw. die nachgeschalteten Nervenzellen stellen entsprechend dieser Meinung bei längerer konstanter Belichtung ihre Emfindlichkeit derart ein, daß sie insgesamt ein Signal an die höheren Nervenzellen geben, das von der Beleuchtungsstärke unabhängig ist. Durch kleine, unwillkürliche Augenbewegungen wird eine solche Adaptation vermieden. Man kann allerdings das Phänomen der Ausbleichung des Netzhautbildes auch durch andere Modelle erklären (Röhler 1979).

Zum binokularen Sehen ist es keineswegs ausreichend, daß die Blicklinien der beiden Augenachsen sich am fixierten Objektpunkt schneiden, es müssen vielmehr auch die Koordinatenachsen der beiden Augen zueinander koordiniert werden. Dies erfordert Augendrehbewegungen, die durch die schiefen Augenmuskeln ausgeführt werden (Listingsche Regel, Schober 1957, S. 119f.). Die Menge aller Objektpunkte, die bei einer bestimmten Einstellung der beiden Augen ein binokular einfaches Bild liefert, heißt *Horopter.* Es ist eine Fläche im dreidimensionalen Raum, die aus rein geometrischen Überlegungen bestimmt werden kann (geometrischer Horopter). Allerdings weicht der experimentell bestimmte Horopter (empirischer Horopter) gewöhnlich von dem geometrischen Horopter ab. Hierfür sind Unterschiede der beiden Augen bei der Abbildung (Vergrößerung, Dominanz eines Auges wegen unterschiedlicher Sehschärfe der beiden Augen, anomale Einstellung der beiden Sehachsen zueinander usw.) verantwortlich. Hierauf wird später noch näher eingegangen.

Wenn der Blick von einem entfernten Objekt in die Nähe gerichtet wird, vollführen die beiden Augenachsen, wie beschrieben, eine Konvergenzbewegung. Außerdem ist eine Akkommodation auf die Nähe erforderlich. Akkommodation und Konvergenz sind neuronal gekoppelt. Auch ohne einen Akkommodationsreiz führt eine Vergenzbewegung zu einer Änderung der Akkommodation in die richtige Richtung. Man spricht von *Vergenzakkommodation.* Umgekehrt führt aber auch ein Akkommodationsreiz ohne Vergenzreiz (erzeugt durch für beide Augen getrennte Objekte) zu einer *akkommodativen Vergenz.* Ob nun letzten Endes die Vergenz oder die Akkommodation die Führungsrolle bei dieser Wechselwirkung spielt oder ob beide gleichberechtigt sind, war vor einigen Jahrzehnten eine beliebte Streitfrage (s. z.B. Hofstetter 1951; Alpern 1962). Die Vergenzakkommodation ist z.B. stark altersabhängig im Gegesatz zur akkommodativen Vergenz. Dies besagt aber noch nichts bezüglich der neuronalen Signale, da die Abnahme der Akkommodationsfähigkeit mit dem Alter durch die Verhärtung der Kristallinse bedingt ist. In der neueren Literatur hat diese Frage an Interesse verloren. Sie erinnert zu sehr an die Spitzfindigkeiten der scholastischen Philosophie.

Wie bereits angedeutet, besteht eine enge Kopplung zwischen Reizen des visuellen und des vestibulären Systems. Obwohl bei Augen- und Kopfbewegungen das Netzhautbild dramatisch auf der Netzhaut verschoben wird, unterliegt die Raumorientierung dadurch unter normalen Bedingungen keinen Strörungen. Dies ist noch viel ausgeprägter bei Vögeln, die während des Fluges ihren Kopf um ca. 180° drehen können, ohne daß ihre dreidimensionale Orientierung dadurch beeinträchtigt wird. Die psychophysischen Aspekte dieses Themenbereiches werden in den nächsten Kapiteln eingehender besprochen. Hier sind einige Bemerkungen zur Physiologie hilfreich.

Die Koordination zwischen den Informationen aus dem Vestibularorgan und den visuellen Informationen wird im wesentlichen in einer bestimmten Region des Hirnstammes, der *Formatio reticularis* vollzogen. Man findet dort u.a. Fixationsneurone und Blickfolgeneurone (Jung 1978). Die visuelle Information gelangt dorthin auf dem sekundären Kanal über den Colliculus superior. Von dort aus gehen Nervenleitungen zu den verschiedenen Augenmuskeln.

Eine besondere Form der Augenbewegung ist der *Nystagmus*, der bei der Betrachtung großflächiger, kontinuierlich in einer Richtung bewegter Objekte auftritt. In einer solche Situation kann ein Mensch normalerweise das bewegte Objekt nicht an sich vorbeigleiten lassen, ohne Augenbewegungen zu machen. Am bekanntesten ist der sog. *Eisenbahn-Nystagmus*. Beim Blick aus dem Fenster eines fahrenden Zuges sucht sich das Auge einen Fixationspunkt in der Landschaft und verfolgt ihn eine gewisse Zeit. Dann erfolgt eine schnelle Augenbewegung zu einem in Fahrtrichtung weiter vorn gelegenen Fixationspunkt, der dann wieder eine Zeitlang verfolgt wird. Dieser Effekt wird auch gerne zur Entlarvung von Simulanten verwendet, die vorgeben, blind zu sein. Man läßt sie in eine Apparatur schauen, in der eine horizontale Walze rotiert, auf die eine kontrastreiche spiralförmige Linie aufgebracht ist. Durch die Rotation verschieben sich die sichtbaren Teile der Linie stetig in eine Richtung. Der Untersuchende kontrolliert dabei, daß der Prüfling nicht die Augen schließt. Zeigt er einen Nystagmus, muß er die Linie sehen können.

Literatur zu Kapitel 2

Alpern M (1962) Movements off the eye. In: Davson H (Ed) The eye, vol. III Academic Press, New York

Baumgartner G (1978) Physiologie des zentralen Sehsystems. In: Gauer, Kramer, Jung (Hrsg) Physiologie des Menschen. Bd 13: Sehen. Urban & Schwarzenberg, München Wien Baltimore

Bornschein H, Hanitzsch R (1978) Die Netzhaut. In: Gauer, Kramer, Jung (Hrsg) Physiologie des Menschen. Bd 13: Sehen. Urban & Schwarzenberg, München Wien Baltimore

Brown PK, Wald G (1964) Visual pigments in single rods and cones of the human retina. Science 144:145–151

Cook NJ, Hanke W, Kaupp UB (1987) Identifcation, purification and functional reconstitution of the cGMP-dependent channel from rod photoreceptors. Proc. Nat.Acad.Sci. USA 84:585–589

Fain GL (1980) Integration by spikeless neurones in the retina. In: Bush BMH, Roberts A (Eds) Neurones without impulses; their significance in vertebrate and invertebrate nervous systems, Cambridge University Press, London, S 29–59

Fain GL (1988) Das Netzwerk der Netzhaut. Aus Forschung und Medizin, Heft 2, Schering AG, Berlin

Fresenko EE, Kolesnikov SS, Luybarsky AL (1985) Induction by cyclic GMP of cationic conductance in plasma membrane of retinal rod outer segment. Nature 313:310–313,

Grüsser OJ (1995) Gesichtssinn und Okulomotorik. In: Schmidt RF, Tews G (Hrsg) Physiologie des Menschen, Springer, Berlin Heidelberg

Guillery RM (1969) The organization of synaptic interconnections in the laminae of the dorsal lateral genigulate nucleus of the cat. Z Zellforschung 96:1–38

von Helmholtz HLF (1852) On the theory of compound colours. Phil Mag Series 4,4:519–534

von Holst E, Mittelstaedt H (1950) Das Referenzprinzip. Naturwiss. 37:464–475

Hofstetter HW (1951) The relationship of proximal convergence to fusional and accommodative convergence. Am J Optom 28:300–311

Jung R (1978) Einführung in die Sehphysiologie. In: Gauer DH, Kramer K, Jung R (Hrsg) Physiologie des Menschen. Bd 13: Sehen. Urban & Schwarzenberg, München Wien Baltimore

Kronfeld (1969) The gross anatomy and embryology off the eye. In: Davson H (Ed) The Eye. Academic Press, New York London

Kühn H (1980) Light- and GTP-regulated interaction of GTPase and other proteins with bovin photoreceptor membranes. Nature 283:587–589

Kühn H (1988) Die lichtaktivierte Enzym-Kaskade. Aus Forschung ud Medizin, Heft 2, Schering AG, Berlin, S 63–74

Liebman PA, Entrine G (1964) Sensitive low-light-level microspectrophotometer: Detection of photosensitive pigments of retinal cones. J Opt Soc Am 54:1451–1459

MacKay DM (1983) Visual stability and voluntary eye movements. In: Jung R (Ed) Handbook of sensory physiology, Vol VII/3, Springer Verlag Berlin

Marks WB, Dobelle WH, MacNichol EF Jr (1964) Visual pigments of single primate cones. Science 143:1181–1183

Pirenne MH (1970) Optics, painting & photography. Cambridge University Press

Rentschler I, Schober H (1978) Die Entstehung des Netzhautbildes. In: GauerDH, KramerK, Jung R (Hrsg) Physiologie des Menschen. Bd 13: Sehen. Urban & Schwarzenberg, München Wien Baltimore

Röhler R, Fischer W (1971) Influence of waveguide modes on the light absorption in photoreceptors. Vision Res 11:97–101

Röhler R (1979) Sensitivity variations in the visual system, contrast resolution and eye movements. Biol Cybern 32:101–106

Schmielau F (1976) Corticale Beeinflussung der Verarbeitung visueller Information im Corpus Geniculatum Laterale. Dissertation, LMU München

Schober H (1957) Das Sehen. Bd 1, 2. Aufl, Fachbuchverlag Leipzig

Snyder AW, Menzel R (Eds) (1975) Photoreceptor optics. Springer, Berlin Heidelberg

Stryer L (1987) The molecules of visual excitation. Sci Am 7:32–40

Wasserman GS (1978) Color vision: An historical introduction. John Wiley & Sons, New York

Weale RA (1957) Trichromatic ideas in the seventeenth and eighteenth centuries. Nature 179:648–651

Wijngaard W (1974) Mode interference patterns in retinal receptor outer segments. Vision Res 14:889–893

Young T (1802) On the theory of light and colours. Phil Trans Roy Soc Lond 92:20-71

3 Psychophysikalische Grundlagen

In diesem Kapitel werden grundlegende Begriffe, Methoden und Ergebnisse der psychophysikalischen Forschung besprochen. Eine der wichtigsten Methoden ist die Schwellenmessung, d.h. die Messung von gerade eben wahrnehmbaren Unterschieden zwischen leicht modifizierten Reizen. Durch geschickte Auswahl der Reizkonfiguration und der an die Versuchspersonen gerichteten Fragestellung eröffnet sich hier ein weites Feld für die Untersuchung der Eigenschaften und Leistungsfähigkeiten von Sinnesorganen. Statistische Methoden sind bei der Planung der Experimente und der Auswertung der Ergebnisse sehr wichtig. Nicht nur die absolute Lichtsinnschwelle und die Unterschiedsschwelle sind hier angesprochen, auch die Systematik des Farbensehens, die Kenntnisse über das Binokularsehen und das Bewegungssehen basieren auf dieser Methode. In Kap. 4 werden dann viele der hier nur kurz angesprochenen Phänomene an Hand neuerer Arbeiten genauer erläutert.

3.1 Empfindungsschwellen

Die psychophysikalische Methode besteht darin, daß die Empfindungen, die uns unsere Sinnesorgane vermitteln, vom Menschen direkt beurteilt werden. Damit mit dieser „subjektiven" Methode allgemeingültige und quantitative Aussagen gewonnen werden können, muß man Fragestellungen formulieren, die ein Sinnesorgan möglichst genau und reproduzierbar beantworten kann. Eine der einfachsten und zuverlässigsten Methoden ist die Messung von *Empfindungsschwellen.*

Man unterscheidet verschiedene Arten von Schwellen. Am einfachsten ist die *absolute Schwelle* zu erklären. Hier handelt es sich um die Ermittlung der minimalen Reizstärke, durch die eine Empfindung ausgelöst wird. So wird z.B. die absolute Schwelle der Lichtempfindung dadurch ermittelt, daß man Versuchspersonen in völliger Dunkelheit eine sehr schwache Lichtquelle darbietet und durch Variation des Lichtstromes denjenigen Wert ermittelt, bei dem gerade eben eine Lichtempfindung ausgelöst wird. Naturgemäß ist dieser Wert von vielen äußeren Bedingungen abhängig, z.B. von der Ausdehnung der Lichtquelle, der Dauer des Lichtreizes, vor allem aber vom Adaptationszustand der Versuchsperson. Aus der Messung solcher Abhängigkeiten lassen sich bereits interessante Schlüsse über einige Eigenschaften des Sinnesorgans ziehen.

Das Konzept der *Unterschiedsschwelle* ist wesentlich vielseitiger anwendbar. Die grundlegenden Arbeiten hierzu wurden von Ernst Heinrich Weber (1795–1878) am Tastsinn durchgeführt. Wenn eine Versuchsperson ein Gewicht in der Hand hält, muß man dieses Gewicht mindestens um einen bestimmten Betrag vergrößern (oder verkleinern), damit sie einen Unterschied bemerkt. Die Differenz der beiden Gewichte bildet die Unterschiedsschwelle, die naturgemäß von der Größe des ursprünglichen Gewichtes abhängig ist.

Ähnlich wie beim Tastsinn können auch bei anderen Sinnesempfindungen Unterschiedsschwellen definiert werden: Leuchtdichte von Lichtquellen oder beleuchteten Flächen, Schalldruck von Tönen oder Geräuschen u.a. Es handelt sich hier um die Beurteilung der Stärke von Reizen, die mit Intensitätsskalen gemessen wird und bei denen eine Addition der Größe von Ausgangsreiz und zusätzlichem Reiz erfolgt. Solche Reizkontinua werden auch *prothetisch* genannt.

Daneben gibt sog. *metathetische* Kontinua, auf denen ebenfalls Schwellen definiert werden können. Hier handelt es sich um die kleinste wahrnehmbare Verschiebung des Reizortes oder den kleinsten Abstand zweier Reize, bei dem die Reize als getrennt wahrgenommen werden, z.B. die Verschiebung eines Lichtreizes im geometrischen Raum, den kleinsten örtlichen oder zeitlichen Abstand zweier Lichtreize, der noch vom Gesichtssinn aufgelöst werden kann, die Unterscheidung verschiedener Tonhöhen, verschiedener Farben usw.

Die Sinnesorgane sind zwar im allgemeinen nicht in der Lage, die Reizstärke selbst zu messen, weil sie der Adaptation unterliegen, wodurch ihre Empfindlichkeit verändert wird. Dagegen können sie Reizunterschiede sehr genau und bei konstanten, gut definierten Umfeldbedingungen auch sehr gut reproduzierbar beurteilen. Zuweilen macht es sogar erhebliche Schwierigkeiten, die Genauigkeit der Schwellenmessung mit Hilfe der physikalischen Meßtechnik zu kontrollieren, wie z.B. bei der Messung von Farbunterschieden.

Weber faßte seine Experimente mit dem Tastsinn in dem *Weberschen Gesetz* zusammen:

$$\frac{\Delta G}{G} = C \,. \tag{3.1}$$

Hier bedeuten G das Ausgangsgewicht, ΔG (das auch negativ sein kann) die Unterschiedsschwelle und C eine Konstante. Das Gesetz besagt, daß die Unterschiedsschwelle proportional zum Ausgangsreiz ist, eine Relation, die i.a. auch für die Meßgenauigkeit analog anzeigender physikalischer Meßinstrumente gilt.

Dieses Gesetz ist i.a. auch für die Unterschiedsschwellen auf anderen prothetischen Reizkontinuen gut erfüllt. In der Nähe der absoluten Schwelle muß offensichtlich eine Korrektur angebracht werden:

$$\frac{\Delta G}{G + G_0} = C \,, \tag{3.1a}$$

wo G_0 die absolute Schwelle bedeutet. Bei sehr großen Reizstärken versagt (3.1) wegen der dann eintretenden Sättigungserscheinungen.

Gustav Theodor Fechner (1801–1887) unternahm es, das Webersche Gesetz zu integrieren, um von den „differentiellen" Schwellen zu makroskopischen Abständen im „Empfindungsraum" zu gelangen. Er ersetzte dazu die Konstante C in (3.1) durch die Schwelle $\Delta\psi$ im Empfindungsraum:

$$\frac{\Delta G}{G} = \Delta\psi \ .$$

Die Integration ergibt:

$$\log G = k\psi \ , \tag{3.2}$$

wobei k eine Proportionalitätskonstante ist. Dies ist das *Weber-Fechnersche Gesetz*. Mit dieser Formel wird dem Reiz G eine Empfindungsgröße ψ zugeordnet.

Dieser Prozedur liegt die Annahme zugrunde, daß die Unterschiedsschwellen im Empfindungsraum auch im Bereich weit oberhalb der absoluten Schwelle konstant, also von der Stärke der Empfindung unabhängig sind. Diese Annahme ist indessen kaum zu begründen. Eine gewisse Analogie ergibt sich zu den elektrophysiologisch gemessenen Generatorpotentialen einzelner Rezeptoren, die häufig ebenfalls eine logarithmische Abhängigkeit von der Reizstärke zeigen. Diese Relation erstreckt sich aber nur über 1,5 bis 2 Zehnerpotenzen, so daß hieraus kein starkes Argument für das Weber-Fechnersche Gesetz abgeleitet werden kann. Tatsächlich ist dieses „Gesetz" experimentell nicht gut bestätigt.

Eine andere Möglichkeit, das Webersche Gesetz zu integrieren, wurde in neuerer Zeit von Stevens vorgeschlagen (Stevens 1971). Er nimmt für die Größe der Schwellen im Empfindungsraum die gleiche Abhängigkeit von der Empfindungsgröße an wie sie nach dem Weberschen Gesetz für die Reizschwellen gilt, schreibt also

$$\frac{\Delta G}{G} = \frac{\Delta\psi}{\psi} \ ,$$

was durch Integration

$$\log G = k \log \psi + \log c$$

oder

$$G = c\psi^k \tag{3.3}$$

ergibt. Hier ist k als Proportionalitätskonstante eingeführt, $\log c$ ist eine Integrationskonstante. Schließlich kann auch hier die absolute Schwelle ψ_0 eingeführt werden:

$$G = c(\psi - \psi_0)^k \ . \tag{3.3a}$$

Die Gleichungen (3.3), (3.3a) besagen, daß die Empfindungsstärke mit der Reizstärke über ein Potenzgesetz zusammenhängt. Der Exponent k muß experimentell bestimmt werden und variiert mit den Empfindungsmodalitäten.

Eine Möglichkeit zur experimentellen Prüfung dieses *Stevensschen Gesetzes* und zur Bestimmung der Konstanten bietet die Methode der *psychophysischen Skalierung*. Dabei werden den Versuchspersonen zwei überschwellige Reize vorgegeben, z.B. zwei Felder unterschiedlicher Leuchtdichte, zwei Tonhöhen usw. Die Versuchspersonen haben danach die Aufgabe, einen Reiz einzustellen, bei dem die Empfindung in der Mitte zwischen den durch die vorgegebenen Reize erzeugten liegt. Durch wiederholte Experimente gewinnt man dann eine Reizskala, die empfindungsgemäß gleichabständig ist. Eine Modifikation dieser Methode ist die subjektive Größenschätzung. Hier wird der Versuchsperson ein Standardreiz vorgegeben, und sie muß bei einem Testreiz dessen Größe (d.h. die Größe der dadurch ausgelösten Empfindung) relativ zum Standardreiz schätzen.

Die Skalierungsmethode ist ungenauer als die Schwellenmessung, bestätigt aber eher das Stevenssche Gesetz als das Weber-Fechnersche. Dies gilt vor allem für prothetische Kontinua, während bei metathetischen ein etwa linearer Zusammenhang zwischen den Ergebnissen der Skalierung und der Schwellenzählung besteht.

3.1.1 Schwellen, statistische Fehler und Hypothesen

Ähnlich wie physikalisch-technische Messungen sind auch die Schwellenmessungen Fehlern unterworfen und zwar systematischen und statistischen. Die systematischen Fehler können i.a. durch sorgfältige Wahl und Kontrolle der Versuchsbedingungen weitgehend ausgeschaltet werden. Bei den einzelnen Empfindungsmodalitäten kommen unterschiedliche Methoden zur Anwendung, die in den folgenden Abschnitten besprochen werden. Hier werden allgemeine Aspekte der statistischen Fehler besprochen.

Die Beziehung zwischen Reiz und Empfindung wird durch verschiedene Rauschquellen beeinflußt. Bereits der Reiz unterliegt statistischen Schwankungen z.B. durch Quanteneffekte. Weitere Rauschquellen sind die Absorption der Reizenergie durch die Rezeptoren, die neuronale Signalübertragung und die Signalverarbeitung im Cortex. Daher müssen statistische Methoden angewandt werden, um die durch das Rauschen entstehende Unsicherheit zu reduzieren, einen Mittelwert zu bilden und die damit verbundene Schwankungsbreite festzustellen.

Unterschiedsschwellen können auf verschiedene Weise gemessen werden. Die einfachste, aber auch ungenaueste Methode ist die *Einstellmethode*. Dabei stellt die Versuchsperson mit Hilfe eines Potentiometerknopfes oder eines anderen geeigneten Stellgliedes den Reiz bzw. den Reizunterschied so ein, daß gerade eben eine Empfindung ausgelöst (bzw. je nach Anweisung gerade eben nicht mehr ausgelöst) wird. Durch mehrfache Wiederholung der

Einstellung können die statistische Schwankung und der Mittelwert festgestellt werden. Nachteilig ist bei dieser Methode vor allem, daß der Zeitverlauf der Messung nicht festgelegt ist. Je nachdem, ob der Reiz schnell oder langsam verändert wird, adaptiert die Versuchsperson weniger oder mehr an den Reiz und ändert daher entsprechend ihre Empfindlichkeit. Auch bei langen Einstellzeiten strebt die Einstellung keinem Grenzwert zu. Trotzdem wurde diese Methode bis in die 70er Jahre noch vielfach verwendet. Heute gilt sie höchstens als tauglich für eine erste Orientierung.

Genauer, aber zeitlich aufwendiger sind statistische Darbietungsmethoden. Hier werden der Versuchsperson in statistischer Reihenfolge Reize verschiedener Stärke dargeboten, und sie muß darauf mit „erkannt" oder „nicht erkannt" antworten. Die „Ehrlichkeit" der Versuchsperson wird durch Blindversuche, in denen kein Signal gegeben wird, überprüft.

Den bisher besprochenen Methoden liegt die Annahme zugrunde, daß die Versuchsperson einen Sicherheitsfaktor k für sich so hoch einstellt, daß praktisch kein *falscher Alarm* auftritt, also keine Antwort „erkannt" erfolgt, wenn kein Signal gegeben wurde. Hierin liegt die Gefahr, daß die Schwelle zu hoch angesetzt wird und daß dadurch interessante Abhängigkeiten der Schwelle von der Reizkonfiguration verdeckt werden.

Zur Vermeidung dieser Gefahr kann man in vielen Fällen die *Forced-Choice-Methode* verwenden. Hier gibt es bei einer Darbietung verschiedene örtliche oder zeitliche Bereiche, an denen das Signal auftreten kann. Der Versuchsperson sind diese Bereiche bekannt, und das Signal tritt bei jeder Darbietung in einem dieser Bereiche auf. Die Versuchsperson muß angeben, in welchem der Bereiche das Signal aufgetreten ist. Die Antwort „nicht erkannt" ist nicht zulässig. Die Antworten müssen zwangsläufig mit Fehlern behaftet sein, weil die Versuchsperson bei sehr kleinen Reizen auf das Raten angewiesen ist. Zwischen den deutlich erkannten Reizen und dem reinen Raten gibt es aber einen Bereich, in dem die Reize mehr oder weniger sicher erkannt werden.

Diese Methode ist allerdings mit der Darbietung von Einzelreizen, die mit „erkannt" oder „nicht erkannt" beantwortet werden müssen, nicht ohne weiteres zu vergleichen. Bei der Forced-Choice-Methode weiß der Beobachter, daß ein Signal vorhanden ist. Dadurch wird seine Aufgabe wesentlich erleichtert. Er muß lediglich die Position mit der stärksten Abweichung suchen und diese als Signal bezeichnen. Das ist die beste Hypothese, die er annehmen kann. Bei der Einzeldarbietung muß er dagegen die viel schwierigere Frage entscheiden, ob ein Signal vorliegt oder nicht. Die letztere Fragestellung ist aber gerade für die meisten praktischen Anwendungen relevant. Daher wird im folgenden hauptsächlich von dieser Methode die Rede sein. Bevor die moderneren Verfahren besprochen werden können, ist es notwendig, noch einige grundsätzliche Probleme der Signalerkennung zu erwähnen.

Fehler, die durch nicht bemerkte Reize oder durch falschen Alarm entstehen, sind bei verschiedenen Versuchspersonen unterschiedlich häufig. Die

Fehler hängen davon ab, wie die Versuchsperson ihr Entscheidungskriterium setzt. Daher sind die Ergebnisse verschiedener Versuchspersonen nicht ohne weiteres miteinander vergleichbar. Diese Problematik ist auch im technischen Bereich bekannt, z.B. bei der Auswertung von Radarsignalen. Ein elektronischer Detektor muß ebenfalls auf eine Signalschwelle eingestellt werden, die keine sichere Entscheidung zwischen kleinen Signalen und zufälligen größeren Rauschereignissen erlaubt. Für diese Situation ist eine umfangreiche Theorie der Signalerkennung, die *Signal-Detection-Theory*, entwickelt worden (s. z.B. Helstrom 1968). Sie wurde erstmalig von Tanner und Swets auf psychophysische Schwellenmessungen angewandt (Tanner u. Swets 1954). Die Grundzüge dieser Theorie werden im folgenden dargestellt.

Bei der Einzeldarbietung hat die Versuchsperson zwei mögliche Hypothesen zu prüfen:

H_0 Es ist reines Rauschen $n(t)$ vorhanden, das in diskreten Zeitschritten abgefragt wird. Die Meßgröße x ist eine kontinuierliche Wahrscheinlichkeitsvariable mit bekannter relativer Häufigkeitsverteilung $p_0(x)$.

H_1 Es ist ein Signal $S(t)$ vorhanden, das sich dem Rauschen überlagert. Die Meßgröße x (Signal + Rauschen) hat dann die ebenfalls bekannte relative Häufigkeitsverteilung $p_1(x)$.

Für diesen Fall werden beispielsweise alle Beobachtungen mit der Darbietung einer bestimmten Signalstärke (diese ist dem Experimentator bekannt) gesammelt. Im allgemeineren Fall, daß sämtliche Darbietungen betrachtet werden, ist dem Experimentator p_1 bekannt. Damit der Beobachter bei einem vorliegenden Meßwert x sich zwischen den beiden Hypothesen entscheiden kann, benötigt er ein Kriterium x_0. Dieses hat mit der Schwelle, die letzten Endes Ziel einer solchen Untersuchung ist, noch nichts zu tun. Folgende zwei Hypothesen stehen für den Beobachter zur Wahl:

$$H_0, \quad \text{wenn} \quad x < x_0 \quad \text{oder} \quad x \in R_0$$

$$H_1, \quad \text{wenn} \quad x > x_0 \quad \text{oder} \quad x \in R_1$$

(s. hierzu Fig. 3.1). Um das Kriterium festzulegen, kann man verschiedene Wege einschlagen, die hauptsächlich von den weiteren Kenntnissen des Beobachters abhängen.

Bayes-Kriterium: Es muß die A-Priori-Wahrscheinlichkeit ζ für das Auftreten reinen Rauschens – und entsprechend $(1 - \zeta)$ für das Auftreten eines Signals – bekannt sein. Dann kann man argumentieren: Fehler verursachen normalerweise Kosten. Es müssen die Kosten C_0 für einen falschen Alarm und C_1 für ein nicht bemerktes Signal spezifiziert werden. Da diese Kosten bei psychophysischen Experimenten normalerweise nicht ohne Willkür spezifiziert werden können, sind manche Experimentatoren dazu übergegangen, ihre Versuchspersonen zu bezahlen, ihnen aber für Fehler bestimmte Beträge abzuziehen.

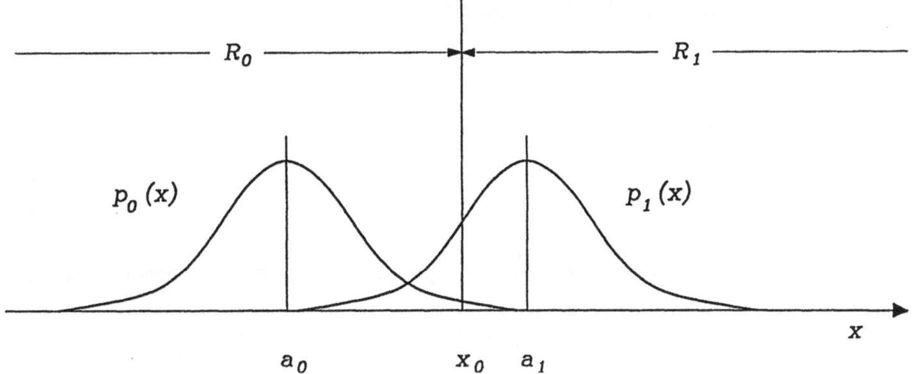

Fig. 3.1. Modellmäßige Wahrscheinlichkeitsdichten $p_0(x)$ bzw. $p_1(x)$ der Beobachtungsgröße x unter der Hypothese H_0, daß es sich um reines Rauschen handelt, und der Hypothese H_1, daß ein von Rauschen überlagertes Signal vorliegt. R_0 und R_1 deuten die Wertebereiche für x unter diesen Hypothesen an. x_0 ist ein Kriterium des Beobachters, welche der beiden Hypothesen anzuwenden ist

Die Wahrscheinlichkeit für einen falschen Alarm ist

$$Q_0 = \int\limits_{x_0}^{\infty} p_0(x)\mathrm{d}x \ , \qquad (3.4)$$

diejenige für ein nicht bemerktes Signal

$$Q_1 = \int\limits_{-\infty}^{x_0} p_1(x)\mathrm{d}x \ . \qquad (3.4a)$$

Die mittleren Kosten einer Entscheidung sind

$$\bar{C} = \zeta Q_0 C_0 + (1 - \zeta)Q_1 C_1 \ . \qquad (3.5)$$

Das Kriterium x_0 ist so zu bestimmen, daß $\bar{C}(x)$ bei $x = x_0$ minimal wird, d.h.

$$\left(\frac{d\bar{C}}{dx}\right)_{x=x_0} = 0 \ .$$

Es ist

$$\frac{\mathrm{d}\bar{C}(x)}{\mathrm{d}x} = -\zeta C_0 p_0(x) + (1 - \zeta)C_1 p_1(x) \ .$$

Bildet man das *Likelihood-Verhältnis*

$$\Lambda(x) = \frac{p_1(x)}{p_0(x)} \, , \tag{3.6}$$

so ist

$$\Lambda(x_0) = \frac{p_1(x_0)}{p_0(x_0)} = \frac{\zeta C_0}{(1-\zeta)C_1} \tag{3.7}$$

dasjenige Likelihood-Verhältnis, das die geringsten Kosten verursacht; x_0 ist durch (3.7) bestimmt.

Falls die Wahrscheinlichkeitsdichten p_0, p_1 Gaußfunktionen

$$p_k(x) = \frac{1}{\sqrt{2\pi}\sigma} \exp[-(x-a_k)^2/2\sigma^2] \, , \quad k = 0,1$$

sind, bestimmt sich x_0 aus (3.7) zu

$$x_0 = \frac{a_0 + a_1}{2} + \ln \frac{\zeta C_0}{(1-\zeta)C_1} \, . \tag{3.8}$$

Minimax-Kriterium: Oft ist es nicht möglich, die A-Priori-Wahrscheinlichkeit ζ für die Hypothese H_0 anzugeben. Dies kann z.B. daran liegen, daß dieser Fall sehr selten vorkommt, so daß keine Erfahrungswerte vorliegen. Dann ist das Bayes-Kriterium nicht anwendbar. Es kann aber eine gute Strategie darin bestehen, unter allen möglichen Werten von ζ denjenigen zu suchen, bei dem die minimalen Kosten nach Bayes maximal werden. Dies ist eine vorsichtige Strategie, die den ungünstigsten Fall annimmt. Es soll aber sogleich gezeigt werden, daß eine solche Strategie immer noch viel günstiger sein kann, als eine falsche Schätzung von ζ. Wie aus (3.5) hervorgeht, nimmt $\bar{C}_{\min}$ für $\zeta = 0$ und $\zeta = 1$ den Wert Null an. Man sieht nämlich mit Hilfe von (3.7), daß an diesen Stellen $p_1(x_0)$ bzw. $p_0(x_0)$ verschwinden. Dann verschwinden entsprechend den in Fig. 3.1 angedeuteten Kurvenverläufen (3.4), (3.4a) und auch Q_1 bzw. Q_0. Der schematische Verlauf von $\bar{C}_{\min}$ als Funktion von ζ ist in Fig. 3.2 dargestellt. $\bar{C}_{\min}$ hat ein Maximum bei einem Wert ζ_0. Wählt ein Beobachter einen anderen Wert ζ_1 zur Bestimmung des Kriteriums x_0, so ist sein Verlust geringer, wenn ζ_1 tatsächlich die richtige A-Priori-Wahrscheinlichkeit ist. Ist statt dessen ein anderer Wert ζ realisiert, so ist der Verlust durch eine Gerade

$$\bar{C} = \zeta C_0 Q_0 + (1-\zeta)C_1 Q_1$$

gegeben, die Tangente an die Kurve $\bar{C}_{\min}(\zeta)$ im Punkte $\bar{C}(\zeta_1)$ ist. Da das Kriterium x_0 von ζ_1 abhängt, hängen auch die Wahrscheinlichkeiten Q_0 und Q_1 von ζ_1 ab. Wie man sieht, können die mittleren Kosten $\bar{C}$ sehr viel größer als $\bar{C}_{\text{minimax}}$ werden, wenn ζ nicht gleich ζ_1 ist.

Die *Receiver-Operating-Characteristics* (ROC): Im vorhergehenden wurden Möglichkeiten zur Festlegung des Kriteriums x_0 diskutiert. Durch diese Festlegung wird ein Kompromiß zwischen den beiden Arten von Fehlern

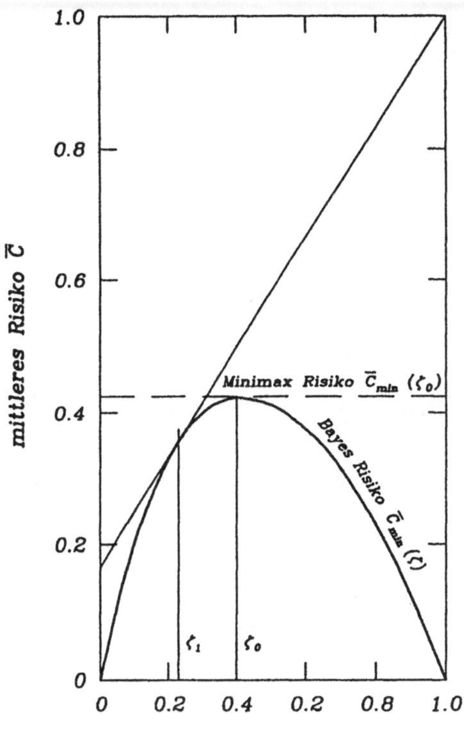

Fig. 3.2. Zum Minimax-Kriterium, eine Möglichkeit, ein Entscheidungskriterium zu wählen, wenn die A-Priori-Wahrscheinlichkeit ζ für die Hypothese H_0 nicht angegeben werden kann. Es kann dann eine gute Strategie sein, den Wert ζ_0 zu verwenden, bei dem das mittlere Risiko maximal ist. Setzt man einen falschen Wert ζ_1 ein, so kann das mittlere Risiko viel größer erscheinen

geschlossen: falscher Alarm und nicht wahrgenommenes Signal. Diese Entscheidung fällt im Einzelfall nach dem Empfang bzw. nach der Darbietung des Testsignals, hat also mit dem eigentlichen Detektionsvorgang nichts zu tun. Wenn es sich nur darum handelt, die Eigenschaften des Detektors zu analysieren, also z.B. den menschlichen Beobachter mit einem technischen Detektor zu vergleichen, sollte dies unabhängig von der Frage des Kriteriums erfolgen.

Zur Erläuterung dieser Problematik werden wieder einfache Verhältnisse vorausgesetzt. Es möge eine zeitabhängige Funktion $v(t)$ – z.B. ein Geräusch – betrachtet werden, die sich über ein Zeitintervall T erstreckt und zu den gleichabständigen Zeitpunkten t_k abgetastet wird. Man kann die folgende Argumentation aber ohne weiteres auf eine ortsabhängige Funktion $b(x,y)$, z.B. eine flächenhafte Leuchtdichteverteilung, übertragen. Die Funktion möge aus weißem Gaußschem Rauschen $n(t)$ bestehen, dem sich gegebenenfalls ein Signal $S(t)$ überlagert. Die Abtastwerte

$$v_k = v(t_k) = n_k + S_k \,, \quad k = 1, 2, \cdots, n$$

lassen sich zu einem n-dimensionalen Vektor V zusammenfassen, der bei reinem Rauschen eine kombinierte Häufigkeitsverteilung

$$p_0(\boldsymbol{V}) = (2\pi N_0)^{-n/2} \exp\left(-\sum_{k=1}^{n} \frac{v_k^2}{2N_0}\right) \qquad (3.9)$$

mit

$N_0 = NW/2\pi,$

N = spektrale Dichte,

W = einseitige Bandbreite,

hat.

Durch ein dem Rauschen überlagertes Signal wird der Mittelwert der Verteilung um S_k $(k = 1, 2, \cdots, n)$ verschoben, so daß gilt:

$$p_1(\boldsymbol{V}) = (2\pi N_0)^{-n/2} \exp\left(-\sum_{k=1}^{n} \frac{(v_k - S_k)^2}{2N_0}\right) . \qquad (3.10)$$

Das Likelihood-Verhältnis ist dann

$$\Lambda(\boldsymbol{V}) = \exp\left(\sum_{k=1}^{n}(2S_k v_k - S_k^2)/2N_0\right) . \qquad (3.11)$$

Nach Wahl des Kriteriums Λ_0 wird die Hypothese H_0 vom Beobachter gewählt, wenn

$$\Lambda(\boldsymbol{V}) < \Lambda_0$$

gilt. Dies ist gleichbedeutend mit

$$\Delta t \sum_{k=1}^{n} S_k v_k < (1/2)\Delta t \sum_{k=1}^{n} S_k^2 + N_0 \Delta t \ln \Lambda_0 = G_{n_0} .$$

Dabei ist Δt die Schrittweite der Abtastung. Man kann die Entscheidung auch auf die Größe

$$G_n = \Delta t \sum_{k=1}^{n} S_k v_k$$

gründen, die man mit dem Kriterium G_0 vergleichen muß. Indem man die Abtastschritte Δt sehr klein macht, gelangt man zu der Wahrscheinlichkeitsvariablen

$$G = \int_0^T S(t)v(t)\mathrm{d}t , \qquad (3.12)$$

die man mit dem Kriterium G_0 vergleicht. Die Wahrscheinlichkeit für falschen Alarm ist

$$Q_0 = \int\limits_{G_0}^{\infty} p_0(G)\mathrm{d}G \tag{3.13}$$

die Erkennungswahrscheinlichkeit $Q_{\mathrm{d}} = 1 - Q_1$:

$$Q_{\mathrm{d}} = \int\limits_{G_0}^{\infty} p_1(G)\mathrm{d}G \ . \tag{3.14}$$

Zur Bestimmung der Häufigkeitsverteilungen von $p_0(G)$, $p_1(G)$ überlegt man, daß G durch eine lineare Transformation aus $v(t)$ hervorgeht, also auch Gaußsche Form hat. Die Mittelwerte sind : $\bar{G} = 0$ für H_0 und

$$E(G|H_1) = \int\limits_{0}^{T} [S(t)]^2 \mathrm{d}t = E \tag{3.15}$$

für H_1. Dies sieht man durch Einsetzen von $v(t)$ in (3.12) mit der Annahme, daß $S(t)$ und $n(t)$ nicht korrelieren. Die Schwankung ist für beide Hypothesen

$$\begin{aligned}
E[(G - G_0)^2] &= \int\limits_{0}^{T} \int\limits_{0}^{T} S(t_1)S(t_2)\overline{n(t_1)n(t_2)}\mathrm{d}t_1\mathrm{d}t_2 \\
&= \frac{N}{2} \int\limits_{0}^{T} \int\limits_{0}^{T} S(t_1)S(t_2)\delta(t_1 - t_2)\mathrm{d}t_1\mathrm{d}t_2 \\
&= \frac{N}{2} \int\limits_{0}^{T} [S(t)]^2 \mathrm{d}t = \frac{NE}{2} \ .
\end{aligned} \tag{3.16}$$

Mit diesen Werten sind die Gaußschen spektralen Dichten für $p_0(G)$ und $p_1(G)$ zu schreiben:

$$p_0(G) = (\pi NE)^{-1/2} \exp(-G^2/NE) \ , \tag{3.17}$$

$$p_1(G) = (\pi NE)^{-1/2} \exp[-(G - E)^2/NE] \ . \tag{3.18}$$

Mit

$$\mathrm{erfc}\, x = (2\pi)^{-1/2} \int\limits_{x}^{\infty} \exp(-t^2/2)\mathrm{d}t$$

erhält man, indem man G^2/NE bzw. $(G - E)^2/NE$ für $t^2/2$ substituiert, aus (3.13), (3.14) und mit Einsetzen von (3.17), (3.18):

$$Q_0 = \mathrm{erfc}\, x \ , \quad x = G_0\sqrt{2/NE} \ , \tag{3.19}$$

$$Q_1 = \mathrm{erfc}(x - d)\,, \quad d = \sqrt{2E/N}\,. \tag{3.20}$$

Ohne Bezug auf das Kriterium G_0 kann hiermit die Detektionsrate Q_d als Funktion der Falschalarmrate Q_0 aufgetragen werden. Dies gibt verschiedene Kurven für verschiedene Werte des Signal-Rausch-Verhältnisses d (s. Fig. 3.3).

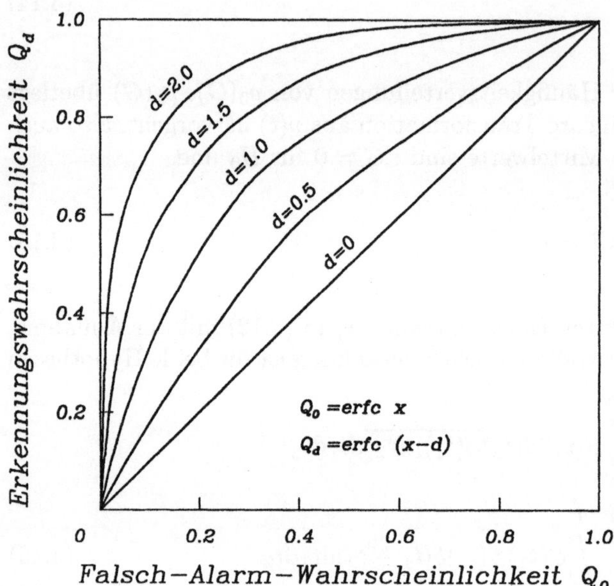

Fig. 3.3. Receiver-Operating-Characteristics. Ein Kriterium für die Güte eines Detektors. Die Erkennungsrate Q_d ist gegen die Falsch-Alarm-Rate aufgetragen. Der Parameter d gibt das Signal-Rausch-Verhältnis an. Punkte auf der gleichen Kurve entsprechen gleichem Signal-Rausch-Verhältnis. Das Kriterium für die Trennung von Signal und Rauschen, das bei verschiedenen Versuchspersonen unterschiedlich sein kann, geht hier nicht ein

Dieses Diagramm heißt Receiver-Operating-Characteristics oder ROC-Diagramm. Es läßt sich auch für andere als Gauß-Verteilungen erstellen. Der Vorteil dieses Diagramms ist, daß das Kriterium G_0 nicht darin eingeht. Dies ist insbesondere bei psychophysikalischen Messungen günstig, da das innere Kriterium von einer Versuchsperson zur anderen verschieden sein kann. Trotzdem sollten die Q_0/Q_d-Punkte verschiedener Versuchspersonen auf der gleichen Kurve liegen, wodurch vergleichbare Informationen über das vorliegende Signal-Rausch-Verhältnis gewonnen werden. Allerdings muß die Statistik für Q_0 und Q_d bekannt sein, und das Kriterium der Versuchspersonen darf sich während des Versuches nicht ändern.

Gerade die letzte Bedingung ist bei psychophysikalischen Messungen schwer zu erfüllen. Die einzelnen Sitzungen können wegen der leichten Ermüdbarkeit der Versuchspersonen nicht sehr lange ausgedehnt werden, so daß während einer Sitzung normalerweise nicht genügend Daten für eine ausreichende Genauigkeit gesammelt werden können. An verschiedenen Tagen haben die Versuchspersonen, bedingt durch alle möglichen körperlichen und psychischen Einflüsse, oft unterschiedliche Kondition und stellen unterschiedliche Kriterien ein. Außerdem ist es in der Regel schwierig, die Versuchspersonen zu motivieren, in dem Bereich des ungewissen Erkennens, der sich bis zum reinen Raten erstreckt, zu arbeiten. Das führt dazu, daß Falsch-Alarm-Raten praktisch nicht gemessen werden können.

Die Methoden der Signal-Detection-Theory haben sich daher in der praktischen psychophysikalischen Meßtechnik bei Einzeldarbietungen insbesondere in der Psychooptik nicht sehr stark durchgesetzt. Bei Forced-Choice-Methoden, bei denen mehrere Möglichkeiten für Signalorte, -zeiten oder -stärken bestehen, ist die Situation jedoch anders. Es gibt Modelle für interne Systemzustände, die den verschiedenen Signalkonfigurationen zugeordnet werden können (Nachmias 1981).

Hier werden hauptsächlich Schwellenmessungen diskutiert, die auf Einzeldarbietungen beruhen. Obwohl die Signal-Detection-Theory bezüglich der praktischen Anwendung in diesem Bereich keine sehr große Bedeutung hat, ist sie für das tiefere Verständnis der Zusammenhänge zwischen Kriterium, Fehlern und Schwellen von großem Nutzen. In Kap. 4 wird eine Untersuchung vorgestellt, bei der die Signal-Detection-Theory mit sehr gutem Erfolg angewandt wurde.

3.1.2 Statistische Schwellenmessung

Im folgenden werden die moderneren Methoden der Schwellenmessung, die auf der Methode der Einzeldarbietungen aufbauen, in ihren Grundzügen dargestellt. Die Beschreibung lehnt sich an die Dissertation von Perizonius (Perizonius 1989) an.

Allen einschlägigen Verfahren liegt die *Quantal-Response-Messung* zugrunde. Die Versuchsperson hat bei einer solchen Messung zu entscheiden, ob ein einzelner Testreiz größer oder kleiner als ein vorher festgelegter Vergleichsreiz ist. Als Vergleichsreiz dient bei Schwellenmessungen i.a. das bereits oben eingeführte Kriterium, das jedoch – wie schon betont – mit der eigentlichen Schwelle nicht verwechselt werden darf. Die Antwort läßt sich mit „erkannt" bzw. „nicht erkannt" oder einfach mit „ja" bzw. „nein" ausdrücken. Bietet man Testreize unterschiedlicher Stärke in zufälliger Reihenfolge mehrfach an, so wird man einen Bereich der Reizstärke finden, in dem die Versuchsperson auf Reize der gleichen Stärke nicht immer die gleiche Antwort gibt. Vielmehr wird sich bei größerer Anzahl n_i der Darbietungen konstanter Stärke x_i ein Verhältnis p_i der Anzahl m_i der positiven Antworten zu der Gesamtzahl n_i einstellen

$$p_i = \frac{m_i}{n_i} \, .$$

Variiert man die Reizstärke x_i, so ändert sich auch die relative Häufigkeit p_i der positiven Antworten. Durch Interpolation erhält man eine Funktion $\hat{P}(x)$ der relativen Häufigkeit der positiven Antworten in Abhängigkeit von der Reizstärke mit einem sigmoiden Verlauf (s. Fig. 3.4). Die Schwelle ist diejenige Reizstärke, bei der die relative Häufigkeit der positiven Antworten einen bestimmten Wert, meistens den Wert 0,5 erreicht. Es wird vorausgesetzt, daß diese Häufigkeitsverteilung mit wachsender Anzahl der Darbietungen einer Wahrscheinlichkeitsverteilung $P(x)$ zustrebt, die in diesem Fall auch *psychometrische Funktion* genannt wird. Die gemessene relative Häufigkeit p_i wird i.a. nicht mit der Wahrscheinlichkeit $P(x_i)$ übereinstimmen. Vielmehr unterliegt der Wert $p(x_i)$ einer Varianz. Die Wahrscheinlichkeitsverteilung des Wertes $p(x_i)$ ist offenbar die Binomialverteilung. Die Varianz beträgt daher

$$\mathrm{Var}\, p(x_i) = \frac{P(x_i)[1 - P(x_i)]}{n_i} \,. \tag{3.21}$$

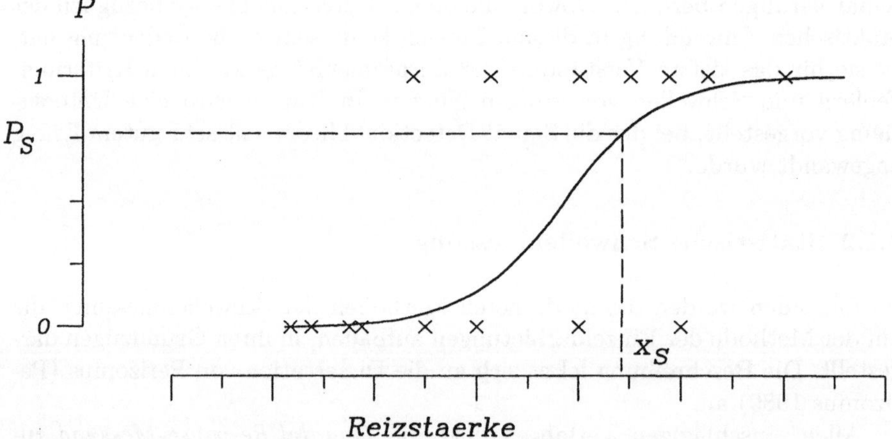

Fig. 3.4. Schema der Quantal-Response-Messung, hier als Beispiel für Einzelantworten bei verschiedenen Reizstärken, die jeweils nur „ja" oder „nein" lauten können. X_S ist das Kriterium, auf das sich die Antworten beziehen. Die Wahrscheinlichkeit P_S wird aus einer größeren Anzahl von Darbietungen ermittelt

Es gibt einige Standardmodelle für psychometrische Funktionen. Im konkreten Fall beschränkt man sich in der Regel darauf, die Meßdaten an ein solches Standardmodell anzupassen, indem man die Parameter der Modellfunktion entsprechend wählt. Folgende Standardmodelle werden bevorzugt benutzt:

1. Die kumulierte Gaußfunktion

$$P(x) = \int\limits_{-\infty}^{x} \frac{1}{\sqrt{2\pi}b} \exp\left(-\frac{(t - a)^2}{2b^2}\right) \mathrm{d}t \,. \tag{3.22}$$

2. Die logistische Funktion

$$P(x) = \frac{1}{1 + e^{-(x-a)/b}} \tag{3.23}$$

oder auch

$$P^*(x) = g + (1 - g)P(x) \; . \tag{3.23a}$$

3. Die Weibull-Funktion [4]

$$P(x) = 1 - (1 - g)\exp\left(-10^{b(x-a)/c}\right) \; . \tag{3.24}$$

Die kumulierte Gaußfunktion bietet sich als Modell für eine psychometrische Funktion schon wegen des zentralen Grenzwertsatzes an, nach dem unter sehr allgemeinen Voraussetzungen die Wahrscheinlichkeitsverteilung einer Summe von unabhängigen Wahrscheinlichkeitsvariablen mit wachsender Zahl der Summanden der kumulierten Gaußverteilung zustrebt. Die Erkennbarkeit von physikalischen Reizen durch menschliche Sinnesorgane ist sicherlich von vielen unabhängigen unvorhersehbaren Einflüssen abhängig. Die kumulierte Gaußfunktion läßt sich mit Hilfe der sog. *Probit-Transformation* „linearisieren". Setzt man nämlich

$$y = \frac{t - a}{b} \; ,$$

so läßt sich (3.22) schreiben:

$$P(x) = \int\limits_{-\infty}^{(x-a)/b} \frac{1}{\sqrt{2\pi}} \exp\left(-\frac{y^2}{2}\right) \mathrm{d}y \; .$$

Der Zusammenhang zwischen $P(x)$ und der oberen Integrationsgrenze bildet den Gegenstand der Probit-Transformation:

$$\mathrm{probit}\, P(x) = \frac{x - a}{b} \; . \tag{3.25}$$

Die logistische Funktion ist hauptsächlich deswegen interessant, weil sie eine sehr gute Näherung der kumulierten Gaußfunktion liefert, aber analytisch wesentlich einfacher zu handhaben ist. Ähnlich wie die kumulierte Gaußfunktion läßt sich die logistische Funktion linearisieren, und zwar durch die sog. *logit-Transformation* :

$$\mathrm{logit}\, P(x) = ln\frac{P}{1 - P} = \frac{x - a}{b} \; . \tag{3.26}$$

---

[4] (Nachmias 1981; Harvey 1986; Madigan u. Williams 1987)

Die einfachste Methode, die sich der Quantal-Response-Messung bedient, ist die *Fixed-Level-Methode*. Sie ist zugleich diejenige Methode mit dem solidesten statistischen Fundament. Vor Beginn des Experimentes wird das Intervall, in dem $\hat{P}(x)$ gemessen werden soll, festgelegt, und es werden m Reizstärken festgelegt, von denen jede in zufälliger Reihenfolge n-mal dargeboten wird. Auch die Reihenfolge wird vor dem Experiment festgelegt. Daher wird der Ablauf nicht von den Ergebnissen beeinflußt. Damit diese Methode effektiv ist, müssen die Lage der Schwelle und die Steilheit von $\hat{P}(x)$ in deren Umgebung wenigstens ungefähr bekannt sein. Nur dann können die zu testenden Reizstärken so ausgewählt werden, daß möglichst viel Information über den Verlauf von $\hat{P}(x)$ und die Schwelle gewonnen wird. Man muß also beispielsweise mit der Einstellmethode eine Voruntersuchung machen.

Seit leistungsfähige Computer leicht zugänglich geworden sind, ist es mehr und mehr üblich geworden, die Testreize mit deren Hilfe zu erzeugen. Optische Reize werden z.B. auf einem Fernsehmonitor erzeugt oder über Videoprojektoren auf einen Auffangschirm projiziert. Dadurch ist es möglich geworden, sog. *adaptive Testverfahren* zu entwickeln und zu benutzen. Man bemüht sich dabei, mit möglichst wenig Testdarbietungen möglichst viel Information zu gewinnen. Einige der bekannteren adaptiven Verfahren werden nun besprochen.

Das Staircase-Verfahren : Die Grundidee besteht darin, bei einer positiven Antwort „erkannt" den nächsten Reiz kleiner zu machen und zwar in aufeinanderfolgenden Tests so lange, bis eine negative Antwort erfolgt. Dann wird der Reiz wieder vergrößert usw. Auf diese Weise liegt der Testreiz nach einigen Schritten immer in der Nähe der Schwelle. Die Antworten enthalten dann maximale Information. Dieses Verfahren ist jedoch für die Versuchsperson relativ leicht zu durchschauen, und es besteht die Gefahr, daß sie die Antworten teilweise erraten kann. Daher werden zwei Testreihen – zwei Äste, wie man sagt – ineinander verschränkt, so daß eine Voraussage von Seiten der Versuchsperson nicht mehr möglich ist. Die Testprozedur läuft nach folgendem Schema ab:

1. A-Priori-Schätzung der Parameter a, b der psychometrischen Funktion: $\hat{a}_0, \hat{b}_0$.
2. Bereitstellung von zwei Ästen.
3. Vorbelegung der „nullten" Antwort, negativ für den ersten Ast, postiv für den zweiten. Man setzt $x_0 = \hat{a}_0, k = 0$.
4. Zufällige Auswahl eines Astes.
5. Man setzt

$$x_{k+1} = \begin{cases} x_k + \hat{b}_0 & \text{falls } k\text{-ter Test negativ} \\ x_k - \hat{b}_0 & \text{falls } k\text{-ter Test positiv} \end{cases}$$

6. Setze $k = k{+}1$, weiter bei 4.

Die Auswertung der Meßergebnisse hat zum Ziel, die Parameter zu bestimmen, mit denen eine ausgewählte psychometrische Funktion optimal an

die Daten angepaßt werden kann. Hierfür kommen verschiedene Verfahren in Betracht (Perizonius 1989). Hier soll nur eine Methode besprochen werden, die das vielleicht überzeugendste theoretische Fundament hat:
Die *Maximum-Likelihood-Methode*.

Die Messung möge folgende Daten geliefert haben:

$$p_i = \frac{m_i}{n_i} : = \text{relative Häufigkeit einer positiven Antwort bei festem } x_i \,.$$

Hier sind

$$x_i : = \text{dargebotene Reizstärke} \,,$$

$$n_i : = \text{Anzahl der Darbietungen bei } x_i \,,$$

$$m_i : = \text{Anzahl der positiven Antworten bei } x_i \,.$$

Die Wahrscheinlichkeit, bei der Reizstärke x_i nach n_i Darbietungen gerade m_i positive Antworten zu erhalten, beträgt

$$W(m_i, x_i | n_i) = \frac{n_i!}{m_i!(n_i - M_i)!} \left(P(x_i)\right)^{m_i} \cdot \left(1 - P(x_i)\right)^{n_i - m_i} \qquad (3.27)$$

(P steht für die kumulierte Wahrscheinlichkeitsverteilung).
Die Wahrscheinlichkeit für das gesamte Meßergebnis beträgt

$$W[(m_i, x_i | n_i), i = 1, \cdots, k | a, b] = \prod_{i=1}^{k} W(m_i, x_i | n_i) \,. \qquad (3.28)$$

Für die Suche nach den Werten $\hat{a}, \hat{b}$ der Variablen a, b, durch die dieser Wert zu einem Maximum gemacht wird, reicht es bereits, daß $\log W$ maximiert wird.

Bei dieser Maximierung werden a, b als Variable bei festem Meßergebnis betrachtet. Die Funktion

$$\Lambda(a, b) = \log W[(m_i, x_i | n_i), i = 1, \cdots, k | a, b]$$

ist keine eigentliche Wahrscheinlichkeitsverteilung, da sie, als Funktion der Variablen a, b betrachtet, nicht normiert ist. Sie wird daher als *Likelihood* bezeichnet. Mit (3.27),(3.28) wird

$$\Lambda(a, b) = \sum_{i=1}^{k} \log \left\{ \frac{n_i!}{m_i!(n_i - m_i)!} [P(x_i)]^{m_i} [1 - P(x_i)]^{n_i - m_i} \right\} \,. \qquad (3.29)$$

Zur Maximierung von $\Lambda(a, b)$ setzt man

$$\frac{\partial \Lambda}{\partial a} = 0, \quad \frac{\partial \Lambda}{\partial b} = 0 \,. \qquad (3.30)$$

Bei Verwendung der logistischen Funktion (3.23) ergeben sich daraus die Bedingungen

$$\sum_i n_i(p_i - \hat{P}_i) = 0 \,, \qquad \sum_i n_i(x_i - a)(p_i - \hat{P}_i) = 0 \,, \tag{3.30a}$$

bei Verwendung der kumulierten Gaußfunktion (3.22) die Bedingungen

$$\sum_i \frac{n_i \hat{z}_i}{p_i q_i}(p_i - \hat{P}_i) = 0 \,, \qquad \sum_i \frac{n_i \hat{z}_i}{p_i q_i}(x_i - a)(p_i - \hat{P}_i) = 0 \,. \tag{3.30b}$$

Hier bezeichnet das Dach wiederum den durch die Bedingungsgleichungen ermittelten Schätzwert. Die Größe $\hat{z}_i$ steht für den Ausdruck

$$\hat{z}_i = -\frac{1}{\sqrt{2\pi}b}\exp\left[-\left(\frac{x_i - a}{\sqrt{2}b}\right)^2\right]\,,$$

die Größen p_i, q_i im Nenner der Bedingungen (3.30b) sind als Näherungen für $\hat{P}_i$ bzw. $(1 - \hat{P}_i)$ eingesetzt worden.

Für die beiden psychometrischen Funktionen gewinnt man also jeweils zwei Bedingungsgleichungen zur Bestimmung der optimal angepaßten Parameter $\hat{a}, \hat{b}$.

Bei den klassischen Verfahren zur Schwellenmessung wird bei der Veränderung der dargebotenen Reizstärke grundsätzlich eine konstante Schrittweite Δx verwendet. Bei neueren Verfahren wird versucht, durch Anpassung der Schrittweite an die Versuchsergebnisse eine größere Effizienz zu erreichen. Leider ist bei diesen Verfahren das theoretische Fundament oft etwas fragwürdig. Im folgenden werden einige dieser Verfahren kurz erwähnt.

Das PEST-Verfahren: Hier wird die Schrittweite nach jedem Umkehrpunkt bei der Staircase-Testung halbiert (Taylor u. Greelman 1967; Findley 1978). Ein Nachteil des Verfahrens ist, daß keine Schätzung der Genauigkeit des ermittelten Schwellenwertes gemacht wird.

Das Maximum-Likelihood-Verfahren: Dieses Verfahren benutzt die oben geschilderte Maximum-Likelihood-Methode, um nach jedem einzelnen Test den wahrscheinlichsten Schwellenwert zu schätzen und diesen dann bei der nächsten Messung anzubieten. Obwohl der Informationsgewinn bei diesem Verfahren maximal ist, ist eine Abschätzung der erreichten Genauigkeit ebenfalls nicht möglich.

Das APE-Verfahren (adaptive probit estimation) (Watt u. Andrews 1961): Hier werden Elemente der „Fixed-Level"-Methode mit adaptiven Methoden kombiniert. Es wird auch außerhalb des Schätzwertes für die Schwelle gemessen, so daß eine Angabe über die Genauigkeit der Schwellenschätzung gewonnen werden kann.

3.1.3 Die absolute Lichtsinn-Schwelle

Die absolute Schwelle, seine größtmögliche Empfindlichkeit, erreicht der Gesichtssinn nach einer langen Adaptationszeit von mindestens 45 min in völliger Dunkelheit (Baumgardt 1978, Bornschein u. Hanitzsch 1972). Die Schwelle hängt von einer großen Zahl Parameter ab: Größe, Form, Wellenlänge und Darbietungszeit des Lichtreizes und Ort auf der Netzhaut. Bis zu einem bestimmten Durchmesser des Lichtquellenbildes auf der Netzhaut findet eine vollständige örtliche Integration der Rezeptorerregung statt. Bei Verdoppelung der Reizfläche wird die Schwelle schon bei der halben Netzhautbeleuchtungsstärke erreicht. Diese vollständige Integration wird als *Riccòs Gesetz* bezeichnet. Der Grenzdurchmesser für die Gültigkeit des Riccòschen Gesetzes ist vom Netzhautort abhängig. In einem parafovealen Bereich von 5 bis 15°, in welchem die größte Emfindlichkeit herrscht, liegt er bei 10'. Die Netzhautgrube ist sehr unempfindlich, weil dort keine bzw. nur wenige Stäbchen vorhanden sind. Bei größeren Reizflächen erfolgt eine teilweise Integration proportional zur Quadratwurzel der Reizfläche (*Pipersches Gesetz*). Hierauf wird später noch genauer eingegangen. Bei noch größeren Reizflächen gibt es keine Integration mehr.

Neben der örtlichen gibt es eine vollständige zeitliche Integration innerhalb einer kritische Reizdauer (*Blochs Gesetz*). Sie beträgt an der absoluten Schwelle ca. 0,1 s. Bei längeren Zeiten erfolgt hier auch zunächst eine Summation proportional zur Quadratwurzel aus der Darbietungszeit (*Pierons Gesetz*), bis bei Zeiten größer als 15 s die Summation aufhört.

Das Erreichen der Schwelle wird durch die Zahl der physiologisch wirksam absorbierten Lichtquanten, nicht durch die absorbierte Energie bestimmt. Ein Lichtquant, das vom Rhodopsin absorbiert wird, führt dem Molekül in jedem Fall soviel Energie zu, wie zu einer Erregung des Rezeptors notwendig ist. Die tatsächliche Auslösung des weiteren Erregungsablaufes unterliegt dann noch der Quantenausbeute der Konformationsumwandlung im Rhodopsinmolekül. Die Erregung eines Rezeptors führt jedoch noch nicht zu einer Sinnesempfindung. Dazu ist vielmehr die Erregung mehrerer Rezeptoren notwendig. Diese Erregungen müssen offensichtlich innerhalb der kritischen Zeitdauer des Blochschen Gesetzes und innerhalb des linearen örtlichen Integrationsbereiches des Riccòschen Gestzes liegen, wenn eine optimale Summation der Erregungen stattfinden soll. Wäre eine solche örtlich-zeitliche Koinzidenz der Absorptionsakte nicht zur Erregung einer Sinnesempfindung notwendig, so wären die erwähnten, experimentell gefundenen Integrationsgesetze nicht verständlich. Auch aus thermodynamischen Überlegungen heraus erscheint es sinnvoll, daß die Natur für die Erregung einer Sinnesempfindung eine „Koinzidenzschaltung" im obigen Sinne eingerichtet hat, weil bei der großen Zahl der Photorezeptoren eine nennenswerte Wahrscheinlichkeit für das Auftreten von rein thermisch bedingtem falschen Alarm in einem einzelnen Photorezeptor besteht.

Im Bereich der absoluten Schwelle sind nur die Stäbchen aktiv, d.h. es wird keine Farbempfindung augelöst. Die Empfindlichkeit für verschiedene Spektralbereiche wird durch die spektrale Dämmerungsempfindlichkeit bestimmt. Lediglich im langwelligen Spektralbereich, in dem nur die Zapfen empfindlich sind, also im Bereich von ca. 640–780 nm, wird eine Rot-Empfindung ausgelöst. Die Empfindlichkeit ist hier entsprechend gering.

Jetzt erhebt sich natürlich die interessante Frage, wieviele Quanten in den richtigen örtlichen und zeitlichen Integrationsbereichen absorbiert werden müssen, damit eine Lichtempfindung entsteht. Diese Frage ist nicht so leicht zu beantworten, wie es auf den ersten Blick scheinen möchte. Es ist relativ gut gesichert, daß 50 bis 100 – im Mittel 80 – Quanten auf die von der Pupillenöffnung freigegebene Hornhautfläche fallen müssen (innerhalb der erwähnten Integrationsbereiche, bei der Wellenlänge von 507 nm, dem Maximum der skotopischen Absorptionskurve, im maximal empfindlichen parafovealen Bereich, – also unter optimalen Reizbedingungen), damit eine Lichtempfindung ausgelöst wird. Das größere Problem ist die Abschätzung, wieviele dieser Hornhautquanten physiologisch wirksam, also im Rhodopsin der Photorezeptoren absorbiert werden müssen. Einer der Gründe für das Problem ist die komplizierte optische Struktur der Netzhaut, bei der alle möglichen geometrisch-optischen Effekte bis hin zu Wellenleiterphänomenen eine Rolle spielen können. Ein anderer Grund ist die nicht genau bekannte Konzentration der Rhodopsinmoleküle im physiologisch ungestörten Rezeptor. Die besten Schätzungen belaufen sich auf 5–15 Quanten.

Eine weitere Information über die zur Auslösung einer Lichtempfindung erforderliche Anzahl physiologisch wirksam absorbierter Quanten erhält man aus der Form der Quantal-Response-Messung (s. Fig. 3.4), die in diesem Zusammenhang kurz *Schwellenkurve* genannt werden soll. Damit ist die Funktion der Erkennungswahrscheinlichkeit eines Lichtblitzes als Funktion der mittleren Reizstärke, ausgedrückt in der mittleren Zahl der Lichtquanten des Blitzes, gemeint.

Die statistische Verteilung der pro wahrgenommenem Lichtblitz absorbierten Quanten ist unter etwas vereinfachenden Annahmen eine Poissonverteilung. Sei die mittlere Anzahl der pro Lichtblitz absorbierten Quanten Q, so ist die Wahrscheinlichkeit $P(r)$, daß genau r Quanten absorbiert werden,

$$P_r(Q) = Q^r \frac{e^{-Q}}{r!} \, .$$

Wenn n die minimale Zahl absorbierter Quanten ist, die eine Empfindung auslöst, so gibt $D_n(Q)$ mit

$$D_n(Q) = \sum_{r=n}^{\infty} Q^r \frac{e^{-Q}}{r!} \tag{3.31}$$

die Wahrscheinlichkeit für die Auslösung einer Empfindung in Abhängigkeit von der mittleren absorbierten Quantenzahl Q an. Da Q proportional zu der Zahl der Quanten pro Blitz sein muß, läßt sich die Kurve $D_n(Q)$ in ihrer Form mit der Schwellenkurve vergleichen.

Nach Experimenten von *Hecht et al.* (1942) wird mit der Zahl $n = 6$ aus Fig. 3.5 die beste Übereinstimmung mit den experimentellen Daten erreicht. Hierbei wurden Lichtblitze der Wellenlänge 510 nm, von 1 ms Dauer und 10′ Sehwinkel benutzt, die 20° extrafoveal dargeboten wurden. Dies ist allerdings nur eine untere Schranke für die tatsächlich zur Erregung einer Lichtempfindung notwendige Anzahl von Quanten. Jede Variabilität in der Empfindlichkeit der Versuchspersonen oder in den Darbietungsbedingungen führt nämlich zu einer Abflachung der gemessenen Kurven und täuscht daher eine zu geringe Quantenzahl vor. Die tatsächlich erforderliche Anzahl mag deswegen größer sein. Die obige Argumentation ist außerdem deswegen nicht ganz schlüssig, weil dabei implizit eine einfache Konvergenz der einzelnen Rezeptorerregungen in einer übergeordneten Nervenzelle vorausgesetzt wird. Bei komplizierteren Konvergenz- bzw. Verzweigungsbäumen können sich andere Summationsgesetze ergeben.

Die genannten Quantenzahlen gelten für den bei skotopischer Beleuchtung maximal empfindlichen Netzhautbereich. Er liegt bei 9°–20° parafoveal. Hierin kommt zum Ausdruck, daß der innerste Bereich der Fovea, also die Foveola, frei von Stäbchen, also im skotopischen Bereich sehr unempfindlich ist. Je weiter man sich vom Zentrum der Netzhaut in Richtung der Peripherie bewegt, desto höher wird der Anteil der Stäbchen an der Rezeptorpopulation. Außerdem vergrößern sich bei dieser Bewegung die rezeptiven Felder. Deswegen wird das Signal-Rausch-Verhältnis für kleine Reizfelder schlechter. (Dies wird später noch genauer diskutiert.) Infolgedessen gibt es einen optimalen Bereich für die absolute Empfindungsschwelle auf der Netzhaut.

Ein hierauf basierendes Phänomen ist sehr leicht zu beobachten und sicherlich von zahlreichen Lesern auch schon beobachtet worden. Betrachtet man den nächtlichen Sternenhimmel, so glaubt man manchmal, außerhalb des Fixationszentrums einen schwachen Stern aufleuchten zu sehen. Fixiert man diese Stelle, so ist der Stern nicht zu sehen. Wandert der Blick aber etwas weiter, so taucht der Stern wieder auf. Bei Unkenntnis der beschriebenen Empfindlichkeitstruktur der Netzhaut ist dieses Phänomen sehr irritierend.

3.1.4 Adaptation

Die Empfindlichkeit des visuellen Systems für Licht und für Helligkeitunterschiede ist sehr stark vom Zustand des Systems, also hauptsächlich von der Vorgeschichte, aber auch von der weiteren Umgebung des betrachteten Objektes abhängig. Eine Erfahrung des täglichen Lebens ist: Tritt man aus einem schwach erleuchteten Raum in helles Tageslicht, so dauert es einige Sekunden, bis man ein klares Bild der Umwelt aufnehmen kann. In der umgekehrten

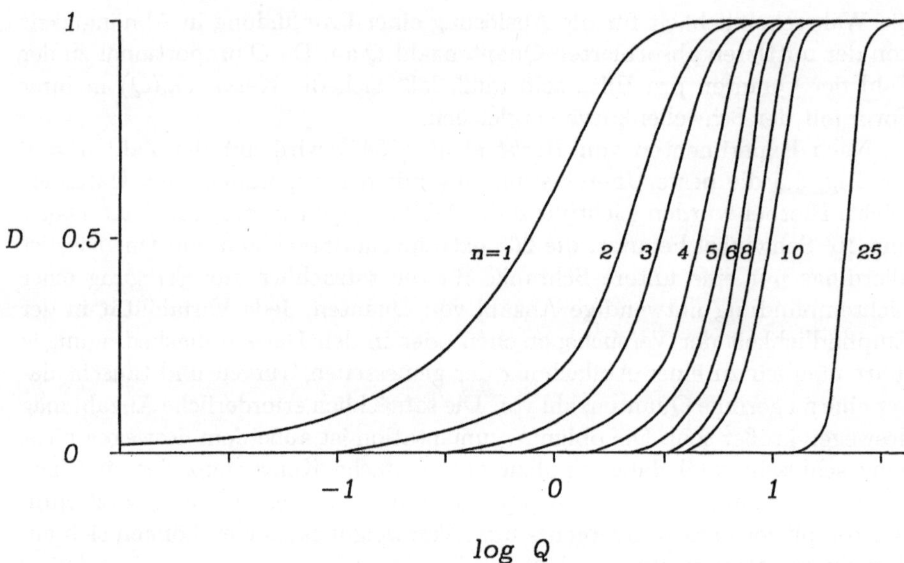

Fig. 3.5. Poissonsche Summenhäufigkeit $D_n(Q)$ [s. (3.31)] als Funktion der mittleren Quantenzahl pro Blitz. Der Parameter n gibt die in diesem Modell minimale Zahl absorbierter Quanten für die Auslösung einer Empfindung an

Richtung, wenn man aus dem Hellen in einen schwach beleuchteten Raum kommt, dauert es noch wesentlich länger, bis man Einzelheiten unterscheiden kann. Während der nächtliche Sternenhimmel (ohne Mond) eine Leuchtdichte von 10^{-4}cd/m^2 hat und dabei noch Objekte mit 10^{-6} cd/m^2 Leuchtdichte erkennbar sind, hat ein sehr helles Objekt, z.B. ein weißes Papier im hellen Sonnenlicht eine Leuchtdichte von $3 \cdot 10^4$ cd/m^2. Diese Anpassung der Empfindlichkeit an die äußeren Gegebenheiten ist auch bei anderen Sinnesorganen bekannt, wenn auch vielleicht nicht in diesem Ausmaß. Sie wird als *Adaptation* bezeichnet.

Die ersten systematischen Untersuchungen zur Dunkeladaptation wurden von *Kohlrausch* (1931) durchgeführt. Man adaptiert eine Versuchsperson an ein helles Umfeld, schaltet dann das Umfeld aus und bestimmt in Abhängigkeit von der vergangenen Zeit die Leuchtdichte ΔL eines lokalen Lichtreizes, der gerade eben erkennbar ist. Die Figur 3.6 zeigt etwas spätere Meßergebnisse von *Hecht et al.* (1937), etwas modifiziert entsprechend der neueren Terminologie. Man erkennt, daß die Dunkeladaptation nach vorausgehender Adaptation an hohe Leuchtdichten zwei deutlich unterscheidbare Zweige hat, die durch einen scharfen Knick – den sog. *Kohlrauschknick* – miteinander verbunden sind. Diese beiden Zweige entstehen durch die beiden Rezeptorarten – Zapfen und Stäbchen – , die verschiedene Bereiche der Hellempfindung abdecken und auch mit verschiedenen Zeitkonstanten adaptieren. Wenn die

Leuchtdichte der Helladaptation nicht im photopischen Bereich liegt, gibt es
keinen Kohlrauschknick bei der Dunkeladaptation.

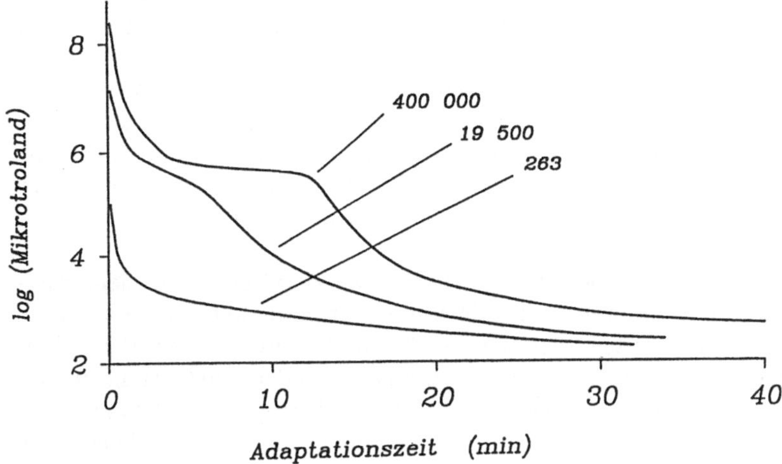

Fig. 3.6. Verlauf der Dunkeladaptationsschwelle (in log μTroland) nach vorherge-
hender Helladaptation in Abhängigkeit von der Zeit der Dunkeladaptation (Parameter: vorhergehende Helladaptationsleuchtdichte in Troland) (nach Hecht et al.
1937)

Dieser Zusammenhang ist inzwischen zu einer wichtigen augenärztlichen
Untersuchungsmethode geworden, die Aufschlüsse über eine gestörte Dunkeladaptation bringen kann (z.B. Nachtblindheit). Die Dauer der Helladaptation
ist von entscheidender Bedeutung für den Verlauf der Dunkeladaptation. Bei
sehr kurzer Dauer der Helladaptation ist auch der Zeitverlauf der Dunkeladaptation stark verkürzt. Der Verlauf der Dunkeladaptation ist ebenfalls von
der Größe der Testreize zur Messung des Adaptationszustandes abhängig.
Die Dunkeladaptation der Stäbchen beginnt eher, dauert länger und erreicht
niedrigere Schwellwerte bei großen Reizen als bei kleinen (Rushton u. Cohen
1954).

Außer dem Wechsel zwischen den beiden Rezeptormechanismen ist vor
allem eine Veränderung des Gleichgewichtes zwischen der Bleichung und
der Regeneration des Photopigments für den Adaptationsprozeß verantwortlich. Daneben gibt es eine neuronale Komponente. Die Dunkeladaptation
vergrößert nicht nur die Empfindlichkeit der einzelnen Rezeptoren, sondern
bewirkt auch eine Vergrößerung der Summationsbereiche. Wenn die Retina nur lokal beleuchtet wird, entsteht eine lokale Adaptation. Sie ist nicht
genau auf das beleuchtete Areal beschränkt, sondern breitet sich deutlich
weiter in dessen Umgebung aus (Westheimer 1965). Allgemein bekannt ist
die Herabsetzung des Sehvermögens in der näheren Umgebung einer starken
Lichtquelle, z.B. eines Autoscheinwerfers, durch Blendung. Dies kann nicht

alleine durch eine Lichtstreuung im Auge bewirkt werden, vielmehr sprechen diese und andere Beobachtungen, deren Diskussion hier zu weit führen würde, dafür, daß die Empfindlichkeit der Rezeptoren bzw. die Verstärkung ihrer Signale neuronal beeinflußt wird. Weitere Einzelheiten über den Adaptationsverlauf werden im nächsten Abschnitt im Zusammenhang mit der Unterschiedsschwelle des Lichtsinnes besprochen.

Für dunkelrotes Licht sind die Stäbchen unempfindlich, so daß dieses Licht die Adaptation der Stäbchen nicht beeinflußt. Daher tragen z.B. Radiologen, die kurzzeitig ihren Arbeitsplatz am Bildschirm oder Bildverstärker verlassen, rote *Adaptationsbrillen*, um ihre Dunkeladaptation nicht zu stören. Auch die rote Beleuchtung von Instrumentenbrettern in Flugzeugen dient diesem Zweck.

Die Aktivität der Stäbchen wird durch das Rhodopsin mit dem Retinal als seiner chromophoren Molekülgruppe bestimmt. Letzteres ist, wie in Abschn. 2.2.3 näher ausgeführt wurde, chemisch sehr eng mit dem Vitamin A verwandt, so daß diesem Vitamin eine besondere Bedeutung für das Dämmerungssehen zukommt. Ein Mangel dieses Vitamins führt beim Menschen zu Nachtblindheit, also einem in der Dämmerung stark herabgesetzten Sehvermögen. Umgekehrt führen jedoch erhöhte Gaben von Vitamin A nicht zu einer Verbesserung des Dämmerungssehens über das normale Maß hinaus.

Von der spektralen Zusammensetzung des Lichtes ist die Hell-Dunkel-Adaptation nahezu unabhängig, mit Ausnahme der erwähnten Sonderstellung des Rot.

Außer der Hell-Dunkel-Adaptation gibt es noch mehrere andere Adaptationsprozesse, z.B. beim Farbensehen. Sie werden später genauer besprochen.

3.1.5 Empfindungsschwellen für Leuchtdichteunterschiede

Leuchtdichteunterschiede sind die wichtigste Informationsquelle für die visuelle Erkennung von Strukturen, Formen und Objekten. Es ist nicht nur von wissenschaftlichem Interesse, sondern auch von praktischer Bedeutung, die Möglichkeiten und Grenzen des menschlichen Gesichtssinnes zur Wahrnehmung solcher Unterschiede zu kennen. Allerdings liegen in der Praxis die weitaus häufigsten Leuchtdichteunterschiede im überschwelligen Bereich.

Die Messung der Unterschiedsschwelle erfolgt mittels eines Photometers, z.B. eines kreisförmigen, in zwei Hälften geteilten Feldes oder zweier konzentrischer kreisförmiger Felder. Eines von beiden, in der letzteren Anordnung i.a. das größere Feld, hat die Referenzleuchtdichte L, das andere eine um ΔL erhöhte oder erniedrigte Leuchtdichte.

Unabhängig von der Schwellenmessung wird der Ausdruck

$$\frac{\Delta L}{L}$$

als *Kontrast* bezeichnet. Es gibt noch andere Definitionen für den Kontrast. Die bekannteste Definition benutzt den Ausdruck

$$\frac{L_{\text{Infeld}} - L_{\text{Umfeld}}}{L_{\text{Infeld}} + L_{\text{Umfeld}}} \;.$$

Bei dieser Definition kann man zwischen positivem und negativem Kontrast unterscheiden. Außerdem bleibt er auch bei verschwindender Umfeldleuchtdichte endlich.

Für die Schwellenmessung ist es wesentlich, daß das eigentliche Photometerfeld von einem möglichst großen Adaptationsfeld umgeben ist, damit der Adaptationszustand der Versuchsperson bei der Messung definiert ist. Dieser ist von großem Einfluß auf die Empfindungsschwelle. Die Schwelle ist am niedrigsten, wenn die Adaptationsleuchtdichte gleich der Referenz- oder Testleuchtdichte ist oder zwischen beiden Werten liegt.

Gewöhnlich werden die Meßergebnisse als $\Delta L/L$, dem sog. *Weber-Bruch* in Abhängigkeit von L aufgetragen (s. Fig. 3.7). Man bemerkt eine deutliche Abnahme dieses Verhältnisses mit zunehmender Leuchtdichte. Die Kurve zeigt einen scharfen Knick bei etwa $10^{-2,3}$ cd/m². Dieser hat die gleiche Ursache wie der Kohlrauschknick, nämlich den Übergang vom skotopischen zum photopischen Sehen. Bei großen Leuchtdichten nähert sich der Ordinatenwert einem konstanten Grenzwert, wie dies vom Weberschen Gesetz vorausgesagt wird.

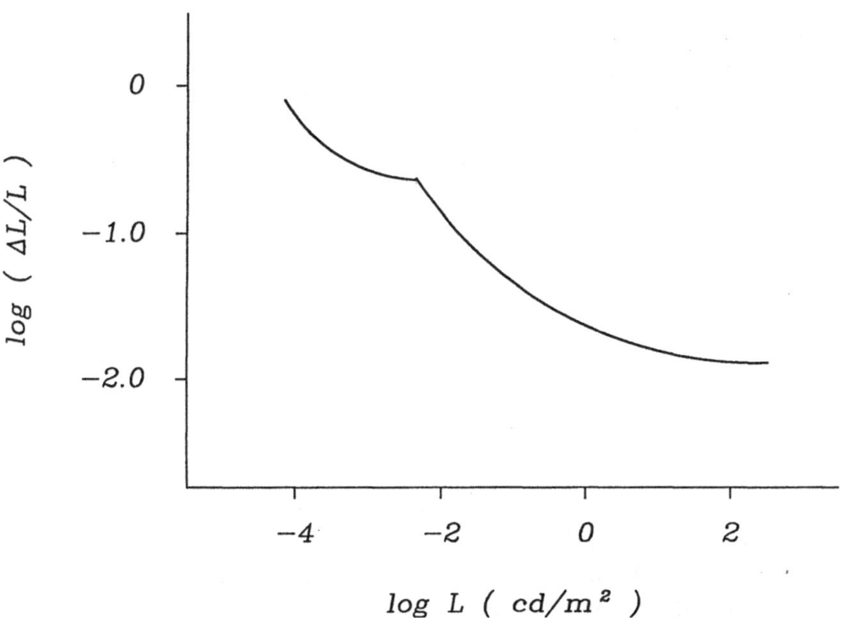

Fig. 3.7. Relative Unterschiedsschwelle (Weber-Bruch) $\Delta L/L$ als Funktion der Adaptationsleuchtdichte L (nach Wyszecki u. Stiles 1967)

Im einzelnen hängt die Unterschiedsschwelle von örtlichen und zeitlichen Summationseigenschaften des Gesichtssinnes ab, die bereits bei der Besprechung der absoluten Schwelle erwähnt wurden. Die örtlichen und zeitlichen Summationsbereiche verkleinern sich mit wachsender Leuchtdichte. Die zeitlichen Aspekte werden in einem folgenden Abschnitt genauer besprochen. Zur örtlichen Summation liegen ausführliche Experimente von Blackwell vor (Blackwell 1946, s.a. Fig. 3.8).

Es gibt zwei Theorien, die den Verlauf der Unterschiedsschwelle zu erklären versuchen, speziell im Bereich des Weberschen Gesetzes. Die erste wurde von Hecht formuliert (Hecht 1937). Sie basiert auf zwei Voraussetzungen, zum einen, daß die Rhodopsinkonzentration in den Rezeptoren normalerweise im Gleichgewicht zwischen Zerfall und Regeneration ist und daß zum anderen Abweichungen von diesem Gleichgewicht entsprechend dem Fechnerschen Gesetz bewertet werden. Während die Annahmen über das Gleichgewicht der Rhodopsinkonzentration inzwischen wenigstens teilweise experimentell bestätigt worden sind, ist die Frage der Bewertung überschwelliger Abweichungen von diesem Gleichgewicht nach wie vor umstritten.

Die zweite Theorie stammt von de Vries, Pirenne, Bouman, Rose u.a. (Rose 1973) und beruht auf den statistischen Schwankungen der absorbierten Lichtquanten. Da hierfür keine über die Grundlagen der Physik hinausgehenden Voraussetzungen benötigt werden, soll diese Theorie etwas näher ausgeführt werden. Wegen der örtlichen Summationseigenschaften kann die Netzhaut als ein Detektor-Array mit N Elementen betrachtet werden, wobei die Größe dieser Elemente vorläufig offen bleiben soll. Dieses Array möge eine gleichmäßige Beleuchtung erhalten mit Ausnahme eines einzigen Elementes, das nur 99% der Lichtenergie der übrigen erhält. Es soll jetzt untersucht werden, wieviele Quanten von jedem Element absorbiert werden müssen, damit dieses eine Element erkennbar wird. Werden von jedem Element im Mittel n_0 Quanten absorbiert, so beträgt die mittlere statistische Schwankung (infolge der Poisson-Verteilung der Quantenabsorption) $\sigma = \sqrt{n_0}$. Soll eine Abweichung von 1% von der mittleren Beleuchtung auch nur unter günstigsten Bedingungen erkennbar werden, darf die Schwankung nur 1% betragen, d.h.

$$\frac{\sqrt{n_0}}{n_0} = 0,01 \quad \text{oder} \quad n_0 = 10^4 \,. \tag{3.32}$$

Diese einfache Überlegung soll zeigen, wie die Unterschiedsschwelle von der Quantenstruktur des Lichtes beeinflußt wird.

Ein Signal-Rausch-Verhältnis von eins reicht nicht zur sicheren Erkennung eines Signals aus. Bei Gaußscher Rauschverteilung ist dann die Wahrscheinlichkeit, daß durch Rauschen ein Signal vorgetäuscht wird,

$$W_1 = \int\limits_{\sigma}^{\infty} \frac{1}{\sqrt{2\pi}\sigma} \mathrm{e}^{\frac{-x^2}{2\sigma^2}} \, \mathrm{d}x = 0,159 \tag{3.33}$$

d.h., daß dieser Fall ziemlich häufig auftritt. Erst wenn der Signalabstand mindestens 3σ ist, wird die Wahrscheinlichkeit für ein zufälliges Überschreiten der Schwelle

$$W_3 = 1,35 \cdot 10^{-3} \, ,$$

also so gering, daß eine hinreichende Sicherheit gegen falschen Alarm besteht. Dies gilt jedoch nur für Einzelreize. Bei einem flächenhaften Detektor-Array, wie es die Netzhaut des Auges darstellt, kann die Zahl der relevanten Bildelemente sehr leicht die Größenordnung von 10^3 übersteigen, so daß der 3σ-Abstand zur Vermeidung von Fehlern nicht ausreicht. Die Belichtung eines Detektor-Arrays mit z.B. 10^4 Elementen ist statistisch äquivalent mit der 10^4-fachen Wiederholung der Belichtung eines Einzelelementes. Wenn für das Einzelelement ein 3σ-Signal-Rausch-Abstand gewährleistet ist, berechnet sich die Wahrscheinlichkeit dafür, daß unter 10^4 Wiederholungen mindestens ein falscher Alarm auftritt, zu

$$\sum_{j=1}^{\infty} P_N(j) = 1 - (1 - 1,35 \cdot 10^{-3})^{10^4} = 0,99999866. \tag{3.34}$$

Hier ist

$$P_N(j) = \binom{N}{j} p^j (1-p)^{(N-j)} \, , \tag{3.35}$$

wobei p die Wahrscheinlichkeit dafür ist, daß bei einem Experiment ein bestimmtes Resultat c auftritt. $P_N(j)$ ist die Wahrscheinlichkeit dafür, daß bei N Wiederholungen des Experimentes das Resultat c gerade j-mal auftritt.

Mindestens ein falscher Alarm tritt also bei 10^4 Bildelementen nahezu mit Sicherheit auf. Um für diese Situation eine Fehlerrate von 10^{-4} zu erreichen, muß man für das einzelne Experiment einen 5σ-Abstand fordern, was einer Falschalarm-Wahrscheinlichkeit von 10^{-7} entspricht.

Für die folgende Überlegung zum Zusammenhang zwischen der Zahl der Quanten und der Unterschiedsschwelle wird daher ein Signalabstand von $k\sigma$ postuliert, wobei im numerischen Beispiel $k = 5$ gewählt wurde. Dann ergibt sich entsprechend (3.32) für den Schwellenkontrast $C = \Delta L/L$:

$$C = \frac{k\sqrt{n_0}}{n_0} = \frac{k}{\sqrt{n_0}} \, . \tag{3.36}$$

Geht man von der Zahl der Quanten n_0 pro Bildelement zur Zahl n der Quanten pro Flächeneinheit über, so ergibt sich mit der Fläche f des Bildelementes, in diesem Fall also des zu erkennenden Signalfeldes:

$$C = \frac{k}{\sqrt{fn}} \, . \tag{3.36a}$$

Diese Gleichung besagt, daß bei konstanter Leuchtdichte ($n = $ const.) die relative Unterschiedsschwelle umgekehrt proportional zu $\sqrt{f}$, d.h. zur linearen Ausdehnung des Signalfeldes ist. Andererseits ist C bei konstantem Signalfeld umgekehrt proportional zur Wurzel aus der mittleren Beleuchtungsstärke. Beide Relationen sind näherungsweise für kleine Feldgrößen und Leuchtdichten erfüllt (Pipersches Gesetz, s. Abschn. 3.1.3).

Trägt man den so berechneten Schwellenkontrast als Funktion der reziproken Winkelausdehnung der zu erkennenden Struktur in doppelt logarithmischem Maßstab auf, so ergeben sich parallele Geraden für die verschiedenen Referenz-Leuchtdichten. Diese Kurven können nach *Rose* mit den oben erwähnten Messungen von *Blackwell* verglichen werden (Fig. 3.8). Man erkennt im jeweils unteren Kontrastbereich der Kurven eine recht gute Übereinstimmung. Bei großen und sehr kleinen Leuchtdichten erreicht das Auge nicht die Empfindlichkeit eines idealen Empfängers.

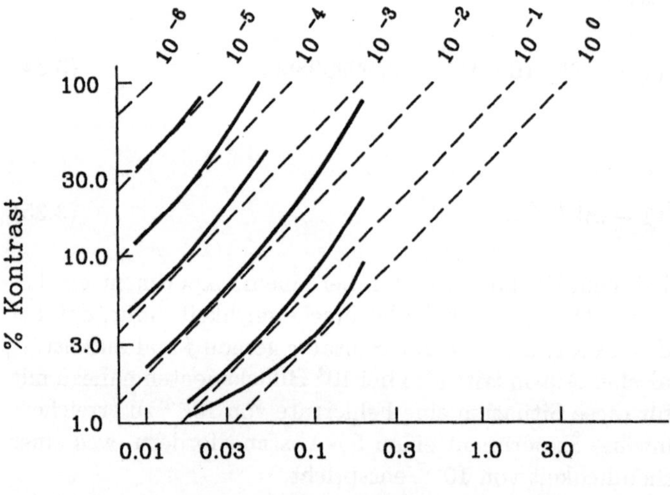

Fig. 3.8. Schwellenkontrast als Funktion der reziproken Testfeldgröße (in Linien pro Sehwinkelminute) und für verschiedene Testfeldleuchtdichten. Die *gestrichelten Geraden* geben die theoretischen Werte nach Rose wieder, die *ausgezogenen Kurven* beruhen auf Messungen von Blackwell. (Nach Rose 1973)

Aus dem Vergleich der experimentellen und theoretischen Kurven läßt sich die Quantenausbeute des Sehprozesses errechnen. Rose erhält bei der Berücksichtigung einer Summationszeit von 0,2 s eine Ausbeute der Hornhautquanten von 0,5 bis 3%. Dem entspricht eine Ausbeute der physiologisch wirksam absorbierten Quanten von bis zu 60%.

Die Unterschiedsschwelle kann nicht nur durch Dunkeladaptation, sondern auch durch Streulicht modifiziert werden. Streulicht entsteht in den Augenmedien, kann aber auch schon in einem optischen Instrument, z.B. einem Fernrohr, in der Atmosphäre oder im Objekt entstehen. Durch Streulicht wird im Netzhautbild eine Schleierleuchtdichte erzeugt, die den Kontrast kleinerer Strukturen herabsetzt. Hierdurch wird das Auflösungsvermögen reduziert.

Stiles und *Crawford* brachten die beiden Einflüsse auf die Unterschiedsschwelle, die Dunkeladaptation und das Streulicht, miteinander in Zusammenhang (Stiles u. Crawford 1932; Crawford 1947) und trugen damit wesentlich zur weiteren Einsicht in die Prozesse der Adaptation bei. Sie führten das Konzept der äquivalenten Hintergrundsleuchtdichte ein. Man betrachtet zwei Scharen von Kurven. Beiden gemeinsam ist als Parameter die Größe des Testobjektes und als Ordinate die Unterschiedsschwelle. Bei der einen Schar ist als Abszisse der zeitliche Verlauf der Schwelle während der Dunkeladaptation an ein vorgegebenes Leuchtdichteniveau nach einem hellen Blitz aufgetragen, bei der anderen Schar die Schwelle als Funktion der Hintergrundsleuchtdichte. Sucht man (bei konstanter Testgröße) zu einer bestimmten Schwelle die zugehörigen Abszissenwerte auf, so kann man diese miteinander in einem Diagramm der äquivalenten Hintergrundsleuchtdichte als Funktion der Adaptationszeit verknüpfen. Damit kann man den Adaptationszustand der Netzhaut unabhängig von seiner zeitlichen Vorgeschichte durch einen einzigen Parameter, die äquivalente Hintergrundsleuchtdichte, beschreiben. Dieses Konzept hat sich in der Folgezeit als sehr fruchtbar erwiesen (s.a. Newsome 1971).

Eines der wichtigsten Kriterien für das menschliche Sehvermögen ist das örtliche Auflösungsvermögen, in der physiologischen Optik normalerweise durch den Kehrwert, die Sehschärfe, ausgedrückt. Es basiert insofern auf der Unterschiedsempfindlichkeit, als z.B. zwei leuchtende Punkte auf der Netzhaut eine Leuchtdichteverteilung erzeugen, die bei beliebig guter Meßgenauigkeit immer von derjenigen unterschieden werden könnte, die durch einen einzelnen leuchtenden Punkt erzeugt wird. Tatsächlich ist jedoch die Meßgenauigkeit durch die von der Größe der Felder abhängige Unterschiedsschwelle begrenzt, also auch die Sehschärfe.

Unterschiede in der Sehschärfe entstehen dadurch, daß der Unterschied zwischen Maximum und Minimum in der Leuchtdichteverteilung des Netzhautbildes durch verschiedene Einflüsse mehr oder weniger stark reduziert wird, Einflüsse, die auch das Auflösungsvermögen optischer Instrumente begrenzen: Beugung an der Eintrittspupille, geometrisch-optische Aberrationen, Streulicht und Detektoreigenschaften. Bezüglich der ersten beiden Einflüsse kann man eine *kritische Pupillengröße* für eine minimale Verwaschung des Punktbildes definieren: wenn Beugung und Aberrationen gleich große Verwaschungen erzeugen. Beim rechtsichtigen Auge hat diese kritische Pupille einen Durchmesser von 2 mm.

Zahlreiche Testreize wurden benutzt, um die Sehschärfe zu prüfen. Für theoretische Zwecke sind zwei benachbarte Punkte oder zwei parallele Linien sehr gut geeignet, wobei die Probanden den minimalen Abstand einstellen sollen, der für die Unterscheidung zwischen einem oder zwei Elementen notwendig ist. Dieser Test erfordert aber geübte, geduldige Versuchspersonen und viel Zeit und ist daher für den Routinebetrieb z.B. beim Augenarzt ungeeignet. Der *Landolt-Ring* ist eines der zuverlässigeren Testobjekte für die Praxis. Es ist ein dunkler Ring, dessen Breite ein Fünftel seines äußeren Durchmessers beträgt und der eine quasi quadratische Lücke im Ring hat. Die Position dieser Lücke soll von den Probanden erkannt werden. Sie wird meistens auf eine von zwölf diskreten Positionen eingestellt und als „Uhrzeit" angegeben. Ein anderes wichtiges Testzeichen sind Gitter aus hellen und dunklen Balken. Es soll bei ihnen die höchste Ortsfrequenz bestimmt werden, bei der ein Proband das Gitter noch von einem homogenen Feld unterscheiden kann. Die oft als Sehzeichen verwendeten Buchstaben oder Zahlen verschiedener Größe sind weniger gut geeignet; man prüft damit eher die Fähigkeit, aus geringfügigen, erkennbaren Merkmalen zu kombinieren.

Der menschliche Gesichtssinn hat unter guten Sehbedingungen (gute Beleuchtung, hoher Kontrast der Sehzeichen) ungefähr ein Auflösungsvermögen von einer Sehwinkelminute bzw. eine Sehschärfe von 1. Dies entspricht etwa dem Abstand der retinalen Zapfen in der Fovea. Die Resultate mit verschiedenen Testzeichen sind in der Regel unterschiedlich, sie können auch besser als eins sein. Man kann die Resultate nur schwer miteinander vergleichen, weil die Struktur und der Kontrast des Netzhautbildes für die Erkennbarkeit entscheidend sind. Man muß dazu das Netzhautbild berechnen, was nur mit Kenntnis des retinalen Punktbildes oder Linienbildes [s. (1.4), (1.5)] zuverlässig möglich ist. Äquivalent zu diesen Funktionen sind ihre Hankel- bzw. Fouriertransformation, d.h. die OTF des abbildenden Systems oder, da das Auge in erster Näherung als rotationssymmetrisch betrachtet werden kann, die MTF (s. Abschn. 1.2.2). Die Messung dieser Funktion wird weiter unten genauer besprochen.

Neben der Struktur der Beleuchtungsstärke auf der Netzhaut spielt für das optische Auflösungsvermögen des Auges auch die Rezeptorstatistik eine wichtige Rolle. Beispielsweise ist im Netzhautbild zweier benachbarter Punkte der Unterschied der Beleuchtungsstärke zwischen einem Maximum und dem dazwischen liegenden Minimum viel größer als im Bild zweier benachbarter Linien mit gleichem Abstand (Röhler 1962). Trotzdem ist das Auflösungsvermögen für beide Strukturen etwa gleich groß (1′). Dies kann dadurch erklärt werden, daß bei der Mittelung der Signale entlang des Linienbildes ein größeres Signal-Rausch-Verhältnis erreicht wird als bei den Punktbildern.

Eine andere Art von Sehschärfe stellt die *Nonius-Sehschärfe* dar. Dies ist die minimale erkennbare Versetzung zweier Halblinien gegeneinander, die u.a. bei der Ablesung des Nonius eine Rolle spielt. Die Auflösungsgrenze für diese Aufgabe beträgt einige Winkelsekunden. Natürlich ist diese Aufgabe nicht mit den vorher diskutierten Sehaufgaben zu vergleichen. Hier ist das Kriterium nicht der Unterschied der Beleuchtungsstärke, sondern der Unterschied in der Lokalisierung der Helligkeitsschwerpunkte der beiden Halblinien.

In der modernen Optik wird die Abbildungsqualität gerne durch die Modulationsübertragungsfunktion (MTF) des Systems beschrieben (s. Abschn. 1.1.2.). Für das gesamte visuelle System ist die Definition einer MTF etwas fragwürdig, weil es sich hier um ein nichtlineares System handelt, bei dem Fourier-Methoden streng genommen nicht erlaubt sind. Man kann argumentieren, daß es sich bei Schwellenmessungen um kleine Signale handelt, bei denen auch nichtlineare Systeme entsprechend einer geeigneten Taylor-Entwicklung genügend gut mit dem ersten (linearen) Entwicklungsglied beschrieben werden können. Dem steht allerdings entgegen, daß gerade die Existenz einer Schwelle ein typisch nichtlineares Verhalten anzeigt, das gerade bei kleinen Signalen in Erscheinung tritt. Immerhin hat sich die MTF des gesamten visuellen Systems als eine nützliche Beschreibung erwiesen.

Die Messung der „MTF" des visuellen Systems ist relativ einfach: Man bietet den Versuchspersonen Gitter unterschiedlicher Ortsfrequenz dar und bestimmt mit früher geschilderten Methoden die Kontrastschwelle für die Erkennbarkeit dieser Gitter. Trägt man den Kehrwehrt des Schwellenkontrastes (die *Kontrastempfindlichkeit*) als Funktion der Ortsfrequenz des dargebotenen Gitters auf, so erhält man die MTF des visuellen Systems.

In Fig. 3.9 ist ein interessantes Beispiel solcher Messungen wiedergegeben. Es kann auch als wenigstens teilweise Rechtfertigung für die Anwendung von Fourier-Methoden auf diesen Bereich betrachtet werden. Zunächst erkennt man, daß diese Kurven eine ähnliche Gestalt wie die in Fig. 1.11 wiedergegebene MTF einer Abbildung mit unscharfer Maske haben, also einer Abbildung mit teilweiser Unterdrückung der sehr niedrigen Ortsfrequenzen einschließlich der Ortsfrequenz null entsprechen. Dies ist auf die laterale Inhibition zwischen den parallelen Nervenverbindungen der Rezeptoren der Netzhaut mit den höheren Zentren des Gehirns zurückzuführen (s. Abschn. 2.2.3). Ein physiologisches Äquivalent zur unscharfen Maske sind die hellen und dunklen Streifen, die an der Grenzlinie zwischen hellen und dunklen Bildbereichen beobachtet werden. Auf der hellen Seite der Trennlinie erscheint die Helligkeit verstärkt, auf der dunklen Seite verringert, so daß der Kontrast an der Grenzlinie erhöht und die Erkennbarkeit verbessert wird. Am besten ist dieses Phänomen an einer Grautreppe mit stufenweise ansteigenden bzw. abnehmenden Helligkeiten zu beobachten. Dieses Phänomen wurde früher gerne als Machsches Phänomen interpretiert. Nach neuerer Ansicht ist diese Interpretation nicht haltbar. Man bezeichnet diese Erscheinung vielmehr als Randkontrast (Ratliff 1984).

In Fig. 3.9 sind die Meßdaten der Schwellenempfindlichkeit für Sinus- und Rechteckgitter mit gleich breiten hellen und dunklen Streifen aufgetragen. Entwickelt man ein Rechteckgitter nach Fourier, so ergibt sich mit der Bezeichnung

$$\text{rect}(x') = \begin{cases} 1 & \text{falls } nX < x' \le (2n+1)X/2 \\ -1 & \text{falls } (2n+1)X/2 < x' \le (n+1)X \end{cases}$$

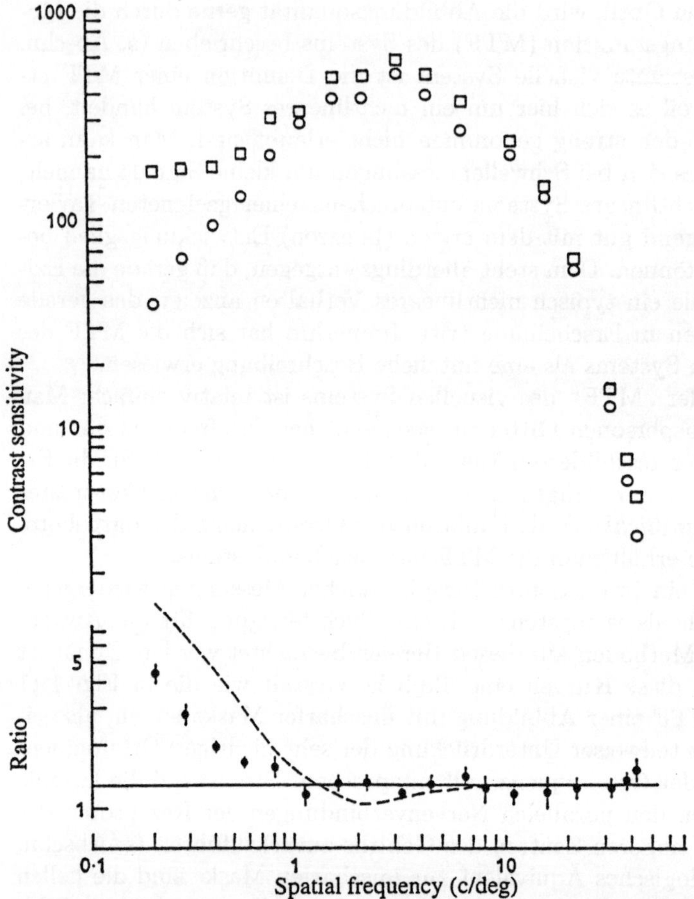

Fig. 3.9. Modulationsübertragungsfunktion des visuellen Systems nach Campbell und Robson. Vergleich von Sinusgittern (*offene Kreise*) und Rechteckgittern (*offene Quadrate*). Im unteren Teil ist die Differenz der beiden Meßreihen verglichen mit den Vorhersagen der Fourier-Entwicklungen. Die gestrichelte Linie wird hier nicht diskutiert (Campbell u. Robson 1968)

die Reihe

$$\mathrm{rect}(x') = c + \frac{4}{\pi}\left(\sin\frac{2\pi x'}{X} + \frac{1}{3}\sin 3\frac{2\pi x'}{X} + \frac{1}{5}\sin 5\frac{2\pi x'}{X} + \cdots\right). \qquad (3.37)$$

Die Konstante c stellt sicher, daß der Funktionswert positiv bleibt.

Wegen der Tiefpaßfilterung bei der optischen Abbildung werden bei mittleren und höheren Ortsfrequenzen die Oberwellen in der obigen Reihenentwicklung nicht übertragen, so daß nur die Grundwelle wirksam wird. Diese hat, wie man an (3.37) sieht, eine um den Faktor $4/\pi$ größere Amplitude als ein Sinusgitter mit der gleichen Modulation wie das Rechteckgitter. Daher sind in diesem Ortsfrequenzbereich Rechteckgitter besser zu erkennen als Sinusgitter. Bei niedrigen Ortsfrequenzen tragen die Oberwellen zur Empfindung bei. Sie unterliegen dabei in geringerem Maße der lateralen Inhibition als die Grundwelle, so daß der Unterschied in der Erkennbarkeit der beiden Gittertypen noch verstärkt wird. In diesem Ortsfrequenzbereich ist es auch möglich, Sinus- und Rechteckgitter visuell zu unterscheiden. Im unteren Teil der Figur ist das Verhältnis der Kontrastempfindlichkeiten für beide Gitter in Form von Punkten mit Schwankungsbreiten aufgetragen. Ferner ist eine ausgezogene Linie für den Ordinatenwert $4/\pi = 1,273$ gezeigt. Sie bestätigt im mittleren und hohen Ortsfrequenzbereich die Meßwerte. Die Bedeutung der gestrichelten Linie muß der Originalarbeit entnommen werden. Diese Beobachtungen liefern eine Bestätigung dafür, daß im Schwellenbereich die Fourier-Methoden sinnvolle Aussagen ermöglichen.

Einen wesentlichen Anteil an den Beschränkungen des Sehvermögens, die in der MTF des gesamten visuellen Systems zum Ausdruck kommen, haben sicherlich die Aberrationen des optischen Abbildungssystems des Auges. Diesen Anteil quantitativ zu erfassen, ist nicht nur von wissenschaftlichem, sondern auch von praktischem Interesse. Wenn z.B. wesentliche Herabsetzungen der Sehschärfe bei einer Person festgestellt werden, ist es sehr wichtig, die Ursachen dafür zu kennen. Aberrationen des optischen Systems können sehr häufig durch Sehhilfen (Brillen, Kontaktlinsen, u.U. auch Operationen) ausgeglichen werden. Schäden in der neuronalen Verarbeitung (sog. Amblyopien) sind dagegen (wenn überhaupt) sehr viel schwieriger zu behandeln.

Es gibt zwei Methoden, den Anteil des optischen Systems an der gesamten MTF des visuellen Systems zu ermitteln. Die erste besteht darin, das von der Netzhaut reflektierte Licht bei Abbildung eines Punktes oder eines Spaltes zu analysieren. Diese Methode wurde zuerst von Flamant (Flamant 1955) angewandt, allerdings noch ohne Kenntnis der optischen Übertragungstheorie. Sie hat die Lichtverteilung ausgemessen, die entsteht, wenn man einen Spalt auf die Netzhaut des Auges abbildet, indem sie dieses Netzhautbild im reflektierten Licht außerhalb des Auges nochmals abbildete. Zur Beurteilung der Lichtverteilung auf der Netzhaut muß man jedoch bedenken, daß das in dieser Weise aufgefangene Bild die Augenmedien zweimal passiert hat. Die Entfaltung dieser zweimaligen Abbildung durch das gleiche System ist im Ortsraum ein schwieriges Problem. Im Ortsfrequenzraum ist dies durch das Ziehen der Quadratwurzel aus den Funktionswerten zu lösen, allerdings unter zwei gravierenden und nicht ohne Zweifel richtigen Voraussetzungen (Röhler 1962).

Man muß erstens voraussetzen, daß das Punktbild rotationssymmetrisch ist, daß also keine unsymmetrischen Aberrationen wie z.B. Astigmatismus ins Spiel kommen, weil dann nicht nur die MTF, sondern auch die Phasentransferfunktion (PTF) zu berücksichtigen wäre. Ein vorhandener Astigmatismus kann augenärztlich leicht erkannt und korrigiert werden.

Zweitens muß vorausgesetzt werden, daß die Netzhaut ein Lambertscher Reflektor ist, was auch bei Berücksichtigung der durch die Pupille eingeschränkten Apertur nicht ohne weiteres zutrifft (Röhler et al. 1969; van Blokland 1986).

Wenn es sich nur darum handelt, die bestmögliche Korrektur der optischen Aberrationen des Auges zu finden, brauchen die genannten Bedenken nicht besonders ernst genommen zu werden. Hierauf basieren die automatischen Brillenbestimmungsgeräte. Sie bestimmen das bestmögliche Punktbild bei der zweifachen Abbildung durch das Auge, soweit es mit einfachen optischen Korrekturen erreichbar ist. Die Ergebnisse dieser Automaten bedürfen für das beidäugige Sehen noch einer Korrektur durch den Augenarzt. Andererseits sind erstaunliche Erfolge dieser Automaten berichtet worden, wenn es sich um die Entdeckung sehr ungewöhnlicher Aberrationen handelt, z.B. um einen hochgradigen Astigmatismus ohne zusätzliche symmetrische Fokussierungsfehler.

Die zweite Methode zur Trennung des Anteils der optischen Übertragungsfunktion der Augenmedien von der MTF des gesamten visuellen Systems basiert auf subjektiven Messungen der MTF. Dabei wird die MTF einmal, wie oben dargestellt, durch Schwellenbeobachtungen von subjektiv beobachteten Sinusgittern gemessen. Bei der zweiten Messung wird das optische Abbildungssystem des Auges umgangen, indem ein Interferenzstreifenmuster auf der Netzhaut erzeugt wird, ohne daß die Augenmedien daran beteiligt sind. Mit Hilfe eines Lasersystems werden in der Pupille des Auges zwei virtuelle Lichtquellen erzeugt, deren Abstand durch ein Spiegelsystem verändert werden kann. Hierdurch können auf der Netzhaut Interferenzstreifengitter mit variabler Ortsfrequenz erzeugt werden, deren Kontrast von den Augenmedien nur geringfügig beeinflußt wird (Campbell u. Green 1965). Nimmt man an, daß die Übertragungsfunktionen des optischen und des neuronalen Systems insoweit unabhängig voneinander sind, daß sie sich multiplikativ verknüpfen lassen, so kann man durch eine einfache Division aus den beiden genannten Messungen die MTF des optischen Systems des Auges ermitteln. Die genannte Voraussetzung ist wegen der schon angesprochenen komplizierten Struktur der Netzhaut sicherlich nicht ganz zutreffend, kann aber als sinnvolle Näherung betrachtet werden.

In Fig. 3.10 ist ein typisches Ergebnis aus der Arbeit von Campbell und Green dargestellt. Dieses Ergebnis ist an einer Versuchsperson gewonnen worden. Der Pupillendurchmesser, von dem die MTF natürlich abhängt, betrug hier 2 mm.

Die Fourier-Analyse ist für das visuelle System mehr als eine bequeme Rechenmethode. Dies haben zuerst *Blakemore u. Campbell* (1969) nachgewiesen, indem sie die Versuchspersonen zunächst an ein Gitter mit hohem Kontrast und einer Ortsfrequenz im mittleren Bereich adaptiert haben. Die Hochkontrastgitter müssen während der Darbietung bewegt werden, damit keine Nachbilder erzeugt werden. Es zeigt sich, daß die Versuchspersonen

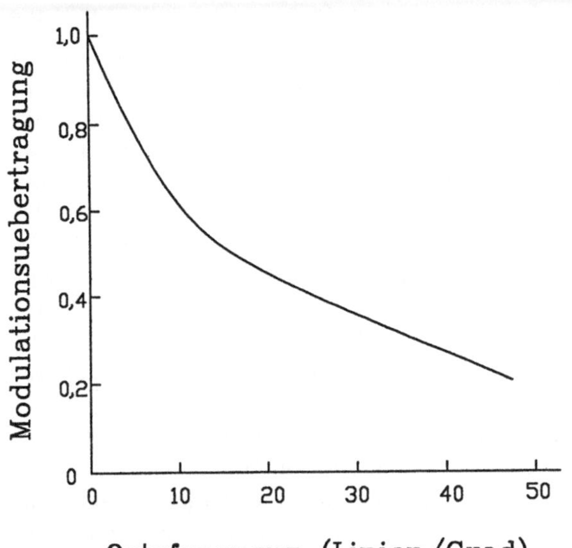

Fig. 3.10. MTF des optischen Systems des Auges, bei einem Pupillendurchmesser von 2 mm (nach Campbell u. Green 1965)

dann an die Ortsfrequenz des Adaptationsgitters, nicht aber an die einzelnen hellen und dunklen Balken des Gitters adaptieren. Nach der Adaptation an ein solches Gitter ist nämlich die Kontrastempfindlichkeit für schwellennahe Gitter modifiziert. Sie ist in einem Bandbreitebereich von ca. zwei Oktaven, der um die Ortsfrequenz des Adaptationsgitters zentriert ist, vermindert. Die stärkste Reduzierung – um den Faktor zwei – findet man bei der Ortsfrequenz des Adaptionsgitters. Dieser Adaptationsprozeß ist auf Gitter mit der gleichen Orientierung wie das Adaptationsgitter beschränkt. Bei Abweichungen der Orientierung um wenige Winkelgrade nimmt die Adaptation merklich ab.

Für dieses Phänomen werden neuronale Verarbeitungsmechanismen verantwortlich gemacht, die als *Ortsfrequenzkanäle* bezeichnet werden. Ein physiologisches Korrelat zu diesen Ergebnissen wurde von *Maffei u. Fiorentini* (1973) gefunden. Sie haben die Reaktion retinaler, CGL- und kortikaler Ganglienzellen auf die Darbietung von Gittern unterschiedlicher Ortsfrequenzen gemessen. Die retinalen Ganglienzellen zeigen eine schwach ausgebildete Bandpaßstruktur, bei den CGL-Zellen und den kortikalen Zellen ist diese Struktur in zunehmendem Maße stärker ausgebildet. Es kann daraus geschlossen werden, daß die MTF des visuellen Systems, wie sie in Fig. 3.9 dargestellt ist, das Resultat einer Superposition zahlreicher Ortsfrequenzfilter mit unterschiedlichen Ortsfrequenzbereichen und relativ schmalen Bandbreiten ist.

Auf dieser Basis ist die Hypothese diskutiert worden, daß das visuelle System eine Fourier-Zerlegung des Netzhautbildes ausführt, dann eine selektive Filterung über individuelle Kanäle und schließlich eine Fourier-Synthese. Eine globale Fourier-Analyse und Synthese erscheint aber unwahrscheinlich wegen der lateralen Inhomogenitäten der Netzhaut und weil für eine Synthese nicht nur die MTF, sondern auch die PTF benötigt würde. Es gibt kaum Anzeichen dafür, daß die Phase der Gitter vom neuronalen System verarbeitet wird. Dies gilt natürlich nur für Gitter ohne Ende im endlichen, wie es die Fourier-Zerlegung vorschreibt. Ferner wird bei einer Adaptation an lokal begrenzte Gitter auch der adaptierte Bereich auf die gleiche Fläche begrenzt (Perizonius et al. 1985). Gegenwärtig wird daher die Hypothese bevorzugt, daß die Signalverarbeitung im visuellen System am besten auf der Basis der lokalen Ortsfrequenzzerlegung beschrieben wird (Daugman 1985). Wie in Kap. 1 genauer erläutert wurde, sind an der lokalen Ortsfrequenzzerlegung Orts- und Ortsfrequenzelemente gleichzeitig beteiligt. Daher scheint die seit Jahrzehnten geführte Diskussion, ob das visuelle System besser mit Ortsfrequenzkanälen oder rezeptiven Feldern zu beschreiben ist, keinen realistischen Hintergrund zu haben.

Dies ist jedoch anders bei überschwelligen Reizen, die natürlich die häufigsten und wichtigsten sind. Hier ist das visuelle System entschieden nichtlinear, so daß eine Entwicklung nach einem Satz orthogonaler Funktionen nicht möglich ist. Verschiedene Detektormechanismen wie Linien-, Kanten-, Balkendetektoren, lokale und globale Mechanismen sind mit Hilfe psychophysischer Methoden identifiziert worden.

3.2 Grundlagen des Farbensehens

3.2.1 Überblick

Die Fähigkeit, die Welt farbig zu sehen, hat von jeher die Menschen, vor allem Künstler, Dichter und Wissenschaftler fasziniert. Der Mensch teilt sie mit vielen, aber nicht allen Tieren. Viele Insekten, Vögel, Reptilien und Fische verfügen ebenfalls über ein Farbensehen, das sich z.T. wesentlich von dem des Menschen unterscheidet.

Versuche, das Farbensehen zu „erklären", also eine Theorie des Farbensehens aufzustellen, können mindestens bis auf Aristoteles zurückverfolgt werden. Der erste im Sinne der heutigen Wissenschaft ernsthafte Versuch, zu einer Systematik der menschlichen Farbempfindungen zu gelangen, wurde von Isaak Newton (1643–1727) unternommen. Seine eher vorläufigen Beobachtungen wurden wesentlich von Maxwell (1831–1894) vertieft. Zur Theorie des Farbensehens im heutigen Sinne haben außerdem Young (1773–1829) und Helmholtz (1821–1894) entscheidende Beiträge geliefert. Die durch diese Namen gekennzeichnete wissenschaftliche Entwicklung betrifft hauptsächlich die Systematik der verschiedenen Farbempfindungen, deren der Mensch fähig ist. Dieses Gebiet wird heute aus noch zu erläuternden Gründen als „Niedere Farbmetrik" bezeichnet. Es handelt sich dabei um die Systematisierung von einzelnen, isoliert dargebotenen Farbreizen.

Es ist zumindest den Kunstmalern seit Jahrhunderten bekannt, daß die Farbempfindung, die ein ganz bestimmter und definierter Farbtupfen in einem Gemälde beim Betrachter auslöst, entscheidend von der farblichen Gestaltung der Umgebung dieses Tupfens abhängt. Beispielsweise wurde von dem italienischen Maler Paolo Veronese (1528–1588) behauptet, daß er die Farbe eines schmutzigen Fußbodens durch die farbliche Gestaltung der Umgebung in eine sehr angenehme Illusion menschlicher Haut verwandeln konnte. In den einschlägigen Museen kann man sich hiervon mühelos überzeugen. Als Bahnbrecher dieser Forschungsrichtung sind vor allem J.W. v. Goethe mit seinen Schriften zur Farbenlehre und der Physiologe und Zeitgenosse von H. v. Helmholtz, E. Hering (1834–1918), zu nennen. Über diese Phänomene des sog. Farbkontrastes wird in späteren Abschnitten noch ausführlicher gesprochen.

Neben diesen die örtliche (und die hier noch nicht angesprochene zeitliche) Wechselwirkung betreffenden Erscheinungen gibt es noch ein weiteres Problem, dem eine erhebliche praktische bzw. wirtschaftliche Bedeutung zukommt. Die „Niedere Farbmetrik" beschäftigt sich ausschließlich mit dem Problem, die verschiedenen, vom Menschen unterscheidbaren Farbempfindungen in ein mit Maß und Zahl zu kennzeichnendes System einzuordnen. Außerdem soll jedem Lichtreiz, dessen spektrale Energieverteilung bekannt ist, seine „Farbe", also die dadurch ausgelöste Farbempfindung zugeordnet werden. Diese Möglichkeit ist keineswegs selbstverständlich. Es ist eine einzigartige Ausnahme. Für alle übrigen Sinnesorgane existiert keine entsprechende Systematik. Damit soll nicht gesagt werden, daß eine solche Systematik nicht möglich wäre. Vielmehr hat die überragende Bedeutung des Gesichtssinnes für das menschliche Leben naturgemäß schon seit Jahrhunderten das bevorzugte Interesse der bedeutendsten Philosophen, Naturforscher, Künstler und Dichter gefunden. Bei entsprechend intensiven Bemühungen könnte zumindest für den Gehörsinn eine entsprechende Systematik gefunden werden. Vielversprechende Ansätze dazu sind vorhanden. Es ist jedoch noch ein weiter Weg zurückzulegen, bis man beispielsweise aus der chemischen Formel einer Substanz deren Geruch oder Geschmack ablesen kann.

Das System (besser gesagt: die verschiedenen Systeme) der „Niederen Farbmetrik" ordnet jeder vom Menschen (unter gewissen, im nächsten Abschnitt zu spezifizierenden Einschränkungen) erfahrbaren farblichen Gesichtsempfindung einen Punkt in einem „Farbenraum" zu. Hierbei wird allerdings keine Rücksicht darauf genommen, daß uns manche Farben sehr ähnlich erscheinen, andere hingegen sehr verschieden, obwohl sie in diesem Farbenraum gleiche Abstände haben. Es besteht daher ein naheliegendes Bedürfnis, einen Farbenraum zu konstruieren, in dem die geometrischen Abstände zwischen den Punkten im Farbenraum, die die einzelnen Farbempfindungen repräsentieren, den empfindungsgemäßen Unterschieden dieser Empfindungen entsprechen. Diese Bemühung ist ein Anliegen der „Höheren Farbmetrik". Das praktische Interesse an einer solchen Farbmetrik ist offenkundig, weil damit

gleichzeitig auch Toleranzgrenzen für das Nachmischen von Farben (Ersatz-
teile von Autos, Möbeln, Tapeten usw.) in einfacher Weise festzulegen wären.
Trotz vielfältiger Bemühungen in dieser Richtung ist jedoch noch kein allsei-
tig befriedigendes System gefunden worden.

3.2.2 Die additive Farbmischung

Ein physikalischer Reiz, der in unserem Gesichtssinn eine Farbempfindung
auslöst, kann durch die spektrale Verteilung der Bestrahlungsstärke $\Phi_{e,\lambda}$, die
auf die Hornhaut unseres Auges trifft, beschrieben werden. Normalerweise
ist dies eine kontinuierliche Funktion der Wellenlänge, die streng genommen
für jede Wellenlänge einen beliebigen positiven Wert aus einem durch die
Leistung der Strahlungsquelle begrenzten Intervall annehmen kann. Betrachtet man nun die Mannifaltigkeit aller möglichen spektralen Verteilungen, so
ist es – wenigstens im Prinzip – möglich, für jede der unendlich vielen Wellenlängen unendlich viele Funktionswerte zu unterscheiden. Wollte man jede
dieser Verteilungen durch einen Punkt in einem geeigneten Raum darstellen, so würde man einen Raum mit unendlich vielen Dimensionen, also einen
Funktionenraum, benötigen.

Schon Newton bemerkte, daß demgegenüber die Menge der unterscheidbaren Farbempfindungen viel geringer ist. Durch spätere, hauptsächlich von
Maxwell durchgeführte Experimente wurde gezeigt, daß zur Darstellung der
verschiedenen möglichen Farbempfindungen ein Raum von drei Dimensionen
ausreicht. Es müssen also jeweils sehr viele spektrale Verteilungen die gleiche
Farbempfindung auslösen.

Bei unserer heutigen Kenntnis, daß es in unserer Netzhaut drei verschiedene Typen von Zapfen mit unterschiedlichem spektralen Absorptionsvermögen
gibt, ist die Dreidimensionalität des Farbenraumes leicht zu erklären. Der
dreidimensionale Farbraum wurde aber, wie angedeutet, schon vor mehr als
hundert Jahren konzipiert, als man noch keine Kenntnisse über die einzelnen
Sehpigmente hatte.

Ein wichtiges Hilfsmittel bei diesen Arbeiten war die additive Farbmischung. Dieser Begriff hat in der Vergangenheit und bis in die Gegewart
hinein zu vielen Mißverständnissen geführt, weil man bei dem Begriff „Farbmischung" zuerst an das Mischen von Farbpigmenten denkt. Farbpigmente
absorbieren selektiv das auftreffende Licht, z.B. weißes Tageslicht und reflektieren eine spektrale Verteilung, die durch diese wellenlängenselektive Absorption entsteht. Es wird dabei aus dem auftreffenden Licht ein Teil entfernt.
Mischt man zwei verschiedene Pigmente miteinander, so werden entsprechend
den Absorptionseigenschaften dieser Pigmente weitere Anteile aus dem auftreffenden Licht entfernt. Daher nennt man diese Art der Farbmischung „sub-
traktiv". Hierfür gelten wesentlich komplizertere Gesetzmäßigkeiten als für
die additive Mischung.

Letztere entsteht durch die Überlagerung von Lichtern mit verschiedenen
spektralen Verteilungen. Am einfachsten verständlich ist dies bei der Projek-

tion farbiger Lichter auf eine Leinwand. Man benutzt dabei mehrere Projektoren, denen geeignete Farbfilter vorgeschaltet sind und deren Lichtstrom durch Blenden, Polarisationsfilter, für qualitative Demonstrationen auch durch variable Vorwiderstände reguliert werden kann. Diese Projektoren werden auf den gleichen Leinwandbereich ausgerichtet, so daß die projizierten Lichter sich additiv überlagern. Die Mischungsanteile können durch die Widerstände usw. variiert werden.

Einfacher zu handhaben ist der Maxwellsche Farbkreisel. Er besteht aus einer Kreisscheibe, die in schnelle Rotation versetzt werden kann. Auf dieser Scheibe werden Sektoren aus verschiedenen farbigen Papieren befestigt. Bei der Rotation wechseln dann diese Sektoren so schnell, daß dies vom Gesichtssinn nicht mehr aufgelöst werden kann. Das zeitliche Nacheinander der auf eine bestimmte Netzhautstelle abgebildeten Sektoren wird als homogenes additives Gemisch empfunden. Ähnlich wirken die Bilder der Pointilisten, wenn man sie aus einer geeigneten Entfernung betrachtet. Dabei reicht das örtliche Auflösungsvermögen des Auges nicht aus, die einzelnen Farbtupfen zu trennen, und es entsteht ebenfalls eine additive Mischung aus den Farben der dicht benachbarten Flecken. Eine moderne Version dieser Technik ist beim Farbfernsehen realisiert. Beim Mehrfarbendruck werden die Farbtupfen zum Teil nebeneinander, zum Teil auch übereinander gesetzt, so daß hier eine Kombination aus additiver und subtraktiver Farbmischung vorliegt.

Die Farbempfindung ist als Sinnesempfindung naturgemäß eine rein subjektive Angelegenheit. Es läßt sich auf keine Weise feststellen, ob der Mensch A bei Betrachtung eines bestimmten Farbreizes die gleiche Empfindung hat wie der Mensch B. Dies ist jedoch für die Systematik der Farbempfindungen unerheblich, solange man sich darüber verständigen kann, daß z.B. „rot" eben „rot" ist, gleichgültig, was für eine Empfindung der Einzelne damit verbindet. Interessanter ist es aber, ob unterschiedliche Farbreize (also unterschiedliche spektrale Verteilungen), die bei einigen Menschen die gleiche Farbempfindung hervorrufen, dies auch bei allen anderen Menschen tun. Dies ist glücklicherweise bei einer großen Mehrheit der Fall. Allerdings weicht etwa 10–15% der Bevölkerung in seinen Urteilen über das Aussehen von Farbmischungen von diesem sonst allgemeinen Urteil ab. Man nennt diese Personen „farbenfehlsichtig". Die Farbenfehlsichtigkeit kann sich sehr unterschiedlich bemerkbar machen, z.B. als „Farbenblindheit", wobei gewisse Farben, die von Farbnormalen eindeutig unterschieden werden können, als „gleich" empfunden werden. Diese Probanden sind zwar mit dem Urteil eines Farbnormalen über die Gleichheit der Farbempfindung bei zwei verschiedenen spektralen Verteilungen einverstanden, sind aber selbst nicht in der Lage, die entsprechende Mischung zweier Spektrallichter zur Angleichung an eine vorgegebene Mischfarbe zu reproduzieren.[5] Daneben gibt es die „Farbanomalen", die

---

[5] Die Technik des photometrischen Vergleichs zwischen einer vorgegebenen Farbe und einer Nachmischung aus geeigneten Komponenten wird in Abschn. 3.2.7 erklärt.

mit den Urteilen der Farbnormalen nicht übereinstimmen, sondern andere Gleichheitsurteile fällen. Sie sind in ihren Gleichheitsurteilen sehr sicher und können ihre Mischungseinstellungen gut reproduzieren. Im folgenden wird nur das normale Farbensehen berücksichtigt.

Eine Farbempfindung hängt nicht nur von dem gerade in Rede stehenden Farbreiz, sondern auch von dessen Umgebung ab. Außerdem beeinflussen die Ausdehnung und die Darbietungsdauer eines Farbreizes die Farbempfindung. Damit man zu reproduzierbaren Ergebnissen kommt, muß man diese Parameter eindeutig als Normbedingungen festlegen. Hierüber wird in Abschn. 3.2.7 näheres mitgeteilt. An Literatur seien das Standardwerk von *Wyszecki u. Stiles* (1967) und die einfacheren Darstellungen von *Bouma* (1951), *Schober* (1958) und *Wasserman* (1978) genannt. An die letzteren drei lehnt sich auch die folgende Darstellung an.

3.2.3 Helmholtz-Koordinaten

Farbempfindungen, die unter den eben erwähnten Normbedingungen entstehen, nennt man *Farbvalenzen*. Die Farbmetrik macht es sich zur Aufgabe, diese Farbvalenzen quantitativ zu kennzeichnen, sie also in einen metrischen dreidimensionalen Raum einzuordnen. Die Koordinaten der Farbvalenzen in einem solchen Farbenraum nennt man Farbkoordinaten. Zur Aufstellung eines Farbenraumes gibt es sehr viele verschiedene Möglichkeiten. Am anschaulichsten sind vielleicht die Helmholtz-Koordinaten: Helligkeit, Farbton, Sättigung.

Helligkeit. Bei Selbstleuchtern ist die Helligkeit gleich ihrer Leuchtdichte (s. Abschn. 1.2.2) zu setzen. Bei Körperfarben ist die Leuchtdichte von der beleuchtenden Lichtquelle abhängig, deswegen definiert man die Helligkeit dieser Farben als das Verhältnis der Leuchtdichte der Körperfarbe zu derjenigen einer vollkommen mattweißen, unter den gleichen Beleuchtungsbedingungen stehenden Fläche. Dieses Verhältnis ist natürlich noch von der beleuchtenden Lichtquelle abhängig. Deswegen hat man keine Mühe gescheut, Normbedingungen für eine solche Lichtquelle festzulegen. Es gibt deren mehrere, wie näher im Abschn. 3.2.7 über Farbmessung ausgeführt ist.

In die Definition der Leuchtdichte geht die V_λ-Kurve ein. Zur Aufstellung dieser Kurve mußte man die Helligkeiten verschiedener Farbreize miteinander vergleichen. Dies kann, da hier der Gesichtssinn als Bewertungsinstrument verwendet wird, nur durch subjektive Beobachtung geschehen. Dies ist jedoch nicht einfach, da es nicht leicht gelingt, die Helligkeitsempfindung von der Farbempfindung zu trennen. Am einfachsten ist es, Farbproben hinsichtlich der Helligkeit zu vergleichen, deren Farben sehr ähnlich sind. Man kann damit über eine längere Kette von Proben auch Farben miteinander vergleichen, die sehr unterschiedlich sind. Außer diesem *Direktvergleich* von Farbproben gibt es noch zwei andere Methoden zum heterochromatischen Helligkeitsvergleich. Sie sind in den Abschn. 3.4.1 bzw. 4.1.2 näher beschrieben.

Farbton. Die Spektralfarben sind diejenigen Farbreize, bei denen die Farbe am klarsten ausgeprägt ist. Sie entstehen bei der Darbietung eines sehr schmalen Wellenlängenbereiches eines geeigneten Spektrums. Alle anderen Farben lassen sich durch additive Mischung aus einer geeigneten Spektralfarbe und unbuntem Licht erzeugen. (Die Bezeichnung *unbunt* wird anstelle von „weiß" verwendet, weil die Empfindung „weiß" ein Kontrastphänomen beinhaltet). Alle Farben, die durch die additive Mischung von einer bestimmten Spektralfarbe und Unbunt entstehen, haben den gleichen Farbton. Der Farbton eines Farbreizes wird daher durch die Wellenlänge der entsprechenden Spektralfarbe gekennzeichnet.

Hier ist noch eine Ergänzung erforderlich. Bei der Mischung von Spektralfarben der äußersten Enden des sichtbaren Spektrums, also äußerstes Rot und äußerstes Violett, entstehen Purpurfarben, die nicht im Spektrum vorkommen. Diese Farbtöne werden durch die Wellenlänge des komplementären Farbtons, also der Spektralfarbe, die, mit der Purpurfarbe im richtigen Verhältnis gemischt, Unbunt ergibt, gekennzeichnet. Diese Wellenlänge versieht man dazu mit einem Querstrich, z.B. $\overline{520}$ zur Unterscheidung von der tatsächlichen Spektralfarbe 520 nm.

Sättigung. Dieser Begriff quantifiziert eine im Sprachgebrauch gut verankerte Ausdrucksweise. Ein „knalliges" Rot ist eben ein sehr gesättigtes Rot. Wird es additiv mit unbuntem Licht gemischt (das ist in diesem speziellen Fall gleichbedeutend damit, daß man z.B. in seinem Tuschkasten dem Karmesin eine Portion Tubenweiß zumischt), so entsteht ein Rosa. Dies kann von einem nur leicht abgeschwächten Karmesin bis zu einem blassen, vom Weiß kaum zu unterscheidenden Rosa reichen. Quantitativ ist die Sättigung p einer Farbvalenz K durch das Verhältnis der Leuchtdichten $L_{v,K}$ von K und $L_{v,S}$ von der zugehörigen (farbtongleichen) Spektralfarbe S bei additiver Mischung von K aus S und Unbunt U definiert. Ist zu dieser Mischung ein Unbuntanteil mit der Leuchtdichte $L_{v,U}$ erforderlich, so gilt demnach

$$p = \frac{L_{v,S}}{L_{v,K}} = \frac{L_{v,S}}{L_{v,S} + L_{v,U}} \; . \tag{3.38}$$

3.2.4 Farbräume

Die Farbsysteme, die sich in der farbmetrischen Praxis durchgesetzt haben, basieren auf der Auswahl von drei Eichreizen. Man wählt drei monochromatische Reize aus, deren Farbvalenzen so beschaffen sein müssen, daß sich keine der drei durch additive Mischung aus den anderen beiden erzeugen läßt. Man repräsentiert diese drei Valenzen durch linear unabhängige Vektoren in einem dreidimensionalen affinen Vektorraum. Beispielsweise kann man die Spektralfarben R=700 nm, G=546,1 nm, B=435,8 nm wählen. Bei G und B handelt es sich um Quecksilber-Linien, R ist das langwellige Ende des sichtbaren Spektrums (s. Fig. 3.11).

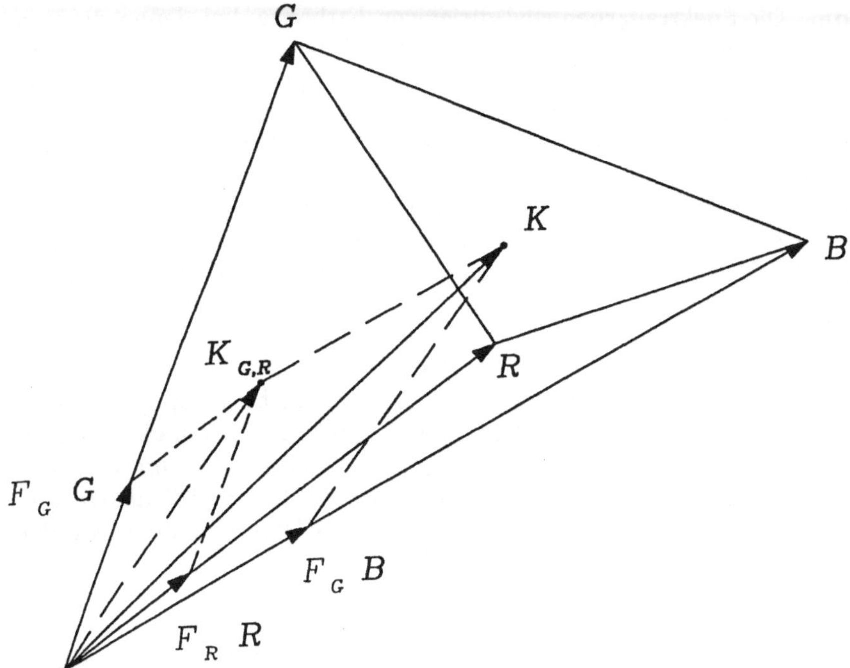

Fig. 3.11. Schematische Darstellung eines affinen Farbenraumes. Nur die Valenzen innerhalb der von den Eichvalenzen R, G, B aufgespannten Pyramide sind durch eigentliche additive Farbmischung realisierbar. Die Vektoraddition der Eichvalenzen $\boldsymbol{F}_R$, $\boldsymbol{F}_G$, $\boldsymbol{F}_B$ mit den Farbwerten F_R, F_G, $bzw.$ F_B zur Farbvalenz $\boldsymbol{K}$ ist dargestellt

Nach den Regeln der additiven Farbmischung lassen sich alle innerhalb der von den Eichvalenzen aufgespannten Pyramide liegenden Farbvalenzen durch additive Mischung aus den Eichvalenzen erzeugen und entsprechend der normalen Vektoraddition einordnen. Um z.B. die Valenz $\boldsymbol{K}$ in Fig. 3.11 zu mischen, kann man zunächst die Valenz $\boldsymbol{K}_{G,R}$ aus entsprechenden Anteilen von $\boldsymbol{G}$ und $\boldsymbol{R}$ mischen und dann einen Anteil von $\boldsymbol{B}$ hinzufügen:

$$\boldsymbol{K} = F_R\boldsymbol{R} + F_G\boldsymbol{G} + F_B\boldsymbol{B} \, . \tag{3.39}$$

Die Koeffizienten F_R, F_G, F_B heißen „Farbwerte".

Farbvalenzen außerhalb dieser Pyramide existieren ebenfalls. Beispielsweise sind dies Spektralfarben, die nicht zu den Eichvalenzen gehören. Sie können nur durch eine *indirekte* Mischung realisiert werden. Hierzu sind ähnlich wie bei den Purpurfarben negative Anteile der Eichvalenzen erforderlich. Will man z. B. eine Spektralfarbe $\boldsymbol{S}$, die außerhalb der Pyramide auf der Seite der 0-$\boldsymbol{R}$-$\boldsymbol{G}$-Ebene liegt, mit ihrer Wellenlänge also zwischen den Eichvalenzen $\boldsymbol{G}$ und $\boldsymbol{B}$ liegt, formelmäßig beschreiben, so muß man folgendermaßen vorgehen (s. Fig. 3.12). Man mischt aus $\boldsymbol{S}$ und einem geeigneten Anteil von $\boldsymbol{R}$ eine Valenz $F \cdot \boldsymbol{S}_{G,B}$, wobei $\boldsymbol{S}_{G,B}$ auf der Verbindungsgeraden zwischen $\boldsymbol{G}$

und B liegt, also auch aus den Eichvalenzen G und B zu ermischen ist. Siehe hierzu Fig. 3.13, in der die von S und R aufgespannte Ebene aus Fig. 3.12 dargestellt ist. Dann gilt die Gleichung:

$$S + R_S R = F(G_S G + B_S B) \, . \tag{3.40}$$

Dies kann auch geschrieben werden:

$$S = F(G_S G + B_S B) - S_R R \, . \tag{3.41}$$

An dieser Gleichung wird deutlich, daß an der Farbmischung dieser Spektralfarbe ein negativer Rotanteil beteiligt ist, d.h., daß die Mischung aus grün und blau zuviel rot enthält, so daß diese Spektralfarbe nicht durch eine direkte additive Mischung aus den Eichvalenzen hergestellt werden kann. Indirekte Mischungen mit einer negativen Komponente sind in einem von drei spektralen Farbvalenzen aufgespannten Farbenraum erforderlich, wenn man alle Farbvalenzen darstellen will.

Damit die allgemeinen Bedingungen für den Aufbau eines Farbkörpers etwas eingeschränkt werden, sollen jetzt folgende Verabredungen getroffen werden:

1. Für die Länge der Eichvalenzen wird ein Maß eingeführt. Es soll die Leuchtdichte sein. Also wird die Länge der drei Eichvalenz-Vektoren in Einheiten der Leuchtdichte dieser Eichvalenzen gemessen.
2. Die Winkel zwischen den Eichvalenz-Vektoren sollen gleich sein, müssen aber nicht notwendigerweise 90° betragen.

Der hierdurch definierte Farbenraum trägt den Namen *RGB-Farbkörper*. Gleichung (3.39) wird dann geschrieben:

$$K = (B_1 R + B_2 G + B_3 B) \, . \tag{3.42}$$

Die Farbwerte B_i sind in diesem Fall Leuchtdichtewerte. Dies ist deswegen von Vorteil, weil sich die Leuchtdichten der einzelnen Komponenten bei der additiven Farbmischung addieren:

$$B = \sum B_i \, , \tag{3.43}$$

wobei B, B_i die Leuchtdichten der Mischung bzw. der Komponenten sind. Diese Additivität der Leuchtdichten folgt aus der Definition der Leuchtdichte. Daß die Leuchtdichte ein gutes Maß für die Helligkeit darstellt, kann nur mit einigen Einschränkungen behauptet werden, die in Abschn. 4.1.1 und Fig. 4.1 noch genauer besprochen werden.

Arbeitet man mit einem anderen Farbkörper, so können die Farbwerte F_R, F_G, F_B mit Hilfe sog. Leuchtdichtebeiwerte L_i mit den Leuchtdichten verknüpft werden

$$B_1 = L_1 F_R \, , \quad B_2 = L_2 F_G \, , \quad B_3 = L_3 F_B \, . \tag{3.44}$$

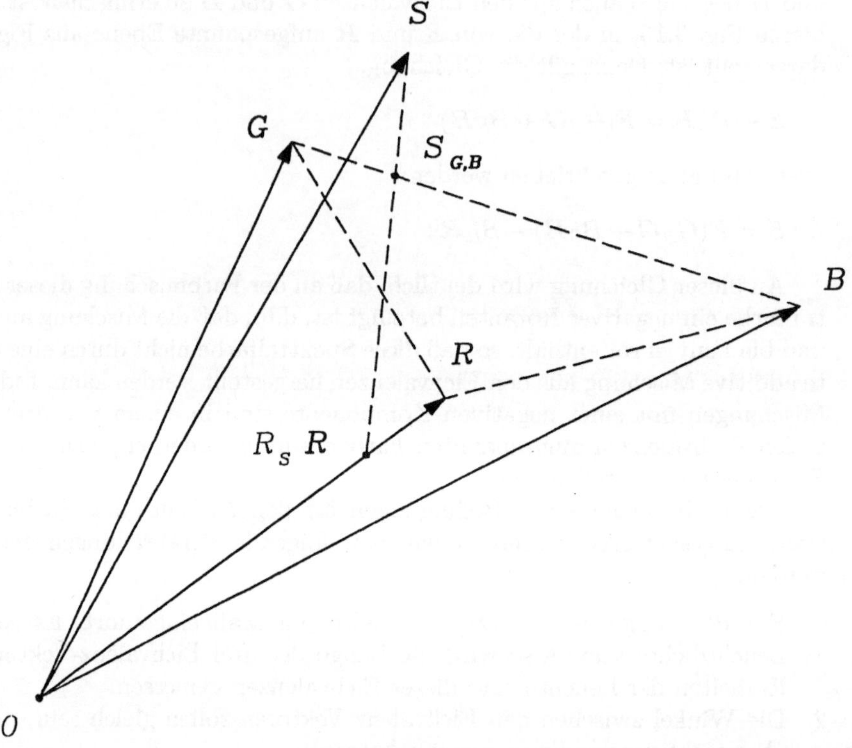

Fig. 3.12. Farbenraum mit einer außerhalb der von den drei Eichvalenzen liegenden Spektralfarbe S, die nur mit einer negativen Komponente $-R_S\,R$ zu ermischen ist

In Figur 3.14 ist dieser Farbkörper schematisch dargestellt. Es ist auch eine Schnittebene eingezeichnet, die die Pyramide der durch direkte Mischung erzeugten Farbvalenzen und den Mantel des von dem Spektralfarbenzug einschließlich der Purpurgeraden erzeugten Farbkörpers deutlich machen. Der größte Teil des Spektralfarbenzuges liegt außerhalb des durch direkte Mischung erzeugbaren Bereiches. Diese Farbvalenzen können, da der Spektralfarbenzug nach innen konkav ist, i.a. nur durch indirekte Mischung mit einer negativen Komponente dargestellt werden.

Wie die Farbvalenzen einzelner Farben, also ihre Position im Farbkörper in der Praxis ermittelt werden, wird in einem der nächsten Abschnitte dargelegt.

3.2.5 Farbebenen

Dreidimensionale Gebilde, wie die Farbkörper, sind graphisch immer unvollständig und etwas schwierig darzustellen. Daraus entspringt das Bedürfnis nach einer zweidimensionalen Klassifizierung der Farben, nach einer *Farbtafel*. Dies ist naturgemäß nur möglich, wenn man auf eine Dimension des

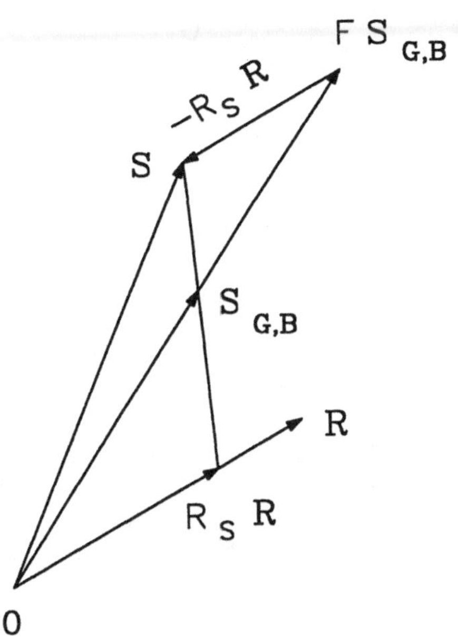

Fig. 3.13. Indirekte Mischung einer außerhalb der von den Eichvalenzen aufgespannten Pyramide liegenden Farbvalenz. Schnitt durch den Farbenraum von Fig. 3.12 (Ebene 0-*R-S*)

dreidimensionalen Körpers der Farbvalenzen verzichtet. Aufbauend auf den Helmholtz-Koordinaten erkennt man leicht, daß Farbton und Sättigung die eigentlichen Merkmale einer Farbe sind, während die Helligkeit die Farbe nicht unmittelbar beeinflußt. Letzteres ist natürlich nur innerhalb gewisser, aber in diesem Fall recht weit gespannter Grenzen der Fall. Darüber wird in Abschnitt 4.4.1 noch genauer berichtet. Soweit eine Farbe nur durch Farbton und Sättigung gekennzeichnet ist, spricht man von der *Farbart*. Der RGB-Farbraum eignet sich in besonderem Maße zur Einführung von Farbtafeln, weil er ja auf einer Normierung der Eichvalenzen in Leuchtdichteeinheiten beruht.

Zur Darstellung von Farbarten in einer Farbtafel führt man durch die Definition

$$b_i = \frac{B_i}{\sum_i B_i} \,, \quad i = 1, 2, 3 \tag{3.45}$$

Farbwertanteile b_i ein. Man bemerkt, daß

$$\sum_i b_i = 1 \tag{3.46}$$

gilt.

Ein Punkt in einer solchen Farbtafel repräsentiert dann eine Farbart, also alle Farben, die bis auf die Helligkeit „gleich" sind.

Zwei Möglichkeiten zeigt Fig. 3.15. Figur 3.15a stellt einen Schnitt durch den RGB-Raum dar, der so geführt ist, daß die von den Eichvalenzen gebildeten Pyramidenkanten in gleicher Länge geschnitten werden. Der Schnitt

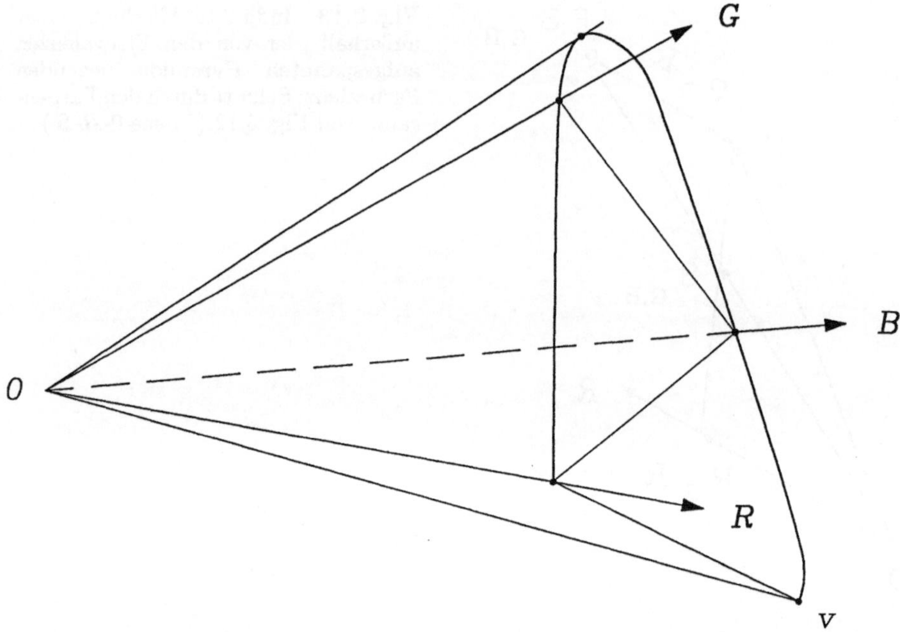

Fig. 3.14. RGB-Farbkörper. Eine Schnittebene durch den Farbkörper zeigt die Pyramide der durch eigentliche Farbmischung aus den Eichvalenzen erzeugbaren Farbvalenzen und den Spektralfarbenzug. Die Spektralfarben liegen größtenteils außerhalb der Pyramide. (Umzeichnung einer Vorlage von Bouma)

durch diese Pyramide stellt ein gleichseitiges Dreieck dar. Die Eckpunkte dieses Dreiecks, die mit A_1, A_2, A_3 bezeichnet sind, stellen die Durchstoßpunkte der Eichvalenzvektoren $\boldsymbol{R}, \boldsymbol{G}, \boldsymbol{B}$ dar. Die Abstände der Punkte A_1, A_2, A_3 vom Ursprung 0 des Farbraumes sind dann gleich, sie repräsentieren also auch gleiche Leuchtdichte. Der Schnitt soll so geführt sein, daß die Höhe des gleichseitigen Dreiecks in dem gewählten Maßsystem die Länge 1 hat. Die Farbwertanteile werden hier als Dreieckskoordinaten, also als die Abstände eines Farbortes von den jeweiligen Dreieckseiten dargestellt. Daß dabei die Bedingung (3.46) eingehalten ist, sieht man leicht mit Hilfe einer einfachen geometrischen Betrachtung.

Dazu berechnet man den Flächeninhalt des Dreiecks A_1, A_2, A_3 einmal insgesamt und einmal als Summe der Teildreiecke, die durch die Höhen b_1, b_2, b_3 mit den zugehörigen Grundlinien gebildet werden:

$$\frac{1}{2}\overline{(A_1, A_3)} = \frac{1}{2}b_1\overline{(A_2, A_3)} + \frac{1}{2}b_2\overline{(A_1, A_3)} + \frac{1}{2}b_3\overline{(A_1, A_2)}\,.$$

Da die Basislinien der Dreiecke alle gleich lang sind, folgt (3.46).

Infolge (3.46) ist einer der b_i-Werte überflüssig. Man kann sich auch mit zwei Farbwertanteilen begnügen. Dies gibt drei verschiedene Darstellungsmöglichkeiten, von denen in Fig. 3.15b diejenige dargestellt ist, bei der

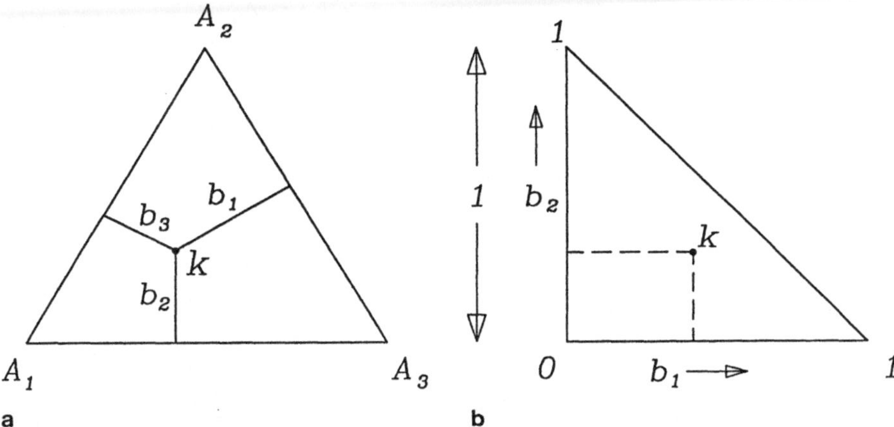

Fig. 3.15 a,b. Darstellung von Farbarten in einer Farbtafel

die Koordinaten b_1, b_2 gewählt und als rechtwinkliges Koordinatensystem interpretiert worden sind.

Man muß jetzt überlegen, wie sich die einfachen Regeln der additiven Farbmischung im Farbenraum auf die Farbebene übertragen. Hierzu betrachte man Fig. 3.16. Wie in Fig. 3.14 spannen die Vektoren $\boldsymbol{R}, \boldsymbol{G}, \boldsymbol{B}$ die Pyramide der Farbvalenzen auf. Mit den Farbwerten B_1, B_2, B_3 ergibt sich die Farbvalenz $\boldsymbol{K}$:

$$K = B_1 \boldsymbol{R} + B_2 \boldsymbol{G} + B_3 \boldsymbol{B} .$$

Der Endpunkt von $\boldsymbol{K}$ möge in der Schnittebene (A_1, A_2, A_3) liegen, wo er als K bezeichnet ist. Die Schnittebene sei so gelegt, daß die A_i den gleichen Abstand vom Ursprung 0 haben. Dann ist das Dreieck A_1, A_2, A_3 gleichseitig. Die Vektoraddition mit den Komponenten B_i ist durch gestrichelte Linien angedeutet.

h_1, h_2, h_3 sind die Lote von K aus auf die Dreieckseiten, h ist die Höhe des Dreiecks. Man liest aus der Figur die Beziehung

$$h_2 : B_2 = h : \overline{0A_2} = q$$

ab. Hier ist q eine Konstante. Aus Symmetriegründen muß eine analoge Beziehung auch für die anderen beiden Richtungen gelten, so daß man schreiben kann

$$h_i : B_i = q .$$

Hieraus folgt

$$h_1 : h_2 : h_3 = B_1 : B_2 : B_3 . \tag{3.47}$$

Ein Vergleich mit Fig. 3.15 ergibt, daß K in Dreieck A_1, A_2, A_3 aus Fig. 3.16 nach den gleichen Regeln positioniert ist, wie der Punkt k in Dreieck

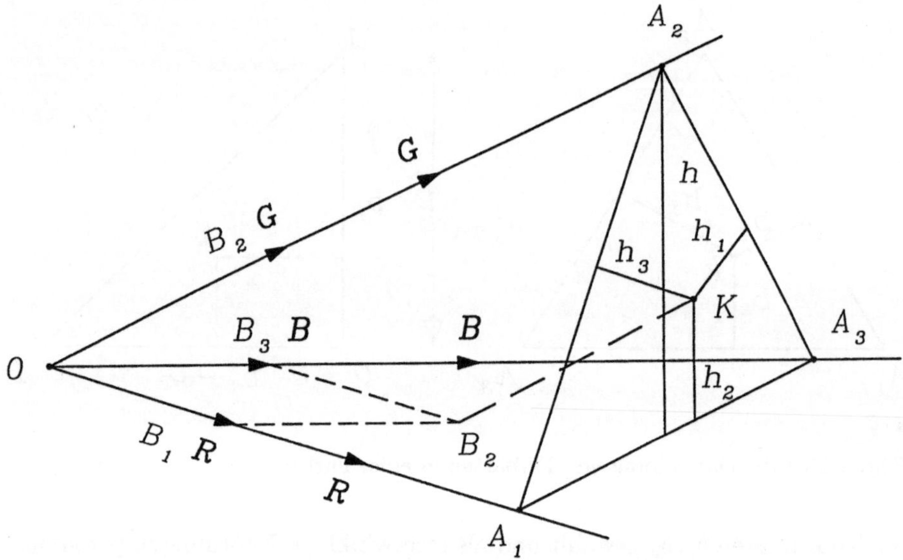

Fig. 3.16. Zur Interpretation der Farbebene als Schnittebene im Farbenraum

A_1, A_2, A_3 von Fig. 3.15a. Die Ebenen durch die Punkte A_i in Fig. 3.15 und Fig. 3.16 entsprechen sich also, sie können durch eine Zentralprojektion vom Zentrum 0 aus aufeinander abgebildet werden.

Ergänzt man in der Farbebene die durch direkte additive Mischung darstellbaren Farbarten innerhalb des Dreiecks A_1, A_2, A_3 durch die indirekt zu ermischenden Farbarten, so gelangt man zu Fig. 3.17, in der zusätzlich der Spektralfarbenzug eingezeichnet ist.

Aus der Übereinstimmung der Farbebene mit einer geeigneten Schnittebene des Farbenkörpers können einige interessante Folgerungen gezogen werden. Zwischen den Farbwerten B_i einer Valenz K und den Dreieckskoordinaten b_i der entsprechenden Farbart k besteht die Relation (3.47). Da q für alle Punkte der Farbebene den gleichen Wert hat, kann die Leuchtdichte B einer Valenz K, die mit ihrer Spitze auf der Farbebene liegt, unter Berücksichtigung von (3.43) geschrieben werden:

$$B = \sum B_i = q \sum b_i \; .$$

Eine Farbebene ist also im Farbenraum der geometrische Ort aller Valenzen einer bestimmten, festen Leuchtdichte. Daher werden diese Farbebenen auch *Isolychnen* genannt.

Es soll jetzt untersucht werden, wie sich die vektorielle Darstellung der additiven Farbmischung im Farbenraum auf die Farbebene überträgt. Wählt man zwei Farbvalenzen K, K' und bildet die Summe $K + K' = K''$, so liegen $0, K, K', K''$ in einer Ebene des Farbkörpers. Entsprechend den Geset-

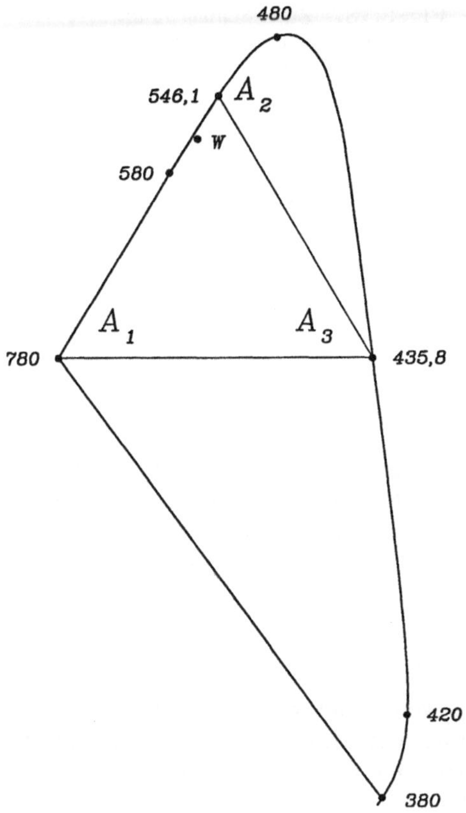

Fig. 3.17. Farbtafel entsprechend Fig. 3.15a, jedoch mit eingezeichnetem Spektralfarbenzug

zen der Zentralprojektion liegen dann die entsprechenden Farbarten k, k', k'' auf einer Geraden in der Farbebene (s. Fig. 3.18).

Aus der Figur liest man ab:

$$\overline{k', k''} : \overline{k'', k} = \frac{b_2' - b_2''}{b_2'' - b_2} \; .$$

Nun gilt aber

$$b_2 = \frac{B_2}{B_1 + B_2 + B_3} = \frac{q b_2}{q(b_1 + b_2 + b_3)} = \frac{B_2}{B}$$

und entsprechend für b_2', b_2''. Daraus folgt nach kurzer Rechnung:

$$\frac{\overline{k', k''}}{\overline{k, k''}} = \frac{B_2'/B' - B_2''/B''}{B_2''/B'' - B_2/B} = \frac{B}{B'} \; . \tag{3.48}$$

Dies ist die *Schwerpunktregel* der Farbmischung in der Farbebene.

Bei der Argumentation in diesem und dem vorhergehenden Abschnitt ist implizit verschiedentlich von den sog. *Graßmannschen Gesetzen* Gebrauch

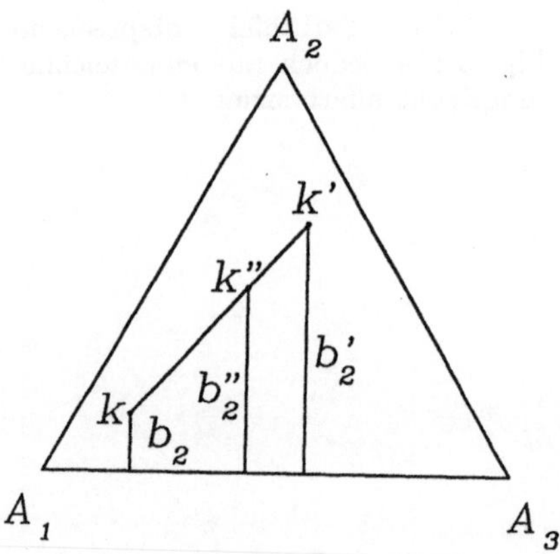

Fig. 3.18. Zur *Schwerpunktregel* der Farbmischung in der Farbebene

gemacht worden. *Graßmann* (1809-1877) entwickelte u.a. eine axiomatische Begründung der Farbmetrik, die auf den damals bereits bekannten experimentellen Ergebnissen der Farbenmischung aufgebaut war und auch aus heutiger Sicht durchaus verbindlich ist. Die drei Graßmannschen Gesetze können folgendermaßen formuliert werden (Graßmann 1853):

1. Unter der Voraussetzung, a) daß durch Farbton, Sättigung und Helligkeit alle Farben beschrieben werden und der Farbton eine in sich zurücklaufende stetige Reihe bildet, b) daß, wenn man von zwei zu mischenden Lichtern das eine stetig ändert, auch die Mischung sich stetig ändert, wird bewiesen, daß es zu jeder Farbe eine Gegenfarbe gibt, die, mit der vorgegebenen Farbe gemischt, weiß (=unbunt) ergibt.

2. Unter der Voraussetzung, daß zwei Farben, deren jede unabhängig von ihrer spektralen Zusammensetzung konstanten Farbton, konstante Helligkeit und konstante Sättigung hat, auch konstante Farbmischungen ergeben, wird bewiesen, daß jede Farbe durch Mischungen aus zwei Paaren von Komplementärfarben ermischt werden kann. Die Schwerpunktregel wird angegeben.

3. Unter der Voraussetzung, daß sich die Helligkeiten der Komponenten in der Mischung addieren, wird bewiesen, daß sich eine Farbe hinsichtlich Farbton und Sättigung nicht ändert, wenn sich die Helligkeit der Komponenten im gleichen Verhältnis ändert.

3.2.6 Das IBK-System

Trotz der bestechenden Einfachheit und formalen Eleganz des RGB-Farbsystems hat dieses einige entscheidende Nachteile, die vor allem beim praktischen Arbeiten mit diesem System hervortreten:

1. Der Spektralfarbenzug und große Teile des Raumes der tatsächlich existierenden Farben liegen außerhalb der durch die Primärvalenzen aufge-

spannten Pyramide bzw. außerhalb des entsprechenden Farbdreiecks (s. Fig. 3.17).

2. Der Unbuntpunkt W (s. Fig. 3.17) liegt in der Farbebene sehr nahe an der Geraden $\overline{A_1, A_2}$. Das heißt, diese Farbarten und ihre Mischungen aller Sättigungsgrade, also auch die orangen, gelben und gelbgrünen Farben liegen in einem flächenmäßig sehr kleinen Dreieck A_1, A_2, W zusammengedrängt, während die weiteren grünen, blaugrünen, blauen und purpurnen Farbvalenzen einen weitaus größeren Flächenanteil einnehmen. Dieses Ungleichgewicht in der Verteilung der Farbarten bzw. Farbvalenzen ist für den praktischen Gebrauch außerordentlich hinderlich.

Aus diesem Grunde hat die *Internationale Beleuchtungskommission* (IBK) 1931 ein neues System von Farbkoordinaten eingeführt, das sehr schnell allgemeine internationale Anerkennung fand. Es beruht auf den Messungen zahlreicher Autoren, von denen hier nur einige genannt seien, so die damals bereits historischen Messungen von *König u. Dieterici, Abney, Ives* und *Exner* (König u. Dieterici 1892; Abney 1913; Ives 1912; Exner 1920) und modernere Messungen von *Guild* und *W.D.Wright* (Guild 1931/32; Wright 1928/29).

Der Übergang zu einem neuen Farbenraum erfolgt durch eine affine Transformation. Man wählt dazu drei neue Primärvalenzen F_1, F_2, F_3. Diese Eichvalenzen sollen wieder eine regelmäßige Pyramide aufspannen. Die Koordinaten auf diesen Primärvalenz-Vektoren sollen mit Φ_1, Φ_2, Φ_3 bezeichnet werden. Der Übergang von den alten Koordinaten (Farbwerten) B_1, B_2, B_3 erfolgt dann durch eine Transformation

$$\begin{pmatrix} \Phi_1 \\ \Phi_2 \\ \Phi_3 \end{pmatrix} = \begin{pmatrix} a_{11} & a_{12} & a_{13} \\ a_{21} & a_{22} & a_{23} \\ a_{31} & a_{32} & a_{33} \end{pmatrix} \cdot \begin{pmatrix} B_1 \\ B_2 \\ B_3 \end{pmatrix} . \tag{3.49}$$

Der von der IBK eingeführte Farbenraum bzw. das zugehörige Farbendreieck sind so konstruiert, daß durch die Primärvalenzen wieder eine regelmäßige Pyramide aufgespannt wird. Das Farbendreieck wird ebenfalls durch einen Schnitt durch den Farbenkörper erzeugt, der senkrecht zur Höhe der Pyramide verläuft, so daß ein gleichseitiges Farbendreieck entsteht. Zur Konstruktion des Farbenkörpers bzw. der Farbtafel hat man offensichtlich mit den Koeffizienten der Transformationsmatrix neun Freiheitsgrade zur Verfügung. Da eine gleichmäßige Dehnung nicht von Interesse ist, bleiben noch acht Freiheitsgrade übrig. Durch die Wahl dieser Freiheitsgrade sollen folgende Forderungen erfüllt werden:

1. Die Valenz für weiß (= unbunt) soll in der Mitte der Pyramide verlaufen, der Weißpunkt W soll daher in der Mitte des Farbendreiecks liegen.
2. Die Primärvalenzen sollen ein gleichseitiges Dreieck aufspannen, das den Spektralfarbenzug möglichst eng umschließt. Diese Primärvalenzen müssen also außerhalb des durch eigentliche, additive Farbmischung mit realisierbaren Farbreizen erzeugbaren Farbenkörpers liegen. Die Primärvalenzen stellen also nicht realisierbare, hypothetische Farben dar. Sie ha-

ben demnach lediglich die Aufgabe, ein geeignetes Koordinatensystem festzulegen. Dafür ergibt sich der Vorteil, daß alle realen Farbvalenzen einschließlich der Spektralfarben aus diesen Primärvalenzen durch direkte Mischung, also mit positiven Farbwerten, ermischt werden können. Dies vereinfacht den praktischen Gebrauch der Farbmischungsregeln erheblich.

3. Es soll alle Helligkeit in einer Primärvalenz vereinigt sein. Hierdurch werden die Berechnung der Helligkeit und, wie weiter unten gezeigt wird, auch die Regel für die Farbmischung in der Farbebene deutlich vereinfacht bzw. modifiziert.

Die auf diese Weise festgelegten Koordinaten des IBK-Raumes werden mit X, Y, Z bezeichnet. Daher heißt dieser Raum auch X, Y, Z-Raum. Die Transformationsgleichung (3.49) schreibt sich dann:

$$\begin{pmatrix} X \\ Y \\ Z \end{pmatrix} = (c_{ik}) \cdot \begin{pmatrix} B_1 \\ B_2 \\ B_3 \end{pmatrix} . \tag{3.50}$$

Hier ist die Transformationsmatrix (c_{ik}) gegeben durch

$$(c_{ik}) = \begin{pmatrix} 2.7689 & 0.38159 & 18.801 \\ 1 & 1 & 1 \\ 0 & 0.012307 & 93.066 \end{pmatrix} . \tag{3.51}$$

Die inverse Transformation wird dann:

$$\begin{pmatrix} B_1 \\ B_2 \\ B_3 \end{pmatrix} = (d_{ik}) \cdot \begin{pmatrix} X \\ Y \\ Z \end{pmatrix} \tag{3.52}$$

mit

$$(d_{ik}) = (c_{ik})^{-1} = \begin{pmatrix} 0.41846 & -0.15866 & -0.08283 \\ -0.41851 & 1.15881 & 0.072095 \\ 5.53434 \cdot 10^{-5} & -1.5324 \cdot 10^{-4} & 0.010736 \end{pmatrix} . \tag{3.53}$$

Zur Leuchtdichteberechnung geht man aus von (3.43) und setzt darin (3.52) ein:

$$B = \sum_i B_i = \sum_i \sum_k d_{ik} \Phi_k = \sum_k \Phi_k \sum_i d_{ik} = \sum_k L_k \Phi_k . \tag{3.54}$$

Hier sind die in (3.44) eingeführten Leuchtdichtebeiwerte L_i mit

$$L_i = \sum_i d_{ik} \tag{3.55}$$

benutzt worden. Im IBK-System ist, wie man sich auch leicht mit Hilfe von (3.53) überzeugen kann,

$$L_1 = 0 \,, L_2 = 1 \,, L_3 = 0 \,. \tag{3.56}$$

Die affine Transformation des Farbenraumes induziert in der Farbebene eine projektive Transformation. Das bedeutet, daß einige Zusammenhänge, die im RGB-System gelten, erhalten bleiben, andere sich aber ändern. Die wesentlichen Merkmale sind die folgenden:

1. In der Farbebene gehen Geraden in Geraden über, die Parallelität geht aber verloren. Das bedeutet, daß nach wie vor die Farbart der Mischung zweier Farben auf der Geraden durch die Farbarten der beiden Komponenten liegt. Die Abstände ändern sich jedoch, wie unten genauer ausgeführt wird.

2. Da die Helligkeit in einer Primärvalenz vereinigt ist, ist die Farbebene keine Ebene konstanter Helligkeit mehr. Die Ebenen konstanter Helligkeit sind vielmehr Ebenen mit konstantem Y, d.h. Ebenen parallel zur Ebene, die von den Primärvalenzen X und Z aufgespannt wird. Diese Ebene selbst, die also durch den Koordinatenursprung geht, hat die Y-Koordinate $Y = 0$, es handelt sich um die „lichtlose Ebene", die *Alychne*.

Die Frage, wie sich die Mischung zweier Farbvalenzen in der neuen Farbebene darstellt, soll jetzt genauer untersucht werden. Der Einfachheit halber sollen dabei die Koordinaten des IBK-Raumes vorübergehend wieder mit den allgemeineren Koordinaten Φ_i bezeichnet werden. Als Dreieckskoordinaten in der Farbebene definiert man wie früher

$$\phi_i = \frac{\Phi_i}{\sum_i \Phi_i} \,. \tag{3.57}$$

Dabei ist entsprechend früherer Terminologie

$$\phi_1 = x, \phi_2 = y, \phi_3 = z$$

gesetzt.

Gegeben seien jetzt zwei Farbvalenzen

$$K = \sum \Phi_i F_i, \quad K' = \sum \Phi_i' F_i' \,,$$

die zu einer neuen Farbvalenz

$$K'' = \sum (\Phi_i + \Phi_i') F_i = \sum \Phi_i'' F_i$$

gemischt werden. Seien ferner unter Verwendung der Bezeichnung $\sum \Phi_i = \Phi$, $\sum \Phi_i' = \Phi'$ die entsprechenden Koordinaten in der Farbenebene gegeben durch

$$\phi_i = \frac{\Phi_i}{\Phi} \,, \quad \phi_i' = \frac{\Phi_i'}{\Phi'} \,, \quad \phi_i'' = \frac{\Phi_i + \Phi_i'}{\Phi + \Phi'} \,,$$

so kann man für die entsprechenden Farbarten k, k', k'' folgende Relation aufstellen:

$$\frac{\overline{k'',k}}{\overline{k',k''}} = \frac{\phi_i'' - \phi_i}{\phi_i' - \phi_i''} = \frac{\frac{\Phi_i+\Phi_i'}{\Phi+\Phi'} - \frac{\Phi_i}{\Phi}}{\frac{\Phi_i'}{\Phi'} - \frac{\Phi_i+\Phi_i'}{\Phi+\Phi'}} = \frac{\Phi'}{\Phi} \; .$$

Nun ist entsprechend (3.44):

$$B_k = L_1\Phi_1 + L_2\Phi_2 + L_3\Phi_3 \; ,$$

$$B_{k'} = L_1\Phi_1' + L_2\Phi_2' + L_3\Phi_3' \; .$$

Hier sind die L_i die Leuchtdichtebeiwerte und die Φ_i die Farbwerte. Daher kann man z.B. schreiben:

$$\Phi' = \frac{B_{k'}\Phi'}{B_{k'}} = \frac{B_{k'}}{\sum L_i\phi_i}$$

und weiter:

$$\frac{\overline{k,k''}}{\overline{k'',k'}} = \frac{B_{k'}}{\sum L_i\phi_i} \Big/ \frac{B_k}{\sum L_i\phi_i} \; .$$

Für das IBK-System ist $\phi_1 = x, \phi_2 = y, \phi_3 = z, L_1 = 0, L_2 = 1, L_3 = 0$, so daß gilt:

$$\frac{\overline{k,k''}}{\overline{k'',k'}} = \frac{B_{k'}}{y'} \Big/ \frac{B_k}{y} \; . \tag{3.58}$$

Im IBK-Dreieck ist die Schwerpunktregel (3.48) der RGB-Ebene also leicht modifiziert. In Fig. 3.19 sind die verschiedenen Möglichkeiten zur Darstellung des IBK-Dreiecks aufgezeigt. Am häufigsten wird das x, y-System verwendet.

Eine ganz andere Systematik der Farben ist von Schrödinger eingeführt worden (Schrödinger 1920). Sie bezieht sich auf Körper- oder Filterfarben. Schrödinger hat bewiesen, daß es bei den Körper- oder Filterfarben eine Klasse von Farben gibt, die sich durch besondere Leuchtkraft oder Farbsättigung auszeichnen und die er *Optimalfarben* genannt hat. Es sind solche Farben, die bei konstanter Beleuchtung mit einer weißen (=unbunten) Lichtquelle bei gleicher Farbart die größtmögliche Helligkeit haben. Bei gleicher Helligkeit und bei gleichem Farbton erreichen diese Farben die größtmögliche Sättigung. Es handelt sich also um Körperfarben, die uns besonders leuchtend oder besonders intensiv erscheinen. Diese Farben zeichnen sich dadurch aus, daß ihre spektralen Remissions- oder Transmissionswerte entweder den Wert null oder den Wert eins haben. Es handelt sich bei den Kurven um Stufenfunktionen mit diskreten Sprungstellen. Für eine Systematik dieser Optimalfarben ist es hilfreich, daß sich rein rechnerisch alle Spektren mit mehr als zwei Sprungstellen auf solche mit höchstens zwei Sprungstellen reduzieren lassen. Beispielsweise sind Spektralfilter Optimalfarben, weil sie eine größtmögliche Sättigung aber kaum eine Helligkeit haben. Angenäherte Optimalfarben hat Schrödinger vor allem bei Edelsteinen und Alpenblumen gefunden.

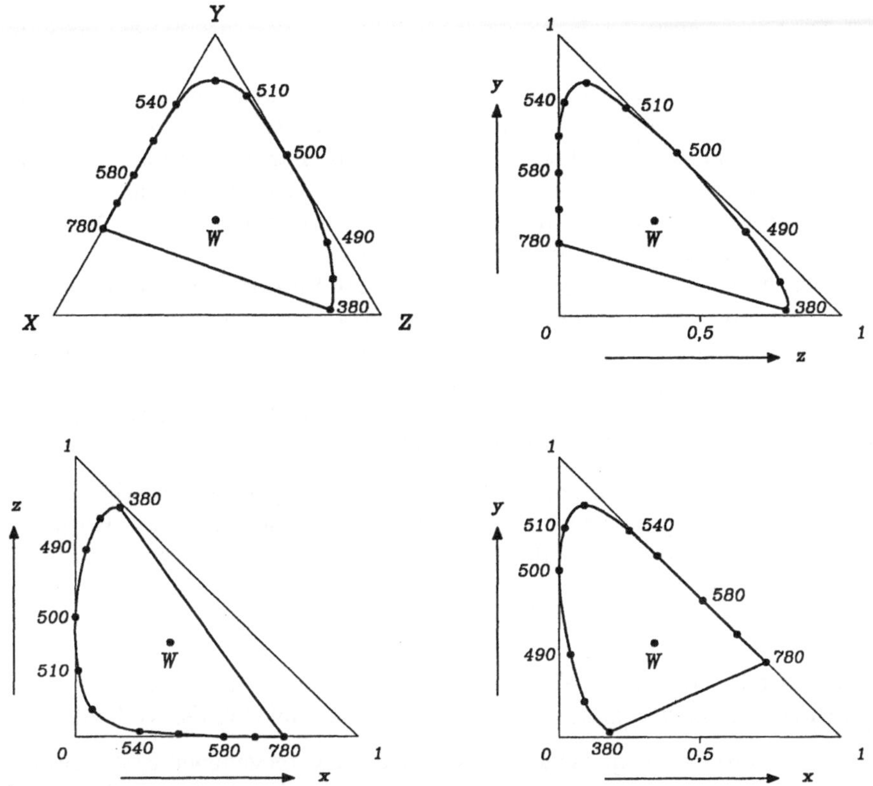

Fig. 3.19. Verschiedene mögliche Darstellungen des IBK-Farbendreiecks

Rösch hat auf der Basis der Schrödingerschen Optimalfarben einen Farbkörper konstruiert, wobei der Farbort einer Körperfarbe durch die Farbart der farbtongleichen Optimalfarbe und den relativen Grad der Sättigung ausgedrückt wird (Rösch 1928).

Weder im affinen Farbraum noch in der projektiven Farbebene existiert eine Metrik, d.h. der geometrische Abstand zweier Farborte im Farbraum oder in der Farbebene ist mehr oder weniger zufällig und trägt keine relevante Information. Eine solche, der Farbunterschiedsempfindlichkeit des Auges angepaßte Metrik wäre aber für viele praktische Bedürfnisse sehr wichtig. Sie würde beispielsweise einen Anhaltspunkt über Toleranzmaße bei der Nachmischung von Farben geben. Diesem Problem sind bereits viel Mühe und Scharfsinn gewidmet worden, ohne daß jedoch bisher eine allgemeine Anerkennung eines Systems erreicht worden wäre. Es handelt sich um ein Problem der *höheren Farbmetrik*, die im nächsten Kapitel angesprochen wird.

3.2.7 Farbmessung

Die Farbmessung dient zur Ermittlung der Farbvalenz einer vorgelegten Lichtquelle bzw. Körperfarbe. Sie ist von großer praktischer Bedeutung, weil man sich mit Hilfe der Farbkoordinaten über eine Farbe verständigen kann, ohne eine entsprechende Farbprobe explizit vorweisen zu müssen. Dies erleichtert die Kommunikation über Farben außerordentlich, z.B. bei Nachbestellungen von Autolacken und Anstrichfarben.

Zu beachten ist allerdings, daß Körper- oder Filterfarben von der spektralen Verteilung der Lichtquelle abhängen. Zwei solche Farben, die bei einer speziellen Beleuchtung die gleiche Farbvalenz haben, können daher bei einer anderen Beleuchtung durchaus unterschiedlich sein. Um die hierdurch entstehende Unsicherheit abzumildern, hat man verschiedene *Normlichtarten* definiert, die alle mehr oder weniger „weiß" sind.

Normlichtart A: Eine Glühlampe mit der Farbtemperatur 2848 K. (Die Farbtemperatur ist diejenige Temperatur des schwarzen Körpers, bei der dieser die gleiche spektrale Verteilung wie die Lichtquelle hat.)

Normlichtart B: Sonnenlicht (definiert durch Normlichtart A mit zusätzlichen Flüssigkeitsfiltern).

Normlichtart C: Tageslicht (Normlichtart A mit anderen Filtern).

Normlichtart E: Spektrum konstanter Energie als Funktion der Wellenlänge.

Will man aus dem gemessenen Spektrum einer vorgegebenen Farbenprobe deren Farbvalenz berechnen, so kann man sich der in Abständen von 5 nm tabellierten Spektralwerte des energiegleichen Spektrums bedienen. Diese werden, wenn sie sich auf den IBK-Raum beziehen, *Normspektralwerte* genannt und mit $\bar{X}_\lambda$, $\bar{Y}_\lambda$, $\bar{Z}_\lambda$ bezeichnet. Der Proportionalitätsfaktor ist so festgelegt, daß

$$\sum_\lambda \bar{X}_\lambda = \sum \bar{Y}_\lambda = \sum \bar{Z}_\lambda = 100,0000$$

ist. Für die Normspektralwertanteile gilt entsprechend

$$x_\lambda = y_\lambda = z_\lambda = 0,333\cdots$$

Zur Berechnung von Farbvalenzen mißt man die spektrale Strahldichteverteilung $L_{e,\lambda}$. Hiermit berechnen sich die Farbkoordinaten durch

$$X = \int L_{e,\lambda} \bar{X}_\lambda \mathrm{d}\lambda \tag{3.59}$$

und entsprechend für Y und Z. Auch die Normspektralwerte für die Normlichtarten A, B, C sind tabelliert.

Bei der Messung der spektralen Strahldichte ist u.U. einige Vorsicht geboten. Wenn eine auszumessende Pigmentfarbe kein Lambertscher Reflektor ist, müssen die Bedingungen an Gesichtsfeld und Apertur, unter denen die Normspektralwerte ermittelt wurden, eingehalten werden. Besonders kritisch sind in dieser Beziehung glänzende Oberflächen, also z.B. Lacke, weil hier die gemessene spektrale Strahldichte empfindlich von den Winkeln der Beleuchtungs- und Beobachtungsrichtung abhängt. Da diese Winkel von der praktischen Anwendung her meistens schlecht definiert sind, bleibt oft nur die Möglichkeit, die Probe aus dem gesamten Halbraum gleichmäßig zu beleuchten (das sollte in einer Ulbrichtschen Kugel erfolgen) und normal zur Oberfläche zu beobachten. Einzelheiten zu diesen Techniken müssen der lichttechnischen Literatur entnommen werden.

Zur Messung der spektralen Strahldichteverteilung bedient man sich am besten einer relativen Methode, indem man die Strahldichteverteilung der auszumessenden Fläche mit derjenigen einer weißen Fläche vergleicht. Absolute Messungen sind mühsam, weil man eine geeichte Lichtquelle benötigt. Außerdem ist die spektrale Breite des Spektrometerspaltes in der Regel wellenlängenabhängig. Die Messung der Strahldichteverteilung kann mit einem linearen Meßinstrument erfolgen. Bei nichtlinearen Meßinstrumenten ist eine Kompensation mit Graufiltern erforderlich.

Bei relativ flach verlaufenden spektralen Strahldichteverteilungen kann man das geschilderte Verfahren mit Hilfe des *Auswahlverfahrens* etwas vereinfachen. Hierbei wird der sichtbare Spektralbereich in 30 Teile unterteilt, die entsprechend der Empfindlichkeit und der spektralen Unterschiedsempfindlichkeit des visuellen Systems eingeteilt sind. Dann werden die Strahldichten in diesen Bereichen gemessen und geeignet verrechnet.

Ein recht einfach zu handhabendes, dafür aber relativ ungenaues Verfahren basiert auf der Benutzung dreier Photozellen, denen geeignete Filter vorgeschaltet sind, so daß die drei Farbkoordinaten des energiegleichen Spektrums, also die drei Normspektralwerte $X_\lambda, Y_\lambda, Z_\lambda$ nachgebildet werden. Genau genommen müßte dafür die *Lutherbedingung*

$$\tau_1(\lambda) = \frac{\bar{X}_\lambda}{\epsilon_\lambda}, \quad \tau_2(\lambda) = \frac{\bar{Y}_\lambda}{\epsilon_\lambda}, \quad \tau_3(\lambda) = \frac{\bar{Z}_\lambda}{\epsilon_\lambda} \tag{3.60}$$

über den ganzen sichtbaren Bereich des Spektrums erfüllt sein. Dabei sind τ_i $(i = 1, 2, 3)$ die spektralen Transmissionskoeffizienten der Filter und ϵ_λ die spektrale Empfindlichkeit der Photozellen. Es liegt auf der Hand, daß solche Filter nicht einfach herzustellen und u.U. auch nicht sehr stabil sind. Daher kann die Lutherbedingung nur näherungsweise erfüllt werden.

Es ist nicht einfach, mit objektiven Meßmethoden die Farbunterschiedsempfindlichkeit des visuellen Systems zu erreichen oder gar zu übertreffen. Daher sind subjektive Farbmeßgeräte sehr gut brauchbar. Ein Beobachter hat dabei die Aufgabe, die additiven Mischungsanteile von drei geeigneten Spektrallichtern so einzustellen, daß die Mischung die gleiche Farbe wie die zu prüfende Probe hat. Dies erfordert naturgemäß eine gute Übung des Beobachters.

Eine vereinfachte Version dieser Methode, die bei einiger Übung häufig zu guten Ergebnissen führt, ist die Benutzung eines guten Farbatlanten. Er enthält viele Farbproben in systematischer Ordnung, deren Farbkoordinaten angegeben sind, und ein Beobachter muß diejenige Probe finden, die der zu bestimmenden Probe am ähnlichsten ist.

Bei diesen subjektiven Verfahren müßen eine Reihe von Normbedingungen eingehalten werden, damit die Messungen untereinander vergleichbar sind (s. a. Schober 1958). Die Meßfeldleuchtdichte muß mindestens 10 asb $[= 3,2\,lm/(m^2\,sr)]$ betragen, damit eine Helladaptation gesichert ist, darf aber nicht mehr als 100 asb $[= 32\,lm/(m^2\,sr)]$ betragen, damit Blendung und das Bezold-Abneysche Phänomen (s. Abschn. 4.4.1) vermieden werden. Der Durchmesser des Meßfeldes darf nicht größer als $1,5°$ sein, es soll von einem unbunten Umfeld umgeben sein, dessen Leuchtdichte gleich oder etwas geringer als die des Meßfeldes ist. Die Farben im Meßfeld müssen „freie Farben" sein, d.h. homogen, ohne Struktur und ohne Glanz. Schließlich muß der Beobachter *farbentüchtig* sein, d.h. er darf nicht *farbenfehlsichtig* sein. Wegen der starken Verbreitung der Farbenfehlsichtigkeit soll im folgenden noch ein kurzer Abriß dieses Themas angeschlossen werden.

Die sogenannte Farbenblindheit tritt am häufigsten als eine Reduktion des normalen trichromatischen auf ein dichromatisches Farbensehen auf. Eine totale Farbenblindheit ist sehr selten und ist meistens auf das Fehlen der Netzhautzapfen zurückzuführen. Dies hat außer der Farbenblindheit auch weitere schwere Störungen des Sehvermögens zur Folge.

Beim dichromatischen Farbensehen unterscheidet man grob drei Arten:

1. Die *Protanopie* ist eine Störung der Rot-Grün-Empfindung. Das langwellige Ende des Spektrums bewirkt keine Lichtempfindung, der Spektralbereich um 490 nm, der normalerweise grün erscheint, wird als Unbunt gesehen.
2. Die *Deuteranopie* ist ebenfalls eine Rot-Grün-Störung, jedoch ohne Verkürzung des Spektrums. Rot und Grün erscheinen als Unbunt.
3. Die *Tritanopie* ist eine Blau-Gelb-Störung. Das Spektrum ist am kurzwelligen Ende verkürzt, Blau und Gelb erscheinen als Unbunt.

Neben diesen Dichromasien treten Anomalien des Farbensehens auf, wobei wieder drei Formen unterschieden werden: *Protanomalie, Deuteranomalie* und *Tritanomalie*. Farbanomale haben ein trichromatisches Farbensehen, jedoch sind die relativen Gewichte der einzelnen Primärvalenzen gegenüber denen bei Farbnormalen verändert. Dies führt dazu, daß Anomale bei additiver Farbmischung reproduzierbar andere Farbmischungsgleichungen einstellen als Normale. Sie lehnen die Einstellungen von Farbnormalen ab, Dichromaten stellen zwar auch für den Normalen unmöglich aussehende Mischungsgleichungen ein, aber mit sehr schlechter Reproduzierbarkeit, und sie erkennen die von Normalen eingestellten Mischungsgleichungen an.

Farbfehlsichtigkeiten können angeboren oder durch Erkrankungen erworben (selten) sein. Wegen eines etwas komplizierten Vererbungsmodus sind Frauen sehr viel seltener farbfehlsichtig als Männer. Der Anteil der farbfehlsichtigen Männer beträgt ca. 10% der männlichen Bevölkerung. Weder

Dichromaten noch Farbanomale können zu subjektiven Farbmessungen herangezogen werden.

Eine beliebte, sehr einfache Methode zur Prüfung des Farbensehens sind die *pseudoisochromatischen Tafeln*. Mit Punktmustern aus den Verwechselungsfarben der einzelnen Arten von Dichromaten sind Zahlen oder Buchstaben gebildet. Da die Punkte gleiche Helligkeit haben, sind die Muster nur von Normalsichtigen und Farbanomalen, dagegen teilweise nicht von Dichromaten zu erkennen. Für eine Prüfung auf die Qualifikation eines Farbbeobachters reichen diese Tafeln allerdings nicht aus. Hierbei muß die Prüfung des Farbensinnes mit dem *Anomaloskop* erfolgen. Dieses Instrument erlaubt es, in einem zweigeteilten Photometerfeld auf der einen Hälfte eine variable additive Mischung zwischen einem roten und einem grünen Spektrallicht und auf der anderen Hälfte ein in der Helligkeit variables gelbes Spektrallicht darzubieten. Aus den Einstellungen der Probanden bei einem Farb- und Helligkeitsabgleich lassen sich nicht nur die Dichromaten, sondern auch die Anomalen erkennen.

3.3 Beidäugiges Sehen

Unsere Umwelt sehen wir normalerweise mit beiden Augen. Das beidäugige Sehen dient vor allem der räumlichen Tiefenempfindung. Schon Johannes Kepler hat diese Funktion des beidäugigen Sehens erkannt, und sein Konzept ist im wesentlichen heute noch gültig. Es soll an Hand der Fig. 3.20 erläutert werden.

Wenn man ein visuelles Objekt P beidäugig fixiert, müssen die optischen Achsen der beiden Augen konvergieren. Das Objekt wird dann in die zentralen Foveae der beiden Augen abgebildet. Es hat den Anschein, daß beiden Retinae Koordinatensysteme eingeprägt sind, die bei sehr geringen Toleranzen die gleiche Metrik haben. Dies entspricht auch der früher erwähnten retinotopen Abbildung in die höheren Cortexbereiche. *Korrespondierende Netzhautstellen* der beiden Retinae haben die gleichen Koordinaten. Wenn ein zweites Objekt A derart dargeboten wird, daß die beiden Winkel α_r und α_l gleich sind, wird dieses Objekt auf korrespondierende Netzhautstellen abgebildet und als einzelnes Objekt gesehen. Beim Blick geradeaus in aufrechter Haltung sind in der so definierten horizontalen Ebene die Objektpunkte, deren Bilder auf korrespondierende Netzhautstellen fallen, geometrisch leicht zu erfassen. Sie liegen auf einem Kreisbogen VMC, der durch den Fixationspunkt P und die objektseitigen Knotenpunkte der beiden Augen bestimmt ist, dem sog. *Vieth-Müller-Kreis*. Solche Objekte werden als Einzelobjekte mit der gleichen subjektiven Entfernung wie das Objekt P wahrgenommen.

Bei einem anderen Objekt B, das nicht auf dem Vieth-Müller-Kreis liegt, sind die Winkel β_r und β_l nicht gleich. Wenn die *Disparität* $\beta_r - \beta_l$ sehr groß ist, enstehen *binokulare Doppelbilder*, d.h. das Objekt wird von beiden Augen

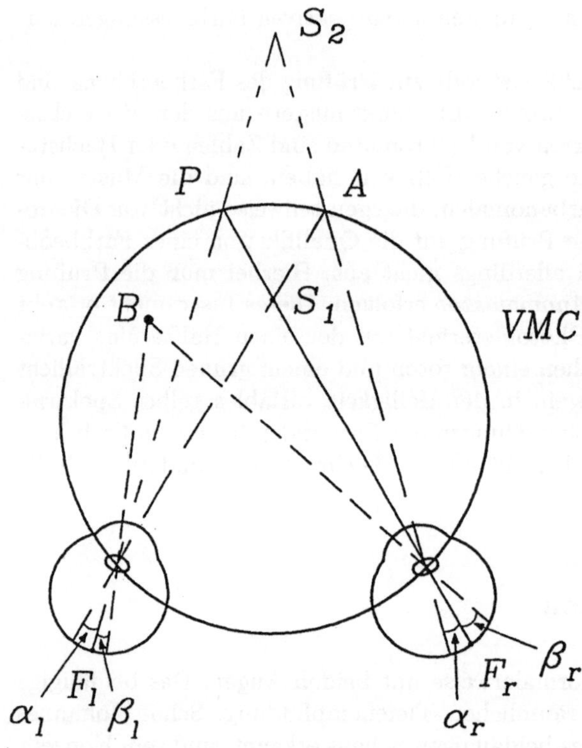

Fig. 3.20. Schema zum Verständnis des beidäugigen Sehens. P: ein beidäugig fixierter Punkt bei entsprechender Konvergenz der optischen Achsen. VMC: der Vieth-Müller-Kreis, der geometrische Ort aller Punkte (z.B. A) in einer horizontalen Sehebene, die bei Fixation von P auf korrespondierende Netzhautstellen abgebildet werden, mit gleichen Winkeln α_r und α_l und in gleicher subjektiver Entfernung wie P. B: ein Punkt mit einer von Null verschiedenen Disparität β_r-β_l , der in einer geringeren Entfernung als P und A gesehen wird. S_1, S_2: Beispiele zum Korrespondenzproblem

getrennt gesehen. Bei kleineren Disparitäten können die beiden Netzhautbilder *fusioniert* werden. Sie erscheinen dann als Einzelbild und normalerweise in einer kleineren oder größeren Entfernung als der Fixationspunkt P, je nach der geometrischen Situation bzw. der Größe und dem Vorzeichen der Disparität. Die Netzhautbereiche um die korrespondierenden Netzhautorte, innerhalb derer eine Fusion möglich ist, heißen *Panum-Areale*. Sie haben in der Fovea einen mittleren Durchmesser von kaum mehr als 5′ und nehmen zur Peripherie hin zu. In 6° peripher gelegenen Netzhautbereichen beträgt der Durchmesser bereits 20′.

Auf diese Weise wird die stereoskopische Tiefenwahrnehmung erzeugt. Wenn bei einer begrenzten Disparität die Netzhautbilder beider Augen zu einem Bild fusioniert werden, entsteht dadurch noch nicht notwendigerweise eine stereoskopische Tiefenwahrnehmung. Zahlreiche Personen mit gutem Fusionsvermögen haben kein stereoskopisches Sehvermögen, oft ohne dies zu wissen. Ein Mangel an Fusionsvermögen führt entweder dazu, daß eines der beiden Netzhautbilder neuronal unterdrückt wird, oder es entstehen binokulare Doppelbilder. Letzteres ist eine schwere Sehbehinderung. Eine mögliche Ursache für mangelndes Fusionsvermögen ist eine *Anisometropie*, ein Unterschied in der optischen Vergrößerung, die von den beiden Augen einschließlich etwaiger Korrekturlinsen erzeugt wird. Hierdurch entsteht eine Diskrepanz zwischen den retinalen Koordinatensystemen und den Bildgrößen.

Die Objektpunkte mit verschwindender Disparität sind nicht auf den Vieth-Müller-Kreis beschränkt. Sie füllen vielmehr eine Fläche im Raum aus, die als *Horopter* bezeichnet wird. Ihre Gestalt hängt von der Sehrichtung und dem Abstand des Fixationspunktes ab; sie kann auch nicht mit geometrischen Methoden abgeleitet werden, sondern muß experimentell bestimmt werden, da es beim internen retinalen Koordinatensystem immer individuelle Abweichungen von der reinen Geometrie gibt. Im einzelnen ist dies eine komplizierte Materie (Ogle 1950) (s.a. Abschn. 2.2.4).

Haben die Objekte, die den beiden Augen dargeboten werden, eine zu große Disparität oder sind sie zu unähnlich, entsteht in der Regel eine binokulare Rivalität zwischen den beiden Augen. Im Extremfall, z.B. wenn ein Auge über das andere sehr stark dominiert, wird die Empfindung des schwächeren Auges unterdrückt. Normalerweise wechselt die Dominanz zwischen kleineren Bildbereichen, so daß insgesamt ein Seheindruck entsteht, der sich mosaikartig aus Bildelementen von beiden Augen zusammensetzt. Diese partielle Dominanz kann auch zeitlich variieren.

Die Richtung, unter der ein Objekt erscheint, ist beim einäugigen Sehen gleich der Fixierlinie. Beim beidäugigen Sehen sind die Fixierlinien der beiden Augen verschieden, und das Objekt erscheint in einer Richtung, die zwischen den beiden Fixierlinien liegt. Zur quantitativen Beschreibung dieses Phänomens entwickelten Helmholtz und Hering das Konzept eines *imaginären Zyklopenauges*, das irgendwo zwischen den beiden realen Augen lokalisiert ist und die beidäugig wahrgenommene Richtung bestimmt. Das Zyklopenauge muß nicht in der Mitte zwischen den beiden Augen lokalisiert sein, weil meistens eines der beiden Augen eine mehr oder weniger starke Dominanz ausübt und dadurch ein stärkeres Gewicht bei der Bestimmung der Sehrichtung hat.

Eine Schwierigkeit des Keplerschen Konzeptes für das beidäugige Sehen bildet das sog. *Korrespondenzproblem.* Man betrachte dazu Fig. 3.20. Jedes der beiden Augen sieht zwei Objekte, A und P. Wenn diese Objekte gleich oder ähnlich sind, sind verschiedene Fälle denkbar: Es könnte A mit A und P mit P fusioniert werden (der normale Fall), es könnte A (links) mit P (rechts) fusioniert werden oder auch umgekehrt P (links) mit A (rechts). In den beiden letzteren Fällen würde das fusionierte Objekt bei S_1 bzw. S_2 wahrgenommen werden. Tatsächlich ist es möglich, solche (in Wirklichkeit falschen) Fusionen zu erreichen. Ein beliebtes Experiment besteht darin, zwei gleiche Münzen in einem geeigneten Abstand auf eine homogene Unterlage zu legen und eine *Bildtrennung* zu erzeugen. Am einfachsten geschieht dies, indem man zwischen den beiden Augen und den beiden Objekten eine Trennwand errichtet, so daß das linke Auge nur das linke Objekt sehen kann und entsprechend für die rechte Seite. Auf diese Weise ist eine „falsche" Fusion zu erreichen. Professionell werden solche binokularen Fusionen ähnlicher Objekte mit Stereoskopen gemacht, um Unterschiede in der Disparität innerhalb von Paaren stereoskopischer Photos (z.B. um bei Luftbildern Erhebungen oder Täler in der Landschaft) zu erkennen. Der Beobachter blickt dabei in ein binokulares Teleskop, über das jedem Auge eines der beiden Bilder des stereoskopischen Paares dargeboten wird. Der Betrachter kann dann eine binokulare Fixationsmarke auf die jeweils interessanten Punkte des Geländes einstellen und so die Entfernungsunterschiede mit großer Genauigkeit vermessen. Auch geringfügige zeitliche Veränderungen in einer komplizierten Struktur können durch stereoskopische Bildvergleiche erkannt werden (Anwendungen z.B. in der Kriminalistik).

Unter normalen Sehbedingungen wird vom visuellen System automatisch die richtige Korrespondenz gefunden. Eine naheliegende Hypothese zur Erklärung dieses Umstandes war, daß die beiden Retinabilder mit einer maximalen Korrespondenz ihrer Bildelemente fusioniert werden. Wenn nämlich im obigen Beispiel die Objektpunkte A und P falsch fusioniert werden, bleiben zwei monokulare Bilder übrig, die keinen Korrespondenzpartner finden. Eine solche Hypothese der maximalen Korrespondenz setzt voraus, daß bei der Verarbeitung der visuellen Information zunächst in den beiden monokularen Kanälen eine Mustererkennung erfolgt, bevor der binokulare Vergleich auf maximale Korrespondenz stattfinden kann. Eine solche Voraussetzung ist zumindest nicht immer richtig. Dies hat Julesz mit seinen Stereogrammen aus Zufallspunktmustern gezeigt (z.B. Julesz 1971). Sie werden mit Hilfe eines Computers erzeugt und sind für beide Augen im wesentlichen identisch, außer daß in einigen begrenzten Bereichen die Disparität zwischen den korrespondierenden Punktpaaren systematisch verändert wurde. Bei einiger Übung sind diese Bereiche mühelos dadurch zu erkennen, daß sie in einer anderen stereoskopischen Tiefe liegen als die Umgebung. Monokular besteht natürlich keine Möglichkeit, diese Bereiche zu erkennen. Dies zeigt, daß die Mustererkennung nicht oder zumindest nicht immer monokular und vor einem binokularen Vergleich erfolgen muß. Offensichtlich ist das Korrespondenzproblem nicht so einfach zu lösen. Bezüglich detaillierterer Theorien muß hier auf die Spezialliteratur verwiesen werden (Regan et al. 1990).

Glänzende Flächen reflektieren das auftreffende Licht mehr oder weniger stark gerichtet. Wenn man ein solches Objekt, das von einer nicht sehr ausgedehnten Lichtquelle beleuchtet wird, beidäugig betrachtet, wird im allgemeinen in die beiden Augen unterschiedlich viel Licht reflektiert. Jedenfalls kann man diesen Zustand durch leichte Kopf- oder Körperbewegungen erreichen. Dann entsteht die Empfindung des stereoskopischen Glanzes. Man kann diese Empfindung auch erzeugen, indem man jedem Auge eines von zwei Objekten darbietet, die sich geometrisch gleichen, wobei aber ein Bilddetail der Objekte für beide Augen unterschiedliche Helligkeit besitzt. Werden diese Objekte fusioniert, so entsteht ebenfalls die Empfindung des Glanzes.

Die *stereoskopische Sehschärfe* ist definiert als die Disparität, die gerade eben von dem Wert Null zu unterscheiden ist, d.h. bei Objekten mit einer solchen Disparität erkennt man gerade noch, daß sie nicht in der gleichen

Entfernung wie der Fixierpunkt liegen. Diese Schwelle liegt bei 5–10 Sehwinkelsekunden, sie hat also die gleiche Größenordnung wie die Noniussehschärfe, und offensichtlich handelt es sich hierbei für das visuelle System um eine ähnliche Aufgabenstellung.

Die stereoskopische Sehschärfe kann bedeutend vergrößert werden, indem man den optisch wirksamen Abstand der beiden Augen vergrößert. Dies geschieht mit Hilfe von Stereoskopen oder Stereoteleskopen.

Wenn ein Objekt aus verschiedenen Entfernungen betrachtet wird oder seine Entfernung sich ändert, bleibt seine wahrgenommene Größe innerhalb weiter Grenzen konstant, während die Netzhautbilder sich in der Größe stark verändern. Die wesentlichen Mechanismen, die diese *Größenpersistenz* bewirken, sind die Vergenz der beiden Augenachsen und die Akkommodation. In einem sehr einfachen Experiment läßt sich zeigen, daß die Vergenz eine Rolle bei der Größenwahrnehmung spielt. Legt man zwei gleiche Münzen auf eine homogene Unterlage, so gelingt es den meisten Personen nach einiger Übung, eine „falsche" beidäugige Fusion der beiden Münzen zu erreichen und diese Fusion während einer Veränderung des Abstandes dieser Münzen aufrecht zu erhalten. Die dabei zu beobachtenden Größenänderungen des binokularen Bildes sind sehr eindrucksvoll.

Vergenz und Akkommodation sind miteinander korreliert. Nahe Objekte erfordern eine starke Konvergenz und eine starke Akkommodation; bei entfernteren Objekten ist es umgekehrt. Die Kopplung zwischen Akkommodation und Konvergenz ist nicht sehr streng. Dies verbietet schon die mit dem Alter abnehmende Akkommodationsfähigkeit. Allerdings kann man einwenden, daß die Abnahme der Akkommodationsfähigkeit eher eine Folge der sich ändernden Elastizität der Kristallinse ist und nichts über die neuronalen Signale aussagt.

Eine Empfindung der räumlichen Tiefenausdehnung ist nicht unbedingt an das stereoskopische Sehen geknüpft. Auch Personen mit fehlendem stereoskopischen Sehen oder sogar einäugige Personen können eine räumliche Tiefenempfindung haben, wenn sie die sich ändernde Perspektive bei Kopf- oder Körperbewegungen ausnutzen. Mit größeren Geschwindigkeiten solcher Bewegungen verbessert sich die Tiefenwahrnehmung selbst bei Personen mit normalem stereoskopischen Sehen. Dies zeigt sich z.B. beim Blick aus einem fahrenden Eisenbahnzug oder auch beim Skilaufen unter diffuser Beleuchtung, bei der Geländeunebenheiten erst bei größeren Geschwindigkeiten zu erkennen sind.

An der absoluten Schwelle ergibt sich beim beidäugigen Sehen eine leichte Erhöhung der Empfindlichkeit gegenüber der einäugigen Beobachtung. Die beiden Augen sind dabei als unabhängige Quantenzähler zu betrachten. Die Wahrscheinlichkeit, daß in einem der beiden Augen die zur Auslösung einer Empfindung notwendige Zahl von Quanten absorbiert wird, ist größer als bei nur einem beteiligten Auge. Eine Summation der Absorptionen in beiden Augen scheint jedoch nicht stattzufinden.

3.4 Zeitliche Signalverarbeitung und Bewegungssehen

3.4.1 Zeitliche Signalverarbeitung

Ähnlich wie die örtliche Auflösung ist auch das zeitliche Auflösungsvermögen des visuellen Systems begrenzt. Im allgemeinen dauert die Lichtempfindung, die von einem kurzen Lichtblitz ausgelöst wird, länger als der Lichtblitz. Im Bereich der absoluten Schwelle wird die zeitliche Auflösung durch das *Blochsche Gesetz* bestimmt. Es besagt, daß innerhalb von 0,1 s die empfangene Lichtenergie summiert wird. Bei längeren Reizen findet auch noch eine teilweise Summation statt, entsprechend der Quadratwurzel aus der Darbietungszeit (*Pieronsches Gesetz*). Bei Darbietungen über 15 s gibt es keine weitere Summation.

Bei höheren Adaptationsniveaus und bei kleinen Reizflächen kann die Summationszeit um ein bis zwei Größenordnungen kleiner sein. Das *kritische Interstimulusinterval* (cISI), das zwischen zwei Lichtreizen eingehalten werden muß, damit sie als getrennt gesehen werden, hängt von der Dauer der Reize ab. Ein typisches cISI bei einer Reizdauer von 1 ms ist 60 ms. Unter sonst gleichen Bedingungen führt eine Reizdauer von 5000 ms zu einem cISI von 1 ms. Außerdem hängt das cISI vom Netzhautort ab. Es ist in der Fovea kürzer als in der Peripherie.

Bei periodischen Reizen hängt das cISI von der Anzahl der dargebotenen Lichtimpulse ab. Es nimmt mit steigender Anzahl der Lichtreize ab und erreicht bei einer großen Zahl einen Grenzwert, der üblicherweise in der Form der *Flimmerverschmelzungsfrequenz*, im angelsächsischen Sprachgebrauch als *critical flicker frequency* (cFF) ausgedrückt wird. Die cFF hängt von der Reizamplitude approximativ logarithmisch ab (*Ferry-Porter-Gesetz*). Oberhalb der cFF erscheint ein periodisch modulierter Lichtreiz mit der gleichen Helligkeit wie ein Gleichlicht der Leuchtdichte des zeitlichen Mittelwertes (*Talbot-Plateausches Gesetz*).

Ähnlich wie das örtliche Auflösungsvermögen kann das zeitliche Auflösungsvermögen durch eine zeitliche (oder temporale) Modulationsübertragungsfunktion (tMTF) beschrieben werden. Zu ihrer Messung wird einem Beobachter ein Testfeld mit einer sinusförmig modulierten Leuchtdichte

$$L(t) = L_0(1 + m \sin \omega t) \tag{3.61}$$

dargeboten. Er hat die Modulation m auf die Flimmerschwelle einzustellen. Der Kehrwert der Schwelle wird als *Modulationsempfindlichkeit* bezeichnet. Diese, als Funktion der Frequenz $f = \omega/2\pi$ aufgetragen, ergibt die tMTF. Diese Funktion wurde zuerst von *de Lange* (1958) ausführlich untersucht und wird deshalb gerne als *De-Lange-Kurve* bezeichnet (s. Fig. 3.21). Wie bereits anhand von (3.37) erläutert, kann man mit Rechteckwellen auch äquivalente Modulationen der Grundwelle von mehr als 100% erreichen

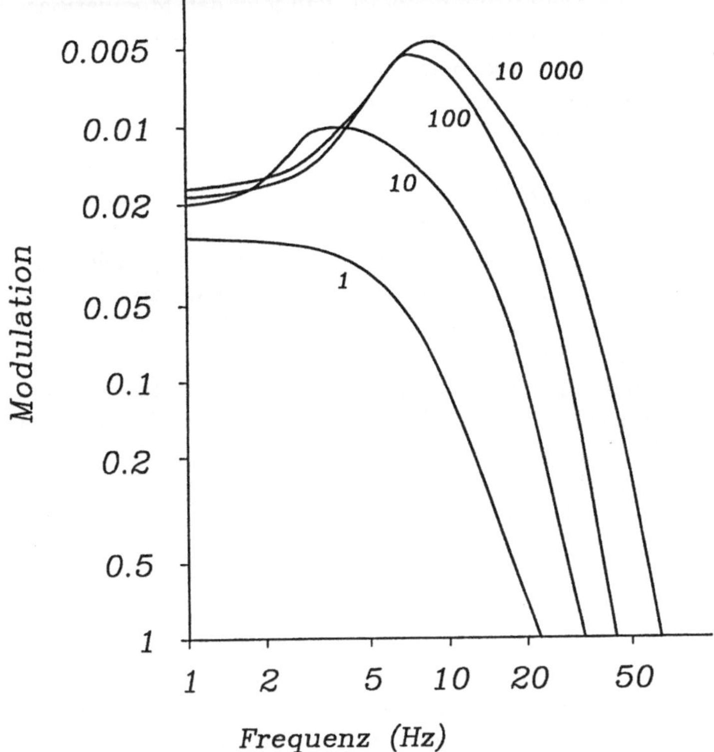

Fig. 3.21. Temporale Modulationsübertragungsfunktion(tMTF) (De-Lange-Kurve) Die Empfindlichkeit für die zeitliche Modulation eines kleinen flimmernden Testfeldes auf stationärem Hintergrund ist in Abhängigkeit von der Flimmerfrequenz aufgetragen. Der Parameter ist die Adaptationsleuchtdichte in Trolands

(maximal 200%). Durch eine geeignete Tiefpaßfilterung kann diese Grundwelle isoliert werden. De Lange konnte zeigen, daß die verschiedenen Wellenformen mit der gleichen Grundwelle den gleichen Schwellenverlauf bei hohen Frequenzen haben, vorausgesetzt, daß der Adaptationszustand der Versuchspersonen gleich ist. Dies wird offenbar von dem schnellen Abfall der Empfindlichkeit bei hohen Frequenzen bewirkt, weil dadurch die Schwelle praktisch nur von der Grundwelle bestimmt wird.

Diese Überlegung setzt aber voraus, daß die Fourieranalyse eine geeignete Methode zur Beschreibung der Flimmerempfindlichkeit ist, daß also das visuelle System in diesem Frequenzbereich wie ein lineares Tiefpaßfilter wirkt. Der Abszissenwert, bei dem die Modulationsempfindlichkeit 100% beträgt, ist gleich der normalen Flimmerverschmelzungsfrequenz.

Kelly verallgemeinerte das Konzept von de Lange (Kelly 1972). Wenn das visuelle System tatsächlich wie ein Tiefpaßfilter wirkt, sollte der Gleichlichtanteil (L_0 in 3.61) keinen Einfluß auf den Schwellenverlauf im oberen

Frequenzbereich haben. Voraussetzung dabei ist, daß man den Modulationsgrad in absoluten Einheiten der Helligkeit, am besten in Trolands angibt, indem man als Ordinate nicht m, sondern $m\,L_0$ aufträgt. Tatsächlich fallen dann die hochfrequenten Äste aller Kurven aus Fig. 3.21 zusammen.

Die Beobachtung der Flimmerverschmelzungsfrequenz ist eine sehr wichtige Methode für den Helligkeitsvergleich zwischen verschiedenfarbigen Lichtern. Dazu bedient man sich einer Anordnung, bei der ein Photometerfeld gegenphasig mit den beiden Lichtern geflimmert wird. Da die Flimmerverschmelzungsfrequenz für Farbunterschiede (Farbton, Sättigung) kleiner ist als diejenige für Helligkeitsunterschiede, verschmelzen bei ansteigender Flimmerfrequenz die beiden zu vergleichenden Farben eher als deren Helligkeiten. Daher ist es dann sehr einfach, das Helligkeitsflimmern des in der Mischfarbe flimmernden Feldes abzugleichen. Diese Methode liefert sehr gut reproduzierbare Ergebnisse, die aber teilweise signifikant von denen des in Absch. 3.2.3 erwähnten Direktvergleichs zwischen verschiedenen Farben abweichen.

Wie in Abschn. 3.1.5 erläutert wurde, ändert sich bei einer plötzlichen Erhöhung der mittleren Leuchtdichte L auch die Schwelle ΔL für die Wahrnehmung eines Leuchtdichteunterschiedes. Untersucht man den zeitlichen Verlauf von ΔL bei solch einem sprunghaften Anstieg von L genauer, erhält man merkwürdige Resultate. Das Experiment wird ausgeführt, indem man die Leuchtdichte eines Adaptationsfeldes durch Aufschalten einer Zusatzbeleuchtung in Bruchteilen einer Millisekunde erhöht. Der zeitliche Verlauf der Schwelle wird dadurch bestimmt, daß man in einem geeigneten Zeitinterval vor bzw. nach dem Einschaltzeitpunkt der Zusatzbeleuchtung zu verschiedenen Zeiten Testreize von kleiner Ausdehnung und ca. 0,3 ms Dauer dem Feld überlagert. Das Interessanteste an dem Ergebnis ist, daß der Anstieg von ΔL bereits ca. 150 ms vor dem Einschalten der Zusatzbeleuchtung beginnt (Hartmann 1968; Breitmeyer et al. 1981). Dies scheint auf den ersten Blick eine Verletzung des Kausalitätsprinzips zu sein. Die Erklärung dafür ist, daß ein Reiz im neuronalen System um so schneller verarbeitet wird, je stärker er ist. Der relativ starke Reiz der Zusatzbeleuchtung überholt dabei den schwachen, bereits vorher gegebenen Testreiz. Dieser Effekt wird als *Maskierung* oder genauer als *Metakontrast* bezeichnet. Es ist eine sehr wirkungsvolle Methode zur Untersuchung der zeitlichen Vorgänge bei der neuronalen Signalverarbeitung.

Die Abhängigkeit der Signalverarbeitungszeit von der Reizstärke ist auch die Ursache für das Phänomen des *Pulfrich-Pendels*. Dies ist ein gewöhnliches Fadenpendel, das in einer stirnparallelen Ebene schwingt und beidäugig beobachtet wird. Dabei wird vor ein Auge ein absorbierendes Graufilter gehalten, so daß das Pendel diesem Auge dunkler erscheint und die Empfindung etwas später ausgelöst wird als in dem anderen Auge. Ist z.B. das linke Auge abgedunkelt, und das Pendel schwingt von links nach rechts, so sieht das linke Auge das Pendel etwas später als das rechte, d.h. auf die gleiche Zeit bezogen läuft das linksäugige Pendelbild dem rechtsäugigen nach, wobei die Distanz geschwindigkeitsproportional ist. Dies entspricht einer zusätzlichen Disparität, die das Pendel in einer größeren Entfernung erscheinen läßt. Beim Zurückschwingen sind die Verhältnisse gerade umgekehrt. Der Beobachter sieht also das Pendel nicht in einer Ebene schwingen, sondern auf einer elliptischen Bahn.

Ähnlich wie das visuelle System eine gewisse Zeit benötigt, um die Sehempfindung aufzubauen, benötigt es eine gewisse Zeit, sie wieder abzubauen, d.h. die Empfindung endet nicht sofort mit dem Abschalten des Reizes. Die hierdurch hervorgerufenen Empfindungen werden als *Nachbilder* bezeichnet. Sie sind aus dem täglichen Leben gut bekannt. Wenn man z.B. in dunkeladaptiertem Zustand kurzzeitig in eine helle Lichtquelle blickt, etwa beim nächtlichen Autofahren in den Scheinwerfer eines entgegenkommenden Fahrzeuges, so kann das Nachbild der Blendungsquelle außerordentlich störend sein.

Von diesen Extremsituationen abgesehen, sind Nachbilder eine interessante und für die Aufklärung des Sehvorgangs nützliche Erscheinung. Nach dem Ausschalten eines Lichtreizes folgt zunächst ein dunkles Nachbild, anschließend wechseln sich helle und dunkle Nachbilder ab. Diese Folge dauert bei nicht zu hellen Lichtreizen 600–1000 ms. Eine bewegte Lichtquelle vor dunklem Hintergrund zieht bei peripherer Betrachtung einen „Kometenschweif" hinter sich her, der um so länger ist, je schneller die Bewegung der Lichtquelle ist. Macht man willkürliche Augenbewegungen, mit denen man eine Lichtquelle (z.B. eine Straßenlaterne) vor dunklem Hintergrund streift, so wird der Pfad der Augenbewegung durch ein hell leuchtendes Nachbildband sichtbar. Man erkennt dabei, daß horizontale Augenbewegungen sehr viel glatter verlaufen als vertikale oder schräge, wie dies aus der komplizierten Anordnung der Augenmuskeln gefolgert werden kann.

Nachbilder farbiger Lichter erscheinen in schwer überschaubarem Wechsel in der eigenen oder in der Gegenfarbe. Ein Wechsel von hellem zu dunklem Hintergrund oder umgekehrt läßt die Farbe des Nachbildes jeweils umschlagen.

3.4.2 Bewegungssehen

Bewegungssehen ist eine selbständige Sinnesempfindung wie das Farbensehen oder das räumliche Sehen. Diese Erkenntnis hat sich erst verhältnismäßig langsam durchgesetzt. Es wäre auch leicht denkbar, daß das Gehirn Bewegung und Geschwindigkeit aus Zeit- und Ortsdifferenzen berechnet. Bereits im vorigen Jahrhundert wurden Phänomene des *Bewegungsnacheffektes* beschrieben, aus denen hervorgeht, daß es eine Bewegungsempfindung geben kann, ohne daß dabei eine Ortsveränderung stattfindet. Hierüber wird später noch ausführlicher zu berichten sein. Weiterhin waren die *Scheinbewegungen* für das tiefere Verständnis der Bewegungsempfindung sehr wichtig. Hier handelt es sich um eine zeitliche Folge statischer optischer Reize, durch die eine Bewegungsempfindung ausgelöst wird, ohne daß eine echte Bewegung stattfindet. Heute ist dieses Phänomen durch Kino und Fernsehen jedem geläufig.

Schließlich muß in diesem Zusammenhang erwähnt werden, daß in der Entwicklungsgeschichte der Arten das Bewegungssehen vor der Fähigkeit zur Mustererkennung bei statischen Bildern entstanden ist. Beispielsweise kann ein Frosch eine Fliege als Beuteobjekt nur erkennen, wenn diese sich bewegt.

Das Bewegungssehen spielt für die visuelle Erfassung unserer Umwelt eine zentrale Rolle. Verschiedene Aspekte sind hierbei wichtig, die im folgenden näher erklärt werden.

1. Orientierung in der Umwelt, Objekt- und Eigenbewegung
2. Blickfolgebewegungen
3. Scheinbewegungen
4. Bewegungsnacheffekt
5. Formerkennung aus Bewegung

Orientierung in der Umwelt, Objekt- und Eigenbewegung. Das Bewegungssehen ist wohl die wichtigste Informationsquelle für einen sich bewegenden Menschen über seine Bewegung relativ zur Umgebung. Dies gilt sowohl für eine selbständige körperliche Eigenbewegung als auch für eine Fortbewegung mit mechanischen Hilfsmitteln (z.B. im Auto). Der Anteil der motorischen Efferenzen an der Bewegungsempfindung darf aber nicht übersehen werden. Der gesamte sensorische optische Reiz einer sich bewegenden Umgebung wird als *optischer Fluß (optical flow)* bezeichnet. Durch moderne Panoramaprojektionen von Filmen aus Flugzeugen oder schnell fahrenden Autos kann das Gleichgewichtsgefühl bei vielen Personen stark gestört werden. Dies bedeutet, daß der optische Bewegungseindruck mit dem Gleichgewichtsorgan im Innenohr und den Propriozeptoren in den Muskeln und Gelenken in Konflikt stehen kann. Bekannt ist auch die optische Komponente der Seekrankheit. Dies ist eine Auswirkung des in Abschn. 2.2.4 erwähnten vestibular-okulomotorischen Reflexes.

Wie in Abschn. 4.4.1 näher erklärt wird, gibt es bei eigenen Augen- oder Körperbewegungen eine Kompensation der dabei entstehenden Bewegung des Netzhautbildes, so daß die Empfindung einer stabilen Umgebung erhalten bleibt. Dies ist nur richtig, wenn man sich in einer stationären Umgebung befindet. Wenn es sich um eine bewegte Umgebung bei gleichzeitiger Eigenbewegung handelt, ist diese Kompensation nicht vollständig und daher auch nicht zuverlässig. Besonders deutlich ist dies, wenn sich in einer stationären Umgebung zwei optische Objekte in verschiedenen Richtungen bewegen. Verfolgt man eines der beiden Objekte visuell durch Augen- oder Kopfbewegungen, so entsteht ein bewegtes Netzhautbild der stationären Umgebung. Die wahrgenommene Bewegungsrichtung des zweiten Objektes ist dann in Richtung auf die Bewegung des ersten verschoben (Svanston u. Wade 1988).

Zu Fehleinschätzungen der Bewegung kommt es auch, wenn man aus einem fahrenden Auto ein vorausfahrendes Fahrzeug beobachtet. Eine umfangreiche Analyse von Auffahrunfällen hat ergeben, daß 50% dieser Unfälle bei einer relativen Geschwindigkeitsdifferenz von nur 19 km/h geschehen (HUK-

Association 1975). Solche Unfälle entstehen dadurch, daß bei kleinen Geschwindigkeitsdifferenzen die Reaktionszeiten für die Wahrnehmung einer Änderung im Abstand der betroffenen Fahrzeuge länger sind, als gewöhnlich angenommen wird. Dies ist auch in Laborversuchen nachgewiesen worden (Probst et al. 1987).

Wie bereits in Abschn. 2.2.4 berichtet wurde, sind unwillkürliche oder willkürliche Augenbewegungen für das Sehen unbedingt erforderlich. Bei einem stabilisierten Netzhautbild, bei dem die Augenbewegungen auf die eine oder andere Methode unwirksam gemacht werden, bleicht der normale Seheindruck in wenigen Sekunden aus. Als Erklärung hierfür wird angenommen, daß unter dieser Bedingung durch die Lokaladaptation die Empfindlichkeiten der einzelnen Netzhautbereiche den Unterschieden in Farbe und Helligkeit weitgehend angepaßt werden. Erst bei einer sehr starken Erhöhung des Kontrastes werden diese Unterschiede so weit sichtbar gemacht, daß sie bei einer weiteren Lokaladaptation nicht wieder verschwinden.

Diese Annahme wird insbesondere durch Experimente von *Kelly* (1979) gestützt. Er entwickelte eine Methode zur sehr genauen Stabilisierung des Netzhautbildes, mit der die Stabilisierung auch über längere Zeiten aufrecht erhalten werden kann. Es wurden zunächst stationäre Sinusgitter als Testreize verwendet. Wird nach der Adaptation von ca. 10 s an ein Hochkontrast-Gitter der Kontrast des Gitters plötzlich auf null gesetzt, so beobachtet die Versuchsperson ein kontrastreiches Gitter mit einer Phasenverschiebung von 180°. Diese Wahrnehmung wird offensichtlich durch während der Adaptation entstandene unterschiedliche Empfindlichkeiten der betreffenden Netzhautbereiche hervorgerufen.

Nach diesen Experimenten wurden unter den eben beschriebenen Stabilisierungsbedingungen bewegte Gitter dargeboten, und es wurde die Kontrastempfindlichkeit gemessen.

Das Maximum der Empfindlichkeit tritt bei einer Ortsfrequenz auf, die umgekehrt proportional zur Geschwindigkeit der bewegten Gitter ist. Bei Geschwindigkeiten, die denen der normalen unbewußten Driftbewegungen des Auges entsprechen, hat die Empfindlichkeit als Funktion der Ortsfrequenz den gleichen Verlauf wie die entsprechende Kurve, die für stationäre Gitter ohne Stabilisierung gemessen wird. Daraus kann geschlossen werden, daß die unbewußten Driftbewegungen des Auges im wesentlichen den Verlauf der Empfindlichkeitskurve bestimmen.

Blickfolgebewegungen. Abgesehen von den unbewußten kleinen Driftbewegungen (und einigen sehr speziellen Ausnahmen) treten kontinuierliche Augenbewegungen nur bei der visuellen Verfolgung eines sich kontinuierlich bewegenden Objektes, einer Blickfolgebewegung, auf. Unter „kontinuierlichen Objektbewegungen" sind dabei auch die oben erwähnten und später noch ausführlicher zu besprechenden Scheinbewegungen zu verstehen.

Umgekehrt sind solche Blickfolgebewegungen nahezu unvermeidlich. Gibt es im freigegebenen Gesichtsfeld nur eine sich systematisch bewegende Konfiguration, z.B. ein bewegtes Gitter, so ist es für einen Beobachter nahezu unvermeidlich, dieser Bewegung mit den Augen zu folgen. Es entsteht dadurch auch der bereits in Abschn. 2.4 erwähnte Nystagmus.

Obwohl Objekt- und Blickfolgebewegungen offensichtlich eng gekoppelt sind, ist der quantitative Zusammenhang sehr unübersichtlich. Eine Vorinformation des Beobachters über Beginn, Geschwindigkeit, Richtung oder Dauer einer Bewegung verbessert die Übereinstimmung zwischen Objekt- und Augenbewegung sehr stark, bei einer vermeintlichen, tatsächlich aber falschen Vorinformation tritt das Gegenteil ein. Besonders problematisch ist das visuelle Erfassen einer beginnenden Bewegung, denn die Latenzzeit für den Beginn einer Augenbewegung nach dem Beginn einer Objektbewegung beträgt ca. 100–200 ms. Sehr aufschlußreich hierfür ist folgendes Experiment (Stark 1968). Man stellt auf einem Beobachtungsschirm ein kleines helles Objekt dar, und die Versuchsperson hat die Aufgabe, dieses Objekt nach Möglichkeit ununterbrochen zu fixieren. Das Objekt ist anfangs stationär, springt aber zu einem der Versuchsperson nicht bekannten Zeitpunkt plötzlich 10° seitwärts und nach 50 ms wieder zurück. Die Versuchsperson folgt der Sprungbewegung 200 ms nach deren Beginn, also zu einem Zeitpunkt, an dem das Testsignal längst wieder in die Ausgangsposition zurückgekehrt ist, mit einer Sakkade. Nach weiteren 200 ms kehren dann auch die Augen mittels einer Sakkade wieder in die alte Position zurück.

Vor diesem Hintergrund ist es verständlich, daß beim Auffassen einer kontinuierlichen Bewegung zunächst Abweichungen zwischen Objektposition und Augenstellung entstehen. Es bedarf einer oder mehrerer Sakkaden, um die richtige Fixation und die richtige Geschwindigkeit der Augenbewegung einzustellen, wobei 400–800 ms vergehen. Zur Lösung dieser Sehaufgabe bedarf es offensichtlich eines Zusammenwirkens von Sakkaden und kontinuierlichen Augenbewegungen in einem Regelsystem (Stark 1968). Auch während der weiteren kontinuierlichen Verfolgung eines mit konstanter Geschwindigkeit bewegten Objektes treten momentane Fehler zwischen den Geschwindigkeiten des Objektes und der Augenbewegung von 50′/s bis 80′/s auf (Kowler u. McKee 1987).

Der Zusammenhang zwischen Objekt- und Blickfolgebewegung ist außerdem von weiteren subjektiven Einflüssen wie bewußter Anstrengung, Übung und gezielter Aufmerksamkeit abhängig. Weiterhin spielt auch die Struktur des bewegten optischen Objektes eine Rolle (Buizza u. Schmid 1986).

Einen überraschenden Verlauf zeigt die Sehschärfe für bewegte Testreize, die *dynamische Sehschärfe* in Abhängigkeit von der Geschwindigkeit der Bewegung. Bei langsamen Bewegungen im Bereich um 2°/s ist die dynamische Sehschärfe gegenüber der statischen deutlich erhöht. Der Betrag der Erhöhung hat große interindividuelle Schwankungen und kann bis zu 110% der statischen Sehschärfe betragen. Bei größeren Geschwindigkeiten sinkt die dynamische Sehschärfe unter die statische (Schober et al. 1967). Die Ursache für dieses Phänomen wird darin gesehen, daß bei langsamen Bewegungen der kontrastmindernde Einfluß der Lokaladaptation stärker als durch die natürlichen Augenbewegungen verringert wird.

Bei der Lokalisierung kurzzeitig sichtbarer stationärer Objekte während einer Blickfolgebewegung treten Fehler auf, die bereits sehr frühzeitig erkannt wurden (Hazelhoff u. Wiersma 1924). Wird während einer Blickfolgebewegung kurzzeitig ein kleines stationäres Objekt dargeboten, so geben die Beobachter für dieses Objekt eine Position an, die in Richtung der Augenbewegung verschoben ist und zwar um so mehr, je schwächer der Kontrast des stationären Objektes ist. Für dieses Phänomen wurde zunächst die Latenzzeit zwischen Reiz und Empfindung verantwortlich gemacht. Während dieser Latenzzeit hat sich das Auge schon weiter bewegt, und man sieht den stationären Reiz dann an dieser Stelle. Neuere Untersuchungen zu diesem Phänomen (Mateeff et al. 1982) haben gezeigt, daß derartige Fehlpositionierungen auch entstehen, wenn ein stationäres Objekt vor einem bewegten, strukturierten Hintergrund dargeboten wird. Es scheint daher, daß die Augenbewegungen nichts mit diesem Phänomen zu tun haben, sondern daß zur Erklärung Vorgänge bei der visuellen Signalverarbeitung herangezogen werden müssen.

Neben Punkten, Balken und Sinusgittern spielen als Testreize für die Erforschung des Bewegungssehens vor allem statistische Punktmuster (*random dot patterns*) eine große Rolle. Sie werden zur Induzierung von Scheinbewegungen verwendet, indem per Computer auf einem Bildschirm in geeignetem Zeittakt (z.B. 30 Hz) eine Serie von Mustern erzeugt wird, die beim Beobachter einen kontinuierlichen Bewegungseindruck hervorrufen. Einer der wesentlichen Vorteile dieser Muster ist, daß sie keine deutlich unterscheidbare Gestalt haben. Bei Einzelobjekten, wie z.B. Punkten, Balken oder Gittern besteht immer die Schwierigkeit, das reine Bewegungssehen zuverlässig von Informationen, die aus Orts- und Zeitdifferenzen abgeleitet sein könnten, zu trennen. Mit Hilfe der statistischen Punktmuster sind bereits zahlreiche neue Erkenntnisse gewonnen worden, von denen einige noch im folgenden Kapitel erwähnt werden. An dieser Stelle soll nur ein Experiment, das die Genauigkeit der Richtungswahrnehmung einer Bewegung betrifft, angeführt werden.

Es ist eine in der Psychophysik gebräuchliche Methode, die Frequenzcharakteristik eines sensorischen Kanals dadurch zu untersuchen, daß man dem Signal ein auf ein geeignetes Frequenzband reduziertes Rauschen überlagert. Die statistischen Punktmuster bieten die Möglichkeit, dynamisches, also zeitlich und örtlich variables Rauschen zu erzeugen und es zeitlich und örtlich, auch nach Bewegungsrichtungen getrennt, zu filtern. Ein mit Hilfe von statistischen Punktmustern erzeugtes Breitbandrauschen kann das Bewegungssehen maskieren. Bietet man einer Versuchsperson ein solches Rauschen dar und hinterher ein in einer bestimmten Richtung bewegtes Punktmuster, so ist die Reaktionszeit für die Erkennung der Bewegung deutlich erhöht (Ball u. Sekuler 1979). Entfernt man jedoch aus dem Breitbandrauschen einen Winkelbereich um die Bewegungsrichtung des Testmusters, so geht die Erhöhung

der Reaktionszeit zurück. Der Rückgang ist um so größer, je größer dieser
Winkelbereich ist. Dabei gibt es eine *deutliche kritische Bandbreite*, die für
die einzelnen Beobachter unterschiedlich sein kann. Diese Unterschiede sind
möglicherweise durch Übung und Erfahrung bei derartigen Beobachtungen
bedingt (Ball u. Sekuler 1979). Das Konzept der kritischen Bandbreite wurde in der Audiologie bereits 1940 von *Fletscher*[6] eingeführt.

Scheinbewegungen. Hier werden die Bedingungen, unter denen Scheinbewegungen beobachtet werden, und weitere Einzelheiten besprochen.

Ein Bewegungsablauf kann nur dadurch dokumentiert und später wiedergegeben werden, daß man ihn zeitlich abtastet, also eine Serie von Einzelbildern registriert. Die zeitgerechte Wiedergabe dieser Einzelbilder löst eine
Bewegungsempfindung aus, die auf der Basis des zweidimensionalen örtlich-
zeitlichen Fourierspektrums des Bewegungsablaufes verstanden werden kann,
wenn man die Übertragungseigenschaften des Gesichtssinnes berücksichtigt.
Beim Abtasten eines Bewegungsablaufes enstehen neben dem zeitlichen Fou-
rierspektrum der Bewegung Seitenbänder. Das Abtast-Theorem von Shannon
(Shannon 1949; Shannon u. Weaver 1949) gibt darüber nähere Auskunft. Die
zeitliche Abtastfrequenz muß daher so gewählt werden, daß einerseits das
Frequenzband des Bewegungsablaufes möglichst vollständig wiedergegeben
wird und andererseits die Seitenbänder durch den Abfall der zeitlichen Übertragungsfunktion des visuellen Systems bei hohen Frequenzen abgeschnitten
werden. Außerdem dürfen auch die örtlichen Abstände der Objekte in zwei
aufeinanderfolgenden Abtastbildern nicht zu groß sein, wenn die Empfindung
einer kontinuierlichen Bewegung entstehen soll.

Experimentell wurden die Grenzen der örtlichen und zeitlichen Abtastin-
tervalle für die Erzeugung einer kontinuierlichen Bewegungsempfindung an
bewegten Sinusgittern und Wellenpaketen untersucht (Burr et al. 1986). Die
Schwelle für die Abtastfrequenz zur Erzeugung einer kontinuierlichen Bewegungsempfindung steigt mit der Zeitfrequenz der Bewegung und in geringerem Maße mit dem Kontrast des Testreizes und invers zur Ortsfrequenz der
Gitter (bei gleicher Zeitfrequenz). Die maximale örtliche Schrittweite, die zur
Erzeugung einer Scheinbewegung zulässig ist, hängt von der Ortsfrequenz
der Gitter ab. Für Gitter von 20 Perioden/Grad beträgt sie 20 Bogensekun-
den, für Gitter mit 0,06 Perioden/Grad beträgt sie dagegen 6 Grad. Zusam-
menfassend kann man sagen, daß eine kontinuierliche Bewegungsempfindung
entsteht, wenn die Abtastfrequenz oberhalb der durch das Abtasttheorem
gegebenen Grenzfrequenz nach Nyquist liegt.

Damit eine Folge von statisch dargebotenen optischen Strukturen die
Empfindung einer Bewegung erzeugt, müssen die aufeinanderfolgenden Strukturen gewisse Bedingungen erfüllen, sie müssen miteinander *korrespondieren.*

---

[6] zitiert in Strohmeyer III und Julesz, J. Opt. Soc. Am. **62**, 1221 (1972): H.Fletscher,
W.A. Munson, J. Acoust. Soc. Am. **9**,1 (1937); H.Fletscher, Rev. Mod. Phys. **12**,
47 (1940)

Es ist jedoch nicht einfach, diese Korrespondenz durch einfache Bildparameter zu definieren. Wird in einem statischen Bild jeweils nur eine einfache geometrische Figur dargeboten, so spielt die Ähnlichkeit der aufeinanderfolgenden Figuren nur eine untergeordnete Rolle für die Erzeugung einer Korrespondenz. Wenn die Strukturen, die aufeinanderfolgen, jeweils aus mehreren Objekten bestehen, werden diejenigen Objekte miteinander durch eine Scheinbewegung verbunden, bei denen eine geometrische Ähnlichkeit besteht. Die einzelnen Strukturparameter wurden auf ihre Bedeutung für die Erzeugung von Korrespondenz an Gaborfunktionen untersucht (Green 1986). Dabei wurden Ortsfrequenz, Orientierung und Phase variiert. Es zeigte sich, daß die Ortsfrequenz die entscheidende Rolle für die Erzeugung von Korrespondenz spielt. Auch die Orientierung ist von Einfluß, jedoch in geringerem Maße. Die Phase hat keinen Einfluß auf die Korrespondenz.

Auch Farbe ist ein wichtiges Merkmal zur Erzeugung einer Scheinbewegung. Sie dominiert über das Orientierungsmerkmal, denn die Scheinbewegung folgt eher der Farbe als der Orientierung von Streifenmustern. Die Stärke der Bewegungsempfindung ist bei verschiedenen Leuchtdichten und Farben der Testreize in unterschiedlicher Weise von der örtlichen Schrittweite bzw. der Geschwindigkeit abhängig. Daraus kann geschlossen werden, daß es verschiedene Kanäle für die Induzierung einer Scheinbewegung gibt, die auf der Helligkeit, der Farbe und einer Kombination von Helligkeit und Farbe beruhen (Gorea u. Papathomas 1989).

Aus verschiedenen Experimenten wird geschlossen, daß es zwei verschiedene Mechanismen im visuellen System zur Analyse von Bewegungsabläufen gibt. Als erstes ist hier ein Mechanismus mit kurzer Reichweite (*short range process*) zu nennen, der Bewegungsinformation aus lokalen örtlich-zeitlichen Veränderungen im Netzhautbild extrahiert, ohne daß dabei die Identität oder Ähnlichkeit von Strukturen eine Rolle spielt (Braddick 1974). Ein zweiter Mechanismus hat eine längere Reichweite, wobei zunächst eine Analyse der Bildstruktur, also eine Prüfung der Korrespondenz vor der Extraktion der Bewegungsinformation erfolgt (Anstis 1980).

Diese beiden Mechanismen machen sich auch bei Scheinbewegungen bemerkbar. Besonders interessante Teststrukturen sind Rechteckgitter, aus denen die Grundfrequenz herausgefiltert ist. Die dominierende Komponente ist dabei die dritte Oberwelle. Bei einer Phasenverschiebung der (fehlenden) Grundwelle von 90° erfährt die dritte Oberwelle eine Verschiebung von 270°, das einer Verschiebung von 90° in der Gegenrichtung entspricht. Tastet man diese Wellenform in einem Takt von viermal pro Periode ab, so beobachtet man bei monokularer Betrachtung eine Scheinbewegung in der Gegenrichtung. Führt man dagegen eine binokulare Bildtrennung durch und bietet die aufeinander folgenden Momentanbilder abwechselnd dem linken und dem rechten Auge dar, so beobachtet man keinen Wechsel der Bewegungsrichtung (Georgeson u. Shackleton 1989). Aus diesem und weiteren Experimenten wird geschlossen, daß bei monokularer Betrachtung nur der Mechanismus mit kurzer Reichweite aktiv ist. Dies ist auch der Mechanismus, der unempfindlich für die Bewegungsrichtung ist. Bei beidäugiger Betrachtung ist zusätzlich der Mechanismus mit langer Reichweite aktiv, es wird die durch die höheren Oberwellen bestimmte Gitterstruktur und dadurch auch die Bewegungsrichtung erkannt.

Der Gesichtssinn kann auch an eine Scheinbewegung adaptieren. Beispielsweise kann eine Scheinbewegung enstehen, wenn man einen leuchtenden Punkt betrachtet, der periodisch zwischen zwei Positionen hin und her springt. Nach längerer Betrachtung löst sich die Scheinbewegung in eine Flimmerempfindung auf. Der Effekt ist abhängig vom Abstand der Positionen und der Wechselfrequenz (Anstis u. Giaschi 1985).

Bewegungsnacheffekt. Betrachtet man längere Zeit eine bewegte Struktur, z.B. einen schnell fließenden Fluß oder einen Wasserfall und blickt anschließend auf eine ruhende Struktur, so scheint sich letztere in der entgegengesetzten Richtung zu bewegen. Diese Beobachtung hat schon Aristoteles gemacht (zitiert von Buckingham u. Freier 1985).

Zur Charakterisierung des Bewegungsnacheffektes werden bevorzugt die Anfangsgeschwindigkeit und die Abklingdauer herangezogen. Die Abklingdauer des Nacheffektes steigt proportional zur vorangegangenen Beobachtungsdauer. Wenn letztere von 0,5 bis 15 min variiert wird, steigt die Gesamtdauer des Nacheffektes in einem konkreten Beispiel (vertikal bewegte Rechteckgitter von $2,5$ Perioden/Grad, Geschwindigkeit $2,4$ Grad/s entsprechend einer Zeitfrequenz von 6 Hz) von 15 bis 62 s an (Hershenson 1989). Zur Messung der illusionären Empfindung der Geschwindigkeit des Testreizes nach der Adaptation an die Bewegung kann man eine Kompensationsmethode benutzen. Die Versuchsperson kann die tatsächliche Bewegungsgeschwindigkeit des Testreizes z.B. auf einem Bildschirm so einstellen, daß sich insgesamt ein stehendes Bild ergibt. Die auf diese Weise gemessene Geschwindigkeit des Nacheffektes nimmt bei konstantem Adaptationsreiz mit zunehmender Exzentrizität des betroffenen Netzhautbereiches zu. Die Zunahme ist proportional zu dem neuronalen Vergrößerungsfaktor, der die mit zunehmender Exzentrizität zunehmende Größe der rezeptiven Felder berücksichtigt. Von der Netzhautexzentrizität abgesehen, bestimmt hauptsächlich die zeitliche Frequenz des Adaptationsgitters den Nacheffekt. Die Ortsfrequenz spielt dabei kaum eine Rolle (Wright u. Johnston 1985).

Die erwähnten Zusammenhänge sind vor allem deswegen interessant, weil sie Hinweise auf die neuronale Signalverarbeitung geben. Da für den Nacheffekt sowohl Form als auch Bewegung eine Rolle spielen, sind die Zusamenhänge hier besonders interessant. Hierauf wird im nächsten Kapitel noch näher eingegangen.

Formerkennung aus Bewegung. Es ist eine tägliche Erfahrung, daß Bewegung das Formensehen unterstützt. Ein statisches Kino- oder Fernsehbild, das in aller Regel zweidimensional ist, aber dreidimensionale Objekte darstellt, ist häufig schwer zu interpretieren. Bewegen sich diese Objekte aber, so sind sie normalerweise leicht zu identifizieren. Auch eine Eigenbewegung ist für die Erkennung der dreidimensionalen Umwelt sehr hilfreich. Dies wird besonders deutlich beim Blick aus dem Fenster eines fahrenden Eisenbahnzuges oder Autos. Dadurch, daß näher gelegene Objekte die weiter hinten gelegenen verdecken können und daß diese Verdeckung bei der Eigenbewegung wechselt, wird die dreidimensionale Struktur deutlich. Eigene Kopf oder Körperbewegungen werden oft bewußt oder unbewußt ausgeführt, weil sie einer besseren Erkennung der dreidimensionalen Struktur dienlich sind. Bekannt ist, daß die Oberflächenstruktur eines verschneiten Geländes bei diffuser Beleuchtung (dichte Bewölkung) nur schwer zu erkennen ist. Die Erkennbarkeit wird aber durch eine schnelle Bewegung, z.B. beim Skilaufen, sehr verbessert.

Die Mechanismen und Rechenoperationen, deren sich das visuelle System bedient, um aus einer zeitlichen Folge von zweidimensionalen Projektionen dreidimensionaler Objekte die dreidimensionale Struktur zu rekonstruieren, sind noch keineswegs völlig aufgeklärt. Man bemüht sich daher, mit verschiedenen Modellen diese Mechanismen zu identifizieren, indem man die Leistungen dieser Modelle mit den Leistungen des Gesichtssinnes vergleicht. Die Modelle sind teilweise auf Computern implementiert worden, dies nicht nur, um ihre Leistungen praktisch zu erproben, sondern weil die Ermittlung einer dreidimensionalen Struktur aus einer Serie zweidimensionaler Bilder mit Hilfe eines Computers ein offensichtliches technisches Interesse besitzt.

Bei diesem Vorgehen stößt man auf einige Schwierigkeiten. Zunächst ist nicht völlig geklärt, wie eine Bewegung im visuellen System überhaupt registriert und verarbeitet wird. Ferner kommen für die Ermittlung der dreidimensionalen Gestalt rein logisch verschiedene Möglichkeiten in Betracht. Schließlich sind auch die praktischen Erfahrungen mit den implementierten Computerprogrammen zu bewerten.

Die Modelle, die zur Ermittlung der dreidimensionalen Gestalt aus zweidimensionalen Bildern vorgeschlagen worden sind, kann man in zwei Klassen einteilen (Dosher et al. 1989): Modelle, die Bildmerkmale von einem Bild zum anderen verfolgen und deren Korrespondenz analysieren, und Modelle, die die Gesamtheit des optischen Fluß- oder Strömungsfeldes betrachten.

Bei den Modellen zur Korrespondenzanalyse von Bildmerkmalen und deren Computer-Implementierungen werden ausgewählte Merkmale des bewegten Objektes, z.B. Ecken, Kanten, Glanzlichter, von Bild zu Bild verfolgt. Für eine eindeutige Rekonstruktion der dreidimensionalen Form des Objektes reichen die dabei gewonnenen Informationen in der Regel nicht aus, so daß zusätzliche Annahmen über das Objekt gemacht werden müssen. Sehr häufig wird die Starrheitshypothese benutzt, also die Annahme, daß es sich um einen starren, nicht deformierbaren Körper handelt. Diese Voraussetzung ist in der Praxis nur verhältnismäßig selten erfüllt. Das visuelle System kann nicht nach diesem Prinzip arbeiten, da es normalerweise keine Mühe hat, bei einer Kino- oder Fernsehvorführung die dreidimensionale Gestalt sich bewegender Personen zu erkennen.

Bei den Strömungsfeldmodellen leitet man die dreidimensionale Struktur aus den lokalen Geschwindigkeiten im Strömungsfeld ab. Das Strömungsfeld wird aus den momentanen Geschwindigkeiten vieler einzelner Punkte oder anderer Merkmale, die dicht über die Oberfläche des Objektes verteilt sind und über eine begrenzte Zeit verfolgt werden, berechnet. Die örtlich-zeitliche Verteilung der Geschwindigkeiten im Strömungsfeld läßt auf den Abstand der einzelnen Merkmale vom Beobachter und ihre Bewegungsrichtungen schließen, woraus sich die Gestalt des Objektes ermitteln läßt.

Modelle bzw. ihre Computer-Implementationen, die auf solchen Geschwindigkeitsinformationen beruhen, bewähren sich in der Praxis nicht besonders gut. Es handelt sich hier um ein inverses mathematisches Problem, bei dem die Lösungen sehr kritisch von den Eingangsdaten abhängen. Da diese naturgemäß durch Meßfehler und überlagertes Rauschen nur eine begrenzte Genauigkeit haben, sind die Ergebnisse der Computerprogramme häufig instabil. Eine genaue Analyse dessen, was Informationen aus dem optischen Strömungsfeld wirklich aussagen können und welche Genauigkeiten dafür erforderlich sind, ist daher sehr wichtig (Koenderink u. van Doorn 1987).

Eine wesentliche Rolle für die Modellierung von Mechanismen zur Extraktion und Verarbeitung von Geschwindigkeitsinformation spielt natürlich die Frage, wie die Geschwindigkeitsdetektoren im visuellen System organisiert sind. Ein erstes Modell für eine solche Geschwindigkeitsdetektion wurde von Reichardt vorgeschlagen (Reichardt 1957). Dieses Modell basiert auf Experimenten an Insekten, hat aber wohl allgemeinere Bedeutung und ist in der einen oder anderen Modifikation auch in späteren Arbeiten verwendet worden. Wesentlich ist eine Verallgemeinerung zu einem „vervollständigten Reichardt-Detektor" (van Santen u. Sperling 1985). Die Vervollständigung bezieht sich darauf, daß der ursprüngliche Reichardt-Detektor nur die zeitliche Signalvariation an zwei örtlich getrennten Netzhautstellen korrelierte, während beim vervollständigten Detektor ein Array von rezeptiven Feldern berücksichtigt. Die Funktionsweise des vervollständigten Reichardt-Detektors wird an Hand von Fig. 3.22 erläutert.

Die Bildleuchtdichte $L(x, t)$ wird von einem linearen Raster linearer Ortsfrequenzfilter OF abgetastet. Die gefilterten Signale werden kreuzweise miteinander multipliziert und die Produkte zeitlich integriert (ZI), wodurch ein Korrelationssignal von beiden Signalen entsteht. Im einfachsten Fall bewirkt das Filter ZF eine Totzeitverschiebung zwischen den beiden Signalen. Eine Differenzschaltung für die beiden Korrelationssignale ermöglicht die Unterscheidung zwischen den beiden Bewegungsrichtungen. Man muß für das visuelle System Arrays solcher Detektoren mit verschiedenen Orientierungen, verschieden großen rezeptiven Feldern und verschiedenen Verzögerungszeiten annehmen. Man kann aber komplexe Helligkeitsstrukturen angeben, deren

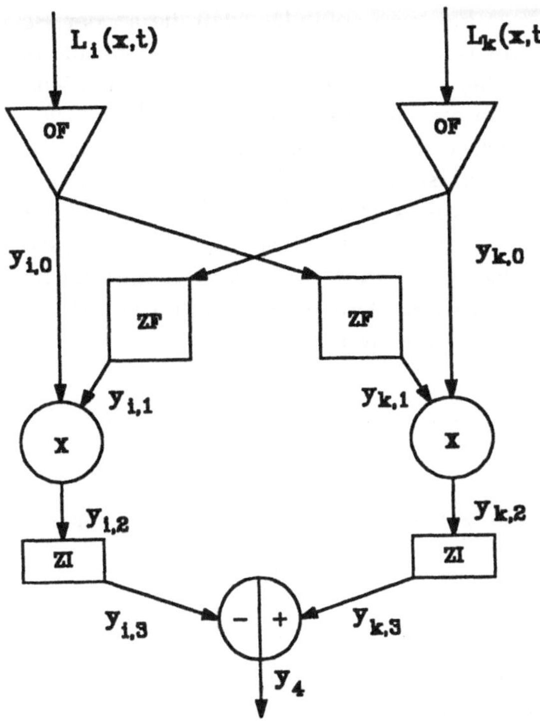

Fig. 3.22. Schema des vervollständigten Reichardt-Detektors (nach van Santen und Sperling 1985). Ein Leuchtdichteprofil $L(x,t)$ wird von einem Raster linearer Ortsfrequenzfilter (OF) mit Schwerpunkten $1, .., i, ..., k, ...$ abgetastet. Eingangssignale: $L_i(x,t)$, $L_k(x,t)$, Ausgangssignale: $y_{i,0}, y_{k,0}$. Über ein zeitinvariantes Filter – im einfachsten Fall eine Totzeitstrecke – werden die Signale kreuzweise gekoppelt, multipliziert und zeitlich integriert (ZI). Diese Korrelationssignale $y_{i,3}, y_{k,3}$ werden durch Differenzbildung miteinander verglichen

Bewegung von diesen linearen Detektoren nicht „gesehen" wird. Zur Lösung dieses Problems sind Detektoren zweiter Ordnung erforderlich (s. Dosher et al. 1989).

Zur Analyse der zweidimensionalen Bewegungsrichtung komplexer Strukturen ist die Verarbeitung der Signale vieler Detektoren mit unterschiedlichen Orientierungen erforderlich. Bei der kooperativen Verarbeitung paralleler Signalkanäle kann zum Aufbau einer stabilen Wahrnehmung einige Zeit erforderlich sein. Bei einem Wechsel der Bewegungsstruktur zeigt dieser Wahrnehmungszustand eine gewisse Stabilität gegen eine Veränderung. Daher sollten bei einem solchen Wechsel Hysterese-Effekte zu beobachten sein. Dies ist tatsächlich bei der Beobachtung wechselnder Bewegungsstrukturen statistischer Punktmuster gefunden worden (Williams et al. 1986; Williams u. Phillips 1987). Im Zusammenhang mit der Analyse der Bewegungsrichtung muß das *Aperturproblem* (Nakayama 1985; Nakayama u. Silverman 1988) erwähnt werden. Wandert eine helle (oder dunkle) Linie über ein rezeptives Feld mit rotationssymmetrischer Empfindlichkeitsstruktur, so ist das Signal des Feldes von der Orientierung der Linie unabhängig. Der beschriebene Bewegungsdetektor würde eine solche Linie in allen Orientierungen (außer der Orientierung, die die beiden beteiligten rezeptiven Felder verbindet) erkennen, wenn auch mit verschiedenen scheinbaren Geschwindigkeiten.

Auf neurophysiologischem Wege hat man gefunden, daß die an der Bewegungsdetektion beteiligten rezeptiven Felder eine elliptische Struktur haben. Dies bedeutet, daß z.B. eine Linie, die über das Feld wandert, bei jeder Orientierung ein Signal erzeugt, daß die Signalstärken aber von der Orientierung abhängen. Ferner zeigte sich, daß sowohl bei Insekten als auch bei Wirbeltieren nur zwei verschiedene Klassen von solchen rezeptiven Feldern gefunden werden, deren Orientierungen senkrecht aufeinander stehen. Es gibt aber Algorithmen, die in der Lage sind, aus den Signalen solcher Detektoren die tatsächliche Bewegungsrichtung zu ermitteln, und zwar mit gleicher Genauigkeit für alle Richtungen (van Hateren 1990). Derartige Algorithmen könnten auch im Zentralnervensystem ausgeführt werden.

Literatur zu Kapitel 3

Abney W (1913) Researches in colour vision and trichromatic theory. Longmans Green, London

Anstis SM (1980) The perception of apparent movement. Phil Trans Roy Soc London B 290:153–168, 1980

Anstis S, Giaschi D (1985) Adaptation to apparent motion. Vision Res 25:1051–1062

Ball K, Sekuler R (1979) Masking of motion by broadband and filtered directional noise. Percept & Psychophys 26:206–214

Baumgardt E (1972) Threshold quantal problems. In: Jameson D, Hurvich L (eds) Visual psychophysics. Springer, Berlin Heidelberg New York (Handbook of sensory physiology, vol VII/4:29–55)

Blakemore C, Campbell FW (1969) Adaptation to spatial stimuli. J Physiol 200:11-13

Blackwell HR (1946) Contrast thresholds of the human eye. J Opt Soc Am 36:624–643

Bornschein H, Hanitzsch R (1978) Die Netzhaut. In: Gauer DH, Kramer K, Jung R (Hrsg) Sehen, Physiologie des Menschen. Urban & Schwarzenberg, München (Bd 13)

Bouma PJ (1951) Farbe und Farbwahrnehmung. Philips Gloeilampenfabrieken, Eindhoven

Braddick OJ (1974) A short-range process in apparent movement. Vision Res 14:519–527

Breitmeyer B, Levi DM, Harwerth RS (1981) Flicker masking in spatial vision. Vision Res 21:1377–1385

Buckingham T, Freier B (1985) The influence of adapting velocity and luminance on the movement after-effect. Ophthal Physiol Opt 5:117–124

Buizza A, Schmid R (1986) Velocity characteristics of smooth pursuit eye movements to different patterns of target motion. Exp Brain Res 63:395–401

Burr DC, Ross J, Morrone MC (1986) Smooth and sampled motion. Vision Res 26:643–652

Campbell FW, Green DG (1965) Optical and retinal factors affecting visual resolution. J Physiol 181:576–593

Campbell FW, Robson JG (1968) Application of Fourier analysis to the visibility of gratings. J Physiol 197:551–566

Crawford BH (1947) Visual adaptation in relation to brief conditioning stimuli. Proc Roy Soc B 134:283–302

Daugman JG (1985) Uncertainty relation for resolution in space, spatial frequency and orientation optimized by twodimensional cortical filters. J Opt Soc Am A 2:1160–1169

de Lange H (1958) Research into the dynamic nature of the human fovea - cortex system with intermittent and modulated light. J Opt Soc Am 44:777–789

Dosher BA, Landy MS, Sperling G (1989) Kinetic depth effect and optic flow I:3D shape from Fourier motion. Vision Res 29:1789–1813

Exner F (1920) Zur Kenntnis der Grundempfindungen im Helmholtzschen Farbensystem. S-B Akad Wiss Wien IIa 129:1–20

Findley JM (1978) Estimates on probability functions: A more virulent PEST. Percept & Psychophys 23:181–185

Flamant F (1955) Etude de la repartition de lumière dans l'image retinienne d'une fente. Rev d'Optique 34:433–459

Georgeson MA, Shackleton TM (1989) Monocular motion sensing, binocular motion perception. Vision Res 29:1511–1523

Gorea A, Papathomas TV (1989)Motion processing by chromatic and achromatic visual pathways. J Opt Soc Am A6:590

Graßmann H (1853) Zur Theorie der Farbmischung. Poggendorffs Ann Physik 89:69–84

Green M (1986) What determines correspondence strength in apparent motion? Vision Res 26:599–607

Guild J (1931) The colorimetric properties of the spectrum. Phil Trans Roy Soc, London A 230:149–187

Hartmann E (1968) Die Sofortadaptation und ihre Bedeutung für den Sehvorgang. Habilitationsschrift, Universität München

Harvey Jr LO (1986) Efficient estimation of sensory thresholds. Behav Res Meth, Instr & Comp 18:623–632

Hazelhoff F, Wiersma H (1924) Die Wahrnehmungszeit. Z Psychol 96:171–188

Hecht S (1937) Rods, cones, and the chemical basis of vision. Physiol Rev 17:239–290

Hecht S, Haig C, Chase AM (1937) The influence of light-adaptation on subsequent dark-adaptation of the eye. J Gen Physiol 20:831–850

Hecht S, Shlaer S, Pirenne MH (1942) Energy, quanta and vision. J Gen Physiol 25:819–840

Helstrom C (1968) Statistical theory of signal detection. Pergamon Press, Oxford

Hershenson M (1989) Duration, time constant, and decay of the linear motion aftereffect as a function of inspection duration. Percept & Psychophys 45:251–257

HUK-Association (1975) A study by German motor traffic insurers on 28936 car crashes with passenger injury. German Association of Third-Party Liability, Accident and Motor Traffic Insurers, Hamburg

Ives HE (1912) Studies in the photometry of lights of different colours. Philos Mag 24:149,352,744,845,853,

Julesz B (1971) Foundations of cyclopean perception. Univ Chicago Press, Chicago

Kelly DH (1972) Flicker. In: Jameson D, Hurvich LM (eds) Visual psychophysics. Springer, Berlin Heidelberg New York (Handbook of sensory physiology, vol VII/4)

Kelly HD (1979) Motion and vision I. Stabilized images of stationary gratings. J Opt Soc Am 69:1266–1274

Kelly HD (1979) Motion and vision II. Stabilized spatio-temporal threshold surface. J Opt Soc Am 69:1340–1349

Koenderink JJ, van Dorn AJ (1987) Facts on optical flow. Biol Cybern 50:247–254

Kohlrausch A (1931) Tagessehen, Dämmersehen, Adaptation. In: Bethe A, von Bergmann G, Embden G, Ellinger A (Hrsg) Berlin (Handbuch der normalen und pathologischen Physiologie, Bd 12.2:1499–1594)

König A, Dieterici C (1892) Die Grundempfindungen in normalen und abnormalen Farbsystemen und ihre Intensitätsverteilung im Spektrum. Z Psychol Physiol Sinnesorgane 4:241–347

Kowler E, McKee SP (1987) Sensitivity of smooth eye movements to small differences in target velocity. Vision Res 27:993–1015

Madigan R, Williams D (1987) Maximum likelihood psychometric procedures in two-alternative forced-choice: Evaluation and recommendations. Percept & Psychophys 42:240–249

Maffei L, Fiorentini A (1973) The visual cortex as a spatial frequency analyser. Vision Res 13:1255–1267

Mateeff S, Mitrani L, Stjanova J (1982) Visual localization during eye tracking on steady background and during steady fixation on moving background. Biol Cybern 42:215–219

Nachmias J (1972) Signal detection theory and its application to problems in vision. In: Jameson D, Hurvich L (eds) Visual Psychophysics. Springer, Berlin Heidelberg New York (Handbook of Sensory Physiology, VII/4:56–77)

Nachmias J (1981) On the psychometric function for contrast detection. Vision Res 21:215–223

Nakayama K (1985) Biological image motion processing: A review. Vision Res 25:625–660

Nakayama K, Silverman GH (1988) The aperture problem I: Perception of non rigidity and motion direction in translating sinusoidal lines. Vision Res 28:739–746

Nakayama K, Silverman GH (1988) The aperture problem II: Spatial integration of velocity information along contours. Vision Res 28:747–753

Newsome D (1971) After-image and pupillary activity following strong light exposure. Vision Res 11:275–288

Ogle KN (1950) Binocular vision. Saunders Comp, Philadelphia London

Perizonius E, Schill W, Geiger H, Röhler R (1985) Evidence on the local character of spatial frequency channels in the human visual system. Vision Res 25:1233–1240

Perizonius E (1989) Über den Zusammenhang von Form- und Farbverarbeitung im visuellen System des Menschen. Dissertation, Universität München

Probst T, Krafczyk S, Brand T (1987) Object-motion detection affected by concurrent self-motion perception: Applied aspects for vehicle guidance. Ophthal Physiol Opt 7:309–314

Ratliff F (1984) Why Mach bands are not seen at the edges of a step. Vision Res 24:163–165

Regan D et al (1990) The perception of stereodepth and stereomotion. In: Spillmann L, Werner LS (eds) Visual perception. The neurophysiological foundations. Academic, New York

Reichardt W (1957) Autokorrelationsauswertung als Prinzip des Zentralnervensystems. Z Naturforsch 12 b:447–457

Röhler R (1962) Erklärung der Sehschwelle und der Kontrastschwellen für kleine Objekte aus den Abbildungseigenschaften der Augenmedien. Optik 19:519–534

Röhler R (1962) Die Abbildungseigenschaften der Augenmedien. Vision Res 2:392–429

Röhler R, Miller U, Aberl M (1969) Zur Messung der Modulationsübertragungsfunktion des lebenden menschlichen Auges im reflektierten Licht. Vision Res 9:407–428

Rösch S (1928) Die Kennzeichnung der Farben. Phys Z 29:83–91

Rose A (1973) Vision: Human and electronic. Plenum, New York

Rushton WAH, Cohen RD (1954) Visual purple and the course of dark adaptation. Nature (London) 173:301–302

Schober H (1958) Das Sehen. Fachbuchverlag, Leipzig (Bd II)

Schober H, Munker H, Grimm W (1967) Zur Erkennbarkeit bewegter Objekte: Dynamische Sehschärfe. Klin Monatsbl Augenhk 151:399–402

Schrödinger E (1920) Theorie der Pigmente von größter Leuchtkraft. Ann Phys (IV) 62:603–622

Sekuler RW, Pantle A (1967) A model for aftereffects of seen movement. Vision Res 7:427–439

Shannon CE (1949) The mathematical theory of communication. Bell Syst Techn J 27:379,623

Shannon CE, Weaver W (1949) The mathematical theory of communication. Univ Illinois Press, Urbana

Stark L (1968) Neurological control systems. Academic, New York

Stevens CC, (1971) Sensory power functions and neural events. In: Loewenstein (ed) Principles of receptor physiology. Springer, Berlin Heidelberg, New York (Handbook of Sensory Physiology, Vol 1:226–242)

Stiles WS, Crawford BH (1932) Equivalent adaptation levels in localized retinal areas. In: Physical Society London (eds) Report of discussion on vision. pp 194–211

Svanston MT, Wade NJ (1988) The perception of visual motion during movements of the eyes and the head. Percept & Psychophys 43:559–566

Tanner WP, Swets JA (1954) A decision-making theory of visual detection. Psychol Rev 61:401–409

Taylor MM, Greelman CD (1967) PEST: Efficient estimates on probability functions. J Acoust Soc Am 41:782–787

van Blokland GJ (1986) The optics of the human eye studied with respect to polarized light. Dissertation, Univ Utrecht

van Hateren JH (1990) Directional tuning curves, elementary movement detectors, and the estimation of the direction of visual movement. Vision Res 30:603–614

van Santen JPH, Sperling G (1985) Elaborated Reichardt detectors. J Opt Soc Am A 2:300–321

Wasserman GS (1978) Color vision: An historical introduction. Wiley & Sons, New York

Watt RJ, Andrews DP (1961) APE: Adaptive probit estimation of psychometric functions. Curr Psych Rev 1:205–214

Westheimer G (1965) Spatial interaction in the human retina during scotopic vision. J Physiol (London) 181:882–894

Williams D, Phillips G, Sekuler R (1986) Hysteresis in the perception of motion direction as evidence for neural cooperativity. Nature 324:253–255

Williams D, Phillips G (1987) Cooperative phenomena in the perception of motion direction. J Opt Soc Am A 4:878–885

Wright MJ, Johnston A (1985) Invariant tuning of motion aftereffect. Vision Res 25:1947–1955

Wright WD (1928/29) A re-determination of the trichromatic coefficients of the spectral colours. Trans Opt Soc London 30:144–164

Wyszecki G, Stiles WS (1967) Color science. Wiley & Sons, New York London,

4 Erkennen und Interpretieren der Umwelt

Die beiden Kap. 2 und 3 zeigen, daß es ein komplizierter Weg ist vom optischen Netzhautbild bis zu dem, was als Wahrnehmung unserer optischen Umgebung in unser Bewußtsein dringt.

Bei der Vermittlung der Wahrnehmung laufen zahlreiche *neuronale Mechanismen* ab, die zum großen Teil neurophysiologisch noch nicht definiert werden können, weil sehr viele Neurone dabei zusammenwirken. Man hat aber in den vergangenen Jahrzehnten auf psychophysikalischem Wege verschiedene dieser Mechanismen identifizieren können. Einige davon sind bereits angesprochen worden. Hieran wird in diesem Kapitel zum Teil angeknüpft, weil gewisse, über die Grundlagen hinausgehende Eigenschaften zu besprechen sind, vor allem aber, weil Meßmethoden oder Ergebnisse im Zusammenhang mit verschiedenen grundlegenden Phänomenen erläutert werden müssen. Insbesondere gibt es *Wechselwirkungen* zwischen zwei oder mehreren elementaren Mechanismen, die für das Verständnis und die Eingrenzung komplexerer Mechanismen sehr wichtig sein können.

Die Wahrnehmung entspricht nicht immer der tatsächlichen Struktur der Umgebung. *Nacheffekte* verfälschen gelegentlich unser mentales Bild der Umgebung. Dies ist, wie an einem Beispiel zu zeigen sein wird, nicht immer harmlos, und es ist gelegentlich wichtig, diese Effekte zu kennen.

Die „Verfälschungen", die unser visuelles System erzeugt, sind aber in den meisten Fällen nicht nur harmlos, sondern sehr nützlich, z.T. sogar lebenswichtig. Die *Invarianzleistungen* unseres visuellen Systems ermöglichen es, daß wir uns bekannte Objekte mühelos wiedererkennen, obwohl sich durch Entfernung, Perspektive, Beleuchtung usw. der auf die Netzhaut gelangende Reiz in vielfältiger Weise verändern kann.

Optische Täuschungen wurden lange Zeit als Fehlleistungen des visuellen Systems betrachtet. Tatsächlich werden sie unter normalen, dem Betrachter vertrauten Umweltbedingungen kaum bemerkt. Nur unter seltenen Ausnahmebedingungen (z.B. unter Laborbedingungen) treten sie in Erscheinung. Andererseits sind sie z.T. sehr hilfreich, wie eben erwähnt. Außerdem wird in den letzten Jahren immer häufiger die Frage diskutiert, ob das visuelle System dadurch, daß es optische Täuschungen zuläßt, vielleicht sehr viel schneller und rentabler arbeiten kann, als ein elektronisch gesteuerter Automat. Nicht ohne Grund sind „fuzzy chips" im Kommen.

Diese Fragen führen dann zu dem letzten Abschnitt über die *innere Repräsentation* der Umwelt. In diesem Bereich können gegenwärtig leider nur viel leichter Fragen und Hypothesen aufgeworfen als Antworten gegeben werden.

4.1 Neuronale Mechanismen und Verarbeitungsprozesse

4.1.1 Kontrast

Der Begriff *Kontrast* ist schon in Abschn. 3.1.5 in Verbindung mit (3.36), (3.36a) und Fig. 3.7, 3.8 eingeführt worden, dort synonym mit „relativer Leuchtdichteunterschied". Der Schwellenkontrast ist dementsprechend synonym mit der Leuchtdichte-Unterschiedsschwelle. Diese Begriffsbildung geht wahrscheinlich auf das Webersche Gesetz zurück. Betrachtet man z.B. einen Röntgenfilm im Durchlicht oder ein Papierbild im Auflicht, so hängen die Leuchtdichten der einzelnen Bildbereiche stark von der Beleuchtung ab, während der relative Unterschied zwischen zwei Bereichen davon unabhängig ist, entsprechend dem Weberschen Gesetz.

Da der Kontrast noch mit anderen Bedeutungen belegt ist, wird der eben besprochene Kontrast in der neueren Literatur als *photometrischer Kontrast* bezeichnet, oder man verwendet statt dessen den Begriff des relativen Leuchtdichteunterschieds.

Weil der Gesichtssinn an ein vorgegebenes Leuchtdichteniveau des Gesichtsfeldes adaptiert (Abschn. 3.1.4) und dadurch seine Empfindlichkeit verändert, kann er keine zuverlässige Information über die Leuchtdichte eines Bildelementes übertragen. Dies ist die eigentliche Ursache dafür, daß der photometrische Kontrast für das Sehen eine größere Bedeutung hat als die Leuchtdichte. Durch den photometrischen Kontrast wird jedoch der Einfluß der Adaptation an die Umgebung auf die empfundene Helligkeit eines Bildelementes noch nicht erfaßt.

Zur Kennzeichnung dieses Einflusses wird der Begriff des *physiologischen Kontrastes* benutzt. Es ist eine Jahrhunderte alte Erfahrung, daß das „Aussehen" eines Bildelementes durch seine Umgebung beeinflußt wird. Dies war schon den Malern des Mittelalters bekannt und wurde von ihnen systematisch ausgenutzt, um bestimmte Effekte zu erzielen. Der Einfluß der Umgebung betrifft die Helligkeit und die Farbe der Bildelemente. Zunächst wird die achromatische Helligkeit besprochen.

Ein Beispiel für dieses Phänomen zeigt Fig. 4.1. Man sieht vier Felder mit verschiedenen Abstufungen von grau bis schwarz. Die grauen Streifen in diesen Feldern erscheinen um so heller, je dunkler ihre Umgebung ist. Trotzdem haben alle den gleichen Grauwert – sie sind zur Herstellung des Originals aus dem selben Tonpapier geschnitten worden. Dies mag einem Betrachter, der dieses Phänomen nicht kennt, vielleicht unglaubwürdig erscheinen. Daher ist noch ein weiterer Graustreifen über alle vier Felder gelegt, damit man sich leichter von der Richtigkeit dieser Behauptung überzeugen kann. Die empfundene Helligkeit eines Feldes hängt also stark von der Helligkeit der Umgebung ab.

Hat das ganze Gesichtsfeld die gleiche Leuchtdichte, wie z.B. beim Blick in eine Adaptometerkugel, so ist die empfundene Helligkeit sehr schlecht definiert und daher großen Schwankungen unterworfen. Die Empfindung „schwarz" kann nur durch ein dunkles Feld in einer hellen Umgebung ausgelöst werden (s. Cicerone et al. 1986). Völlige Lichtlosigkeit erzeugt die Empfindung eines mittleren Grau, das als *Eigengrau* der Netzhaut bezeichnet wird.

Der physiologische Kontrast, soweit er bisher besprochen wurde, wird genauer als *Simultan-Kontrast* bezeichnet, weil er sich auf gleichzeitig dargebotene Felder bezieht. Außerdem ist die Helligkeitsempfindung vom Adaptationszustand abhängig, wie bereits in Abschn. 3.4.1 ausführlich erläutert wurde. Der Adaptationszustand kann in verschiedenen Bereichen der Netzhaut unterschiedlich sein. Betrachtet man z.B. ein zweigeteiltes Feld mit einer deutlichen Helligkeitsstufe und fixiert dabei die Trennkante, so erscheint im Anschluß daran ein gleichförmiges Feld ebenfalls zweigeteilt mit einer Helligkeitsstufe, die zur vorhergehenden entgegengesetzt gerichtet ist. Erscheinungen dieser Art werden unter dem Begriff *Sukzessiv-Kontrast* zusammengefaßt.

Bei periodischen Leuchtdichtemustern, also z.B. Sinusgittern, sind die Begriffe „Infeld" und „Umfeld" nicht sehr sinnvoll. Daher spricht man hier lieber von „Modulation". Dieses Thema wird im folgenden Abschnitt wieder aufgegriffen.

Der *physiologische Farbkontrast* ist weitgehend analog zum achromatischen Kontrast, allerdings mit dem Unterschied, daß Farbe durch drei Parameter beschrieben wird. Ein Farbfeld wird durch seine Umgebung bezüglich der Helligkeit in gleicher Weise beeinflußt wie ein achromatisches Feld. Außerdem wird es in Farbton (und auch in Farbsättigung) beeinflußt. Ist ein kleines Infeld in ein großes farbiges Umfeld eingebettet, so wird sein Farbton im wesentlichen in Richtung der Komplementärfarbe des Umfeldes verschoben. Ein graues Infeld erscheint beispielsweise in einem roten Umfeld grünlich. Bei farbigen Infeldern kann dies auch als erste Näherung gelten, obwohl die Einzelheiten komplizierter sind. Ein Beispiel für den physiologischen Farbkontrast zeigt Fig. 4.2.

Etwas schwieriger zu erklären ist der in Fig. 4.3 gezeigte Effekt. Man sieht ein schachbrettartiges Muster aus gelben und dunkelblauen Feldern, worin wechselweise die gelben bzw. die blauen Felder in systematischen Figuren durch rote Felder verdeckt sind: zwei Kreise horizontal nebeneinander, zwei Quadrate und zwei Kreuze, eines unter unter 45°, eines mit senkrechten bzw. waagerechten Achsen. In allen diesen Figuren erscheinen die roten Felder, soweit sie von den blauen Feldern des Schachbrettes umgeben sind, dunkelrot,

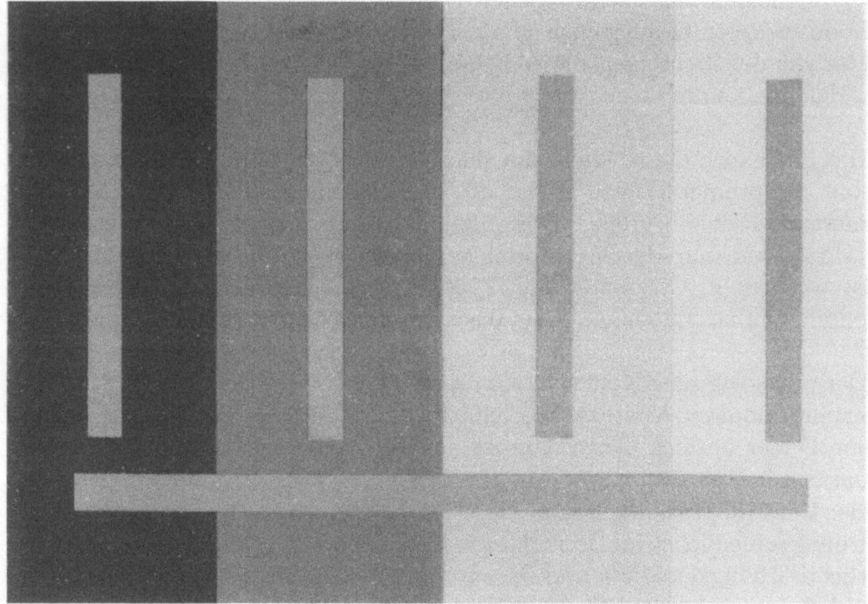

Fig. 4.1. Beispiel für den physiologischen achromatischen Kontrast. Die Streifen auf den vier Feldern haben objektiv den gleichen Reflexionsgrad, also bei homogener Beleuchtung die gleiche Leuchtdichte. Dies wird verdeutlicht durch den über die vier Felder laufenden Querstreifen, der ebenfalls den gleichen und in sich konstanten Reflexionsgrad hat, wovon man sich durch eine Abdeckung des Umfeldes leicht überzeugen kann

soweit sie aber von gelben Feldern umgeben sind, hellrot-orange. Trotzdem haben alle roten Felder die gleiche Farbe: sie sind bei der Herstellung dieser Muster aus dem gleichen Farbpapier geschnitten worden. Hiervon kann man sich am einfachsten dadurch überzeugen, daß man die Schnittpunkte der Kreuze mit einer guten Lupe betrachtet. Ein ähnlicher Effekt ist an den beiden übereinander stehenden Quadraten zu beobachten, in welchen jeweils die gelben oder die blauen Felder duch einen in sich gleichen Grauton ersetzt wurden.

Besonders bemerkenswert ist an diesem Phänomen, daß die Farbverschiebung der roten bzw. grauen Felder nicht in Richtung der Komplementärfarbe zu derjenigen der umgebenden Felder, sondern in Richtung einer Verwaschung mit ihnen erfolgt. Es spielt hier eine Rolle, daß das visuelle Auflösungsvermögen für Farbunterschiede geringer ist als für Helligkeitsunterschiede. Tatsächlich ist das Phänomen komplizierter zu erklären (s. Perizonius 1989).

Ähnlich wie „schwarz" bei der Hellempfindung gibt es Farben, die nur als *Kontrastfarben* empfunden werden können. Hierzu gehören vor allem braun und olivgrün. Solche Farben sind im Spektralfarbenzug einschließlich der Purpurgeraden nicht enthalten. Braun ist farbmetrisch ein Orange. Durch ein

Fig. 4.2. Beispiel zum physiologischen Farbkontrast. Die Graustreifen in dieser Figur erscheinen in den beiden Farbfeldern in unterschiedlicher Farbe, die sich der Farbe des angrenzenden, in etwa komplementärer Farbe gehaltenen Feldes annähert

deutlich helleres Umfeld verändert sich die empfundene Farbe eines orangen Feldes zu braun.

Der physiologische Kontrast erscheint in der bisherigen Darstellung als ein rein subjektives Phänomen. Die Frage, ob darüber irgendwelche quantitativen Aussagen gemacht werden können, wurde schon 1975 angesprochen (Rentschler u. Gröninger 1975). Es zeigte sich, daß der farbige Simultan-Kontrast skalierbar ist, daß also verschiedene Versuchspersonen einen Farbkontrast reproduzierbar und innerhalb annehmbarer Grenzen gleichartig quantifizieren können. Von der Formulierung einer Metrik dieses Phänomens ist man allerdings noch weit entfernt. Auf dieses Problem wird später noch näher eingegangen.

Die neuronalen Mechanismen, die den physiologischen Kontrast erzeugen, sind entgegen früherer Annahmen nicht in der Retina und im Corpus geniculatum, sondern im visuellen Kortex lokalisiert. Dies wurde von Fiorentini u. Maffei nachgewiesen (Maffei u. Fiorentini 1972; Fiorentini u. Maffei 1973).

Fig. 4.3. Ein Farbeffekt, der gleichzeitig auf Farbkontrast, Farbverwaschung und Adaptation beruht. Die roten Felder in dem Muster haben objektiv die gleiche Farbe, obwohl sie einerseits ein helles Gelb-Orange, andererseits ein dunkles Blau-Rot zeigen. Ähnlich ist es bei den Graufeldern

4.1.2 Konturierung und Ortsfrequenzfilter

In Abschn. 2.2.3 wurde der Mechanismus der lateralen Inhibition erwähnt, der zu einem antagonistisch organisierten rezeptivem Feld führt. Es hat ein durch Licht erregbares Feldzentrum und eine durch Licht gehemmte Peripherie (beim On-Zentrums-Feld) oder komplementär dazu ein gehemmtes Zentrum und eine erregbare Peripherie (Off-Zentrums-Feld). Das Äquivalent zu einem solchen „Punkt- bzw. Linienbild" ist in der Fourier-Darstellung ein Filter mit einem Bandpaß-Ortsfrequenz-Spektrum (s. Fig. 1.11, 3.10, 3.11 und die zugehörige Diskussion). Durchläuft eine Hell-Dunkel-Stufe beim Sehen ein solches Filter, so entsteht ein Profil, bei dem die Zone an der hellen Seite der Kante in der Helligkeit gegenüber dem Inneren des hellen Feldes überhöht ist, entsprechend ist eine solche Zone auf der dunklen Seite in der Helligkeit vermindert. Dieser Effekt ist bereits in Abschn. 1.1.2 bei der Besprechung der unscharfen Maske diskutiert worden. Nach den bereits in Zusammenhang mit

Figs. 3.9, 10 erwähnten Messungen (Maffei u. Fiorentini 1973) ist die Bandpaßstruktur auf der Ebene der retinalen Ganglienzellen noch verhältnismäßig wenig ausgeprägt und tritt erst bei kortikalen Zellen stark hervor. Dies ist einer der Gründe, die zu dem Schluß führen, daß die Kontrastüberhöhung an Hell-Dunkel-Rändern erst im Kortex erzeugt wird.

Durch diesen Randkontrast wird die Kontur zwischen zwei unterschiedlich aber in sich gleich hellen Feldern deutlich betont. Man nimmt an, daß der visuelle Kortex bei der weiteren Signalverarbeitung, die schließlich zur Mustererkennung komplexer Strukturen führt, nicht mehr die vollständige Helligkeitsverteilung benutzt, sondern eine starke Informationsreduktion vornimmt. Dabei spielen bestimmte *elementare Merkmale*, wie Begrenzung des Details, Kontrast gegen die Umgebung, Randunschärfe, die aus dem Verlauf der durch geeignete Filter vorverarbeiteten Grenzkontur abgeleitet werden können, eine wichtige Rolle (Watt u. Morgan 1983, 1985). Allerdings reicht ein einziges Bandpaßfilter der beschriebenen Art nicht aus, es muß vielmehr angenommen werden, daß für jede Netzhautposition mehrere Filter mit verschiedenen Bandzentren verfügbar sind. Eine solche Annahme wird schon durch die im Anschluß an Fig. 3.10 beschriebenen Experimente von *Blakemore u. Campbell* (1969) nahegelegt, und es sind in der Zwischenzeit weitere Hinweise hierfür erbracht worden. Einige werden in der Folge noch erwähnt werden. Die Frage, wie viele Filtermechanismen für diese Aufgaben erforderlich sind, wird weiter unten wieder aufgegriffen.

Benachbarte Felder, die sich nicht in der Helligkeit, sondern nur in Farbton oder Farbsättigung unterscheiden, zeigen keinen eigentlichen Randkontrast, d.h. die Farbkontrast-Unterschiedsempfindlichkeit, ausgedrückt als Funktion der Ortsfrequenz von Sinusgittern, ist ein Tiefpaß mit einer Eckfrequenz im Bereich von 0,5 bis 2,5 Perioden pro Grad Sehwinkel, je nach Helligkeit und Darbietungszeit (Granger u. Heurtley 1973; van der Horst u. Bouman 1969; Mullen 1985).

Solche sog. *äquiluminanten* Farbfelder sind nicht ganz einfach herzustellen. Man benötigt ein Kriterium dafür, daß zwei verschiedene Farben die gleiche Helligkeit besitzen. Ein oft benutztes Kriterium ist das Verschwinden des Helligkeitsflimmerns (s. Abschn. 3.4.1). Ein anderes, vielleicht eher besseres Kriterium ist die „verschwimmende Trennlinie" (Boynton 1978). Wenn man in einem zweigeteilten Photometerfeld mit zwei zu vergleichenden Farben die Helligkeit eines Feldes verändert, ohne dabei Farbton und Farbsättigung zu verändern, findet man eine Einstellung, bei der die Trennkante „verschwimmt", also undeutlich wird. Dies ist dann der Punkt, an dem beide Halbfelder die gleiche Helligkeit haben. Diese beiden Kriterien führen nicht immer zum gleichen Ergebnis. Das Kriterium der verschwimmenden Trennlinie liefert ähnliche Ergebnisse wie der Direktvergleich.

Die Unterschiedsempfindlichkeit für den Farbkontrast äquiluminanter Farbfelder ist von der Fläche dieser Felder abhängig, und zwar steigt die Empfindlichkeit mit wachsender Fläche bis zu einer Flächengröße von ca.

0,4 (Sehwinkelgrad)^2. Bei sehr schmalen Feldern ist allerdings ihre Ausdehnung senkrecht zur Trennkante von größerem Einfluß als diejenige parallel zur Trennkante (Eskew et al. 1987). Insgesamt findet eine Flächensummation der Farbinformation für die Farbunterscheidung statt.

Wenn es bei äquiluminanten Farbfeldern auch keinen Randkontrast wie bei einem Helligkeitsunterschied gibt, so gibt es trotzdem eine physiologische Kontrastüberhöhung ähnlich dem in Fig. 4.2 demonstrierten Effekt, und dieser physiologische Farbkontrast wächst innerhalb bestimmter Grenzen mit der Fläche der Felder.

Bei periodischen Gittern ist, wie schon bemerkt, der Kontrastbegriff eigentlich nicht sehr sinnvoll. Um aber auch für Gitter einen Kontrastbegriff zu haben, der den Vergleich mit anderen Testmustern erlaubt, definiert man hier den photometrischen Kontrast als

$$C = \frac{(L_{\mathrm{max}} - L_{\mathrm{mittel}})}{L_{\mathrm{mittel}}} . \tag{4.1}$$

Hierbei ist L_{max} die Leuchtdichte im Maximum des Gitters und L_{mittel} die mittlere Leuchtdichte des Gitters. Diese Definition stimmt mit der üblichen Definition der Modulation überein.

Bereits gegen Ende des Abschn. 3.1.4 sind Experimente von Blakemore und Campbell (1969) erwähnt worden, die zeigen, daß das visuelle System an Gitter adaptieren kann, wobei sich die Kontrastschwelle für Gitter der gleichen Ortsfrequenz und der gleichen Orientierung wie das Adaptationsgitter deutlich erhöht. Die Bandbreite dieser Ortsfrequenzkanäle beträgt ca. 2 Oktaven.

Man hat zu Recht die Frage aufgeworfen, ob der von Blakemore und Campbell beobachtete Effekt für das Sehen von Bedeutung ist oder ob es sich vielleicht nur um eine Nebenwirkung eines anderen Mechanismus handelt, die das Sehvermögen eher verschlechtert als verbessert. Dies ist von *Greenlee u. Heitger* (1988) genauer untersucht worden. Sie haben Versuchspersonen 2 min lang an ein Sinusgitter mit zwei Perioden pro Grad und 0.8 Kontrast adaptieren lassen. Ihre Ergebnisse zeigten, daß die Fähigkeit zur Erkennung von Kontrastunterschieden bei Gittern gleicher Ortsfrequenz und Orientierung durch die Adaptation verändert wird. Ähnlich wie der Schwellenkontrast für solche Gitter wird auch die Empfindlichkeit für Kontrastunterschiede im Kontrastbereich von 0,1 bis 0,4 verringert, die Schwelle für den Kontrastunterschied also erhöht. Bei Gittern mit einem Kontrast oberhalb von 0,5 – also im Kontrastbereich des Adaptationsgitters – wird hingegen die Schwelle für den Kontrastunterschied durch die Adaptation erniedrigt, so daß für diesen Kontrastbereich durch die Adaptation eine Verbesserung des Sehvermögens bewirkt wird. Dieser Effekt scheint also doch für das Sehen eine selbständige, positive Bedeutung zu haben.

Neben der von *Blakemore u. Campbell* (1969) eingeführten Methode der selektiven Adaptation an Gitter gibt es noch andere Methoden, mit denen ebenfalls Informationen über die Orts- und Ortsfrequenzstruktur von Detektormechanismen gewonnen werden können: die *unterschwellige Summation* (Repräsentative Arbeiten: Kulikowski u. King-Smith 1973; King-Smith u. Kulikowski 1975) oder die Verwendung komplexer Gitter, die aus einer Überlagerung mehrerer Sinusgitter unterschiedlicher Ortsfrequenz bestehen (Sachs et al. 1971; Graham et al. 1978). Die Methode der unterschwelligen Summation besteht darin, daß man einer gerade sichtbaren Helligkeitsstruktur eine unterschwellige Struktur, die also für sich allein nicht sichtbar ist, überlagert. Dadurch wird die Kontrastschwelle der sichtbaren Struktur in charakteristischer Weise verändert. Aus dieser Veränderung kann man darauf schließen, ob und in welcher Weise sich diese beiden Strukturen für den Erkennungsprozeß summieren bzw. wie weit ihre Detektion unabhängig voneinander erfolgt. Eine ganz ähnliche Fragestellung liegt auch den Experimenten mit komplexen periodischen Strukturen zugrunde.

Aus der Arbeit von Blakemore und Campbell und vielen weiteren Arbeiten über Ortsfrequenzkanäle formte sich in der historischen Entwicklung eine Vorstellung von der Organisation der ersten Schritte in der Signalverarbeitung des visuellen Systems. Danach ist in relativ dichter Packung jedem Punkt der Netzhaut bzw. dessen Äquivalenten in den weiteren Schritten der retinotopen Abbildung ein Satz von vielen rezeptiven Feldern mit verschiedenen Detektionsaufgaben zugeordnet. Diese Felder überlappen sich naturgemäß sehr stark. Die einzelnen Detektionsaufgaben betreffen Gitter unterschiedlicher Ortsfrequenzen und Orientierungen. Auch Linien-, Balken-, Kantendetektoren usw. wurden durch Überlagerung von Gitterdetektoren erklärt. Für die Bandbreite der Ortsfrequenzkanäle wurden teilweise sehr viel kleinere Werte als bei *Blakemore u. Campbell* (1969) ermittelt, so daß zur Überdeckung des visuell nutzbaren Ortsfrequenzbereiches eine entsprechend große Zahl unabhängiger Kanäle notwendig erschien.

Es wurden dann verschiedene Versuche unternommen, die hier entstandene Inflation von Detektormechanismen einzudämmen und sie auf wenige grundlegende Mechanismen zurückzuführen. Am erfolgreichsten waren hierbei *Quick* (1974), *Quick et al.* (1978), sowie in der Folge *Wilson u. Bergen* (1979) und *Bergen et al.* (1979). Von Quick und Mitarbeitern wurde das Konzept der Wahrscheinlichkeitssummation entwickelt, mit dessen Hilfe dann Wilson, Bergen und Mitarbeiter zeigen konnten, daß man mit vier Detektormechanismen pro Netzhautort die verschiedenen Experimente mit einfachen und komplexen Gittern und mit aperiodischen Testmustern befriedigend erklären kann.

Das Konzept der Wahrscheinlichkeitssummation wird von Quick und Mitarbeitern am Beispiel eines Gitters mit zwei Komponenten folgendermaßen erklärt. Die Leuchtdichteverteilung sei gegeben durch

$$L(x) = L_0\{1 + C[\cos 2\pi(f_0 - 1/2\Delta f)x + p\cos 2\pi(f_0 + 1/2\Delta f)x]\} \, . \quad (4.2)$$

Hier ist x der Netzhautort im Gesichtsfeld, p ist ein Faktor, der so gewählt wird, daß der Frequenzgang der beteiligten Filter ausgeglichen wird, so daß die Amplituden der Eingangssignale bei beiden Komponenten für die Detektoren gleich groß sind. Der Ortsfrequenzabstand der Komponenten soll klein gegen die Ortsfrequenz sein. Das Eingangssignal für die Rezeptoren kann nach einer einfachen trigonometrischen Umformung geschrieben werden:

$$e(x) = 2C_1 \cos(\pi \Delta f x) \cos(2\pi f_0 x) \,. \tag{4.3}$$

Unter den obigen Voraussetzungen kann diese Struktur als ein Cosinusgitter der Frequenz f_0 betrachtet werden, das mit der Frequenz Δf moduliert ist. Die örtliche Verteilung der Rezeptorerregungen wird also Bereiche mit großen und kleinen Signalamplituden aufweisen.

Nimmt man nun ferner an, daß die Beiträge der einzelnen Rezeptoren zum Gesamtsignal unabhängig voneinander sind, so müssen sie in einer geeigneten Weise summiert werden. Dies soll nach den Vorstellungen von Quick in einer extrem nichtlinearen Weise erfolgen, wonach die gesamte Empfindlichkeit für eine solche Struktur durch

$$S = A_0 \left(\int |e(x)|^\gamma \mathrm{d}x \right)^{1/\gamma} \tag{4.4}$$

gegeben ist. Als geeigneter Wert hat sich $\gamma = 4$ erwiesen. Einzelheiten dieses Modells, wie z.B. die Abhängigkeit der Empfindlichkeit der Rezeptoren vom Netzhautort müssen der Originalliteratur entnommen werden.

Durch die nichtlineare Summation werden die Maxima der Gitterstruktur wesentlich steiler. Wenn man die Nichtlinearität außer acht läßt, scheint bei der Interpretation der Meßergebnisse die Bandbreite des Ortsfrequenzkanals erheblich kleiner zu sein, als sie in Wirklichkeit ist.

Auf der Basis dieses Modells haben *Bergen et al.* (1979) gezeigt, daß pro Netzhautort vier lokale Prozesse mit einer mittleren Bandbreite genügen, die Meßergebnisse mit verschiedenen periodischen und aperiodischen Testmustern zu erklären. Dieses Ergebnis mußte auf Grund neuerer Arbeiten noch etwas modifiziert werden (Wilson et al. 1983), wie in Abschn. 4.3.4 noch genauer ausgeführt wird.

4.1.3 Verarbeitung örtlicher Information

Fovea und Peripherie. Im vorigen Kapitel sind die Eigenschaften des Gesichtssinnes im Hinblick auf das zentrale Sehen, den Bereich der Fovea und ihrer näheren Umgebung besprochen worden. Zweifellos ist dieser Bereich außerordentlich wichtig. Fast alle Seheigenschaften bringen hier die besten Leistungen: die größte Sehschärfe, die höchste Kontrastempfindlichkeit, die beste stereoskopische Sehschärfe usw. Alle diese Funktionen werden in der Peripherie mit wachsender Entfernung von der Fovea zunehmend schlechter.

Trotzdem ist die Peripherie für die meisten praktischen Sehaufgaben sehr wichtig. Wie stark ein sehr eingeschränktes Gesichtsfeld die visuelle Orientierung behindert, weiß jeder, der schon einmal versucht hat, sich mit dem

Blick durch ein Schlüsselloch oder eine ähnliche Gesichtsfeldblende zu orientieren. Man sieht zwar einzelne Objekte, aber ein Überblick ist kaum zu gewinnen. Menschen mit einem durch Netzhautdegeneration eingeschränkten Gesichtsfeld sind sehr unsicher bei ihrer Orientierung und ihrer Fortbewegung in der Umwelt. Das Lesen beispielsweise ist für diese Menschen eine überaus ermüdende und langwierige Angelegenheit. Wegen der großen Bedeutung der Peripherie des Gesichtsfeldes müssen deren Sehleistungen gesondert betrachtet werden.

Die Veränderungen der Sehfunktionen mit dem Netzhautort werden gerne als Funktion des *kortikalen Vergrößerungsfaktors* (M) betrachtet, weil bei Berücksichtigung dieses Faktors einige Sehfunktionen nahezu unabhängig vom Netzhautort werden. M ist definiert als die Länge des Bereichs auf der Oberfläche des getreiften Kortex (V_1) in mm, die einem Sehwinkel von $1°$ im Gesichtsfeld entspricht. Die kortikalen Zellen in diesem Bereich erhalten also Signale im Rahmen der retinotopen Abbildung aus dem Retinabereich, der diesem Sehwinkel entspricht.

Rovamo u. Virsu (1979) haben den Verlauf von M im Gesichtsfeld abgeschätzt, indem sie angenommen haben, daß M proportional zur Quadratwurzel aus der Dichte der retinalen Ganglienzellen ist. Dabei wurde noch berücksichtigt, daß in der Fovea das Verhältnis der Zahl der Ganglienzellen zur Zahl der retinalen Zapfen 0,9 beträgt. Sie haben daraus folgende Interpolationsformel abgeleitet:

$$M = \frac{7,99}{1 + 0,29\,E + 0,000012\,E^2} \; . \tag{4.5}$$

Hier ist E die Exzentrizität, die den Winkelabstand in Grad von der Fixationslinie bis zur aktuellen Position im Gesichtsfeld angibt. Man erkennt, daß die Variation von M in guter Näherung umgekehrt proportional zur Exzentrizität verläuft. Vergleicht man also z.B. den Schwellenkontrast von Gittern in der Fovea und in der Peripherie, so sollte man vor dem Vergleich die Gitterkonstanten mit dem zugehörigen M-Faktor multiplizieren. Die Gitter, die nach dieser Multiplikation die gleiche Ortsfrequenz haben, können dann sinnvoll miteinander verglichen werden.

Die Ergebnisse von Rovamo und Virsu sind in neuerer Zeit mit Hilfe der Positronen-Emissions-Tomographie überprüft worden (Fox et al. 1987). Der regionale Blutfluß im Gehirn wurde als Indikator für die lokale Aktivierung von Gehirnfunktionen benutzt. Zur Messung wurde dem Blut als Tracer Wasser zugesetzt, das mit dem Sauerstoffisotop des Atomgewichts 15 (O^{15}) markiert war. Die Ergebnisse weichen um maximal 2% von den von *Rovamo u. Virsu* (1979) ermittelten Werten ab.

Rovamo (1983) untersuchte die Empfindlichkeit für den Leuchtdichtekontrast von Gittern in einem Exzentrizitätsbereich von $0°$ bis $60°$. Die Gitter wurden dabei in verschiedenen Farben dargeboten. Es zeigte sich, daß die Erkennbarkeit der Gitter nur vom Leuchtdichtekontrast, nicht aber von der Farbe abhängt. Skaliert man die Ortsfrequenz der Gitter und ihre örtliche

Ausdehnung entsprechend dem Vergrößerungsfaktor M, so ist die Kontrastempfindlichkeit unabhängig vom Netzhautort.

Ähnlich wie die Kontrastempfindlichkeit für Gitter werden die Kontrastempfindlichkeit für Einzelobjekte, wie z.B. Kreisscheiben oder Quadrate, die Gittersehschärfe und die Sehschärfe für Buchstaben oder andere in sich zusammenhängende Testobjekte durch die M-Skalierung unabhängig vom Netzhautort.

Komplizierter liegen die Dinge bei Sehaufgaben, für die die Beurteilung der relativen örtlichen Position verschiedener getrennter Komponenten eine Rolle spielt, also z.B. die Noniussehschärfe, die stereoskopische Sehschärfe (bei der es auf die Disparität der Netzhautbilder in den beiden Augen ankommt) und das Minimum separabile bei getrennten Punkten oder parallelen Linien. Hier hängt die Sehschärfe von der örtlichen Trennung und von der Netzhautexzentrizität ab, aber nicht in proportionaler Weise. Hierzu wurden Experimente von verschiedenen Autoren gemacht (Levi u. Klein 1990), bei denen Daten über die Sehschärfe bei unabhängiger Variation der Separation und der Exzentrizität von z.B. zwei oder drei parallelen Linien gesammelt wurden. Danach ergibt sich folgendes Bild. Bei einem Abstand der Linien von $< 2°$ wird die Schwelle von der Separation, also dem gegenseitigen Abstand bestimmt, entsprechend dem Weberschen Gesetz ist sie proportional zur Separation. Für Separationen $> 2°$ ist die Schwelle bei konstanter Exzentrizität unabhängig von der Separation. In diesem Bereich scheint die Schwelle nur von der Exzentrizität bestimmt zu sein.

Die Augenbewegungen, bei denen sich, wie erläutert, die interne Orientierungskarte entsprechend verschiebt, so daß sich die empfundene Sehrichtung für ruhende Objekte nicht ändert, beeinflußt auch den Gehörsinn hinsichtlich der Richtungsempfindung (Porter 1986; Jay u. Sparks 1984).

Lokalisierung und Identifizierung elementarer Strukturen. Eine der wichtigsten Fragen für das Verständnis des Sehvorganges ist, wie die grundlegenden Elemente örtlicher Strukturen, z.B. Linien, Balken, Kanten vom System lokalisiert und identifiziert werden. Auf Grund psychophysischer Experimente sind von verschiedenen Autoren spezialisierte Detektoren in der Form von rezeptiven Feldern mit erregenden und hemmenden Bereichen postuliert worden (s. z.B. Rentschler u. Hilz 1976; Rentschler u. Arden 1974; King-Smith u. Kulikowski 1975; Shapley u. Tolhurst 1973; Wilson 1978). Als besonders nützlich hat sich dabei die Hypothese erwiesen, daß es sich dabei um rezeptive Felder mit symmetrischer bzw. antisymmetrischer Verteilung von Erregung und Hemmung handelt: symmetrische Felder $[f(x) = f(-x)]$ als Linien- und Balkendetektoren, antisymmetrische Felder $[f(x) = -f(-x)]$ als Kantendetektoren. Für die Identifizierung eines hellen Balkens auf dunklem Grund wäre beispielsweise ein Feld mit einem erregenden, der Breite des Balkens angepaßten Mittelstreifen und hemmenden Seitenflügeln optimal. Von den hierbei angewandten Methoden wurde die unterschwellige Summation bereits im vorigen Abschnitt angesprochen. Auf der Basis derartiger Experimente wurden verschiedene Modellvorstellungen entwickelt, die auch durch neurophysiologische Befunde gestützt werden. Insgesamt ist dieses Konzept aber umstritten geblieben, weil auch andere, mit den Befunden verträgliche Mechanismen denkbar sind.

In neuerer Zeit wurde diese Frage wieder aufgegriffen (Burr et al. 1989). Bei den zahlreichen in den vergangenen Jahrzehnten auf der Basis der Ortsfrequenzanalyse entwickelten psychophysikalischen Testmethoden erscheint es einfacher, die Struktur rezeptiver Felder nicht unmittelbar im Ortsraum, sondern im Ortsfrequenzraum zu untersuchen, zumal es in dieser Darstellung leichter ist, unerwünschte Nebeneffekte, wie Änderungen der Helligkeit oder des Randkontrastes zu vermeiden.

Die Lokalisierung einer Struktur im Ortsraum wird in der Fourier-Darstellung durch die örtliche Phase bestimmt. Nach einem bekannten Satz aus der Theorie der Fouriertransfomation ist nämlich, wenn $f(x)$ eine Ortsfunktion und $FT[f(x)] = F(u)$ ihre Fouriertransformation ist,

$$FT[f(x + x_0)] = F(u)\,e^{2\pi x_0\,u}\ . \tag{4.6}$$

Bei einer Verschiebung der Ortsfunktion um x_0 wird entsprechend dieser Formel die Fouriertranformation mit einem komplexen Phasenfaktor vom Argument $2\pi x_0\,u$ multipliziert. Daher ist es, wenn man örtliche Strukturen, wie die Struktur rezeptiver Felder, in der Ortsfrequenzdarstellung untersuchen will, erforderlich, die örtliche Phase der Fourierkomponenten festzulegen und zu kontrollieren.

Wählt man als Ursprung der x-Koordinate das Zentrum des rezeptiven Feldes, so kann man symmetrische Feldverteilungen mit reinen Cosinus-Komponenten und antisymmetrische Verteilungen mit reinen Sinus-Komponenten darstellen. Natürlich kann man auch z.B. die reinen Sinuskomponenten als Cosinuskomponenten darstellen, wenn man eine geeignete Phasenverschiebung einführt.

Burr et al. (1989) haben untersucht, ob es im visuellen System außer symmetrischen und antisymmetrischen rezeptiven Feldern auch noch Felder mit unsymmetrischer Struktur gibt. Diese Untersuchung soll als Beispiel für modernere psychophysikalische Testmethoden näher beschrieben werden. Die Autoren benutzten dabei komplexe, aus vielen überlagerten Komponenten zusammengesetzte Gaborfunktionen (Beispiele für einfache symmetrische und antisymmetrische Gaborfunktionen wurden in Fig. 1.13 gezeigt). Die allgemeine Formel für das Leuchtdichteprofil der verwendeten Testreize war

$$L(x) = I_0 + a \sum_{k=1}^{256} \cos[(2\pi\,x/T) - \phi] \cdot \mathrm{DoG}(k)/k\ \ . \tag{4.7}$$

Dabei wird mit „DoG" die Differenz zweier Gaußfunktionen (Difference of Gaußian) bezeichnet, wie sie bereits in Fig. 1.10 als „mexikanischer Hut" dargestellt wurde:

$$\mathrm{DoG}(k) = \exp(-k^2/2\sigma_\mathrm{h}^2) - \exp(-k^2/2\sigma_\mathrm{l}^2) \,. \tag{4.8}$$

Weiterhin bedeuten in (4.7): I_0 die mittlere Leuchtdichte, a ein Maß für den Kontrast, T die Periode und ϕ die Phase im Ursprung.

Diese Testfiguren haben verschiedene Vorteile. Man kann bei ihnen die Phase der einzelnen oder aller Komponenten verändern, ohne daß dadurch die mittlere Helligkeit beeinflußt wird. Durch den weichen Gaußschen Randabfall werden Mehrfachkonturen wie Gibbs-Streifen vermieden, und auf der niederfrequenten Seite werden die Ortsfrequenzen stark gedämpft, so daß keine Helligkeitsstrukturen entstehen können, die als zusätzliche Anhaltspunkte von den Versuchspersonen genutzt werden könnten.

Wesentlich für die Untersuchung von örtlichen Strukturen mit Testen, die aus Fourierkomponenten aufgebaut sind, ist, wie schon betont, daß die Phase definiert und der Ursprung für die Versuchsperson erkennbar ist. Dies wurde in der hier referierten Arbeit durch eine Ausnutzung der Signalenergie erreicht. Die Signalenergie eines aus Sinus- und Cosinuskomponenten zusammengesetzten Signals ist definiert als

$$W(x) = \sqrt{\left[\sum(\sin_\mathrm{komp})\right]^2 + \left[\sum(\cos_\mathrm{komp})\right]^2} \,,$$

wobei $\sin_\mathrm{komp}$ und $\cos_\mathrm{komp}$ die Sinus- bzw. Cosinusanteile der Testmusterkomponenten bezeichnen sollen. Für diese Funktion gilt, daß sie dort relative Maxima hat, wo die Phasen der verschiedenen Komponenten möglichst gleichläufig sind und gleiche Werte haben. Diese Maxima zeichnen sich in der Leuchtdichte aus und können dadurch den Versuchspersonen zur Orientierung dienen. Man erkennt, daß diese relative Gleichläufigkeit in (4.7) für $x = 0$ und $x = nT$ (n ganz) mit dem Phasenwert ϕ und für $x = nT + T/2$ mit dem Phasenwert $\pi + \phi$ gegeben ist.

Die Versuchspersonen hatten die Aufgabe, zwischen jeweils einem Paar von Testreizen zu unterscheiden, von denen der eine das Negative des anderen war. Die beide Testreize hatten also die Phase ϕ bzw. $\phi + 180°$, und die Kontrastempfindlichkeit für die Unterscheidung der Reize wurde bestimmt. Drei Paare von Testreizen mit den Phasen $\phi = 0, 45, 90°$ wurden benutzt. Aus den Ergebnissen konnten die Autoren mit Hilfe einer etwas komplizierten Methode, die hier nicht besprochen werden kann, schließen, daß nur Detektoren mit symmetrischer oder antisymmetrischer örtlicher Empfindlichkeitsverteilung am Erkennungsprozeß beteiligt gewesen sein können, nicht aber solche mit unsymmetrischen Verteilungen.

Die Phaseninformation spielt bei der Erkennung von Gittern eine Rolle, wie in einer Arbeit von *Howard u. Richardson* (1988) nachgewiesen wird. Wenn die Beobachter eine Vorinformation über die Phasenlage des dargebotenen Gitters haben, erniedrigt sich die Erkennbarkeitsschwelle.

Die hier besprochenen Detektormechanismen, insbesondere die Filtermechanismen beziehen sich durchweg auf eindimensionale Strukturen: Gitter, parallele Linien usw. Tatsächlich ist unser Netzhautbild aber zweidimensional, und die Objekte der natürlichen Umwelt bzw. ihre Teilstrukturen erzeugen zweidimensionale Netzhautbilder. Bei der Formulierung zweidimensionaler Filterprozesse treten einige ernsthafte Schwierigkeiten auf, die die Anwendbarkeit der linearen Theorie einschränken. Hierauf wird im Abschnitt über Wechselwirkungen ausführlicher berichtet.

4.2 Nacheffekte

Von Nacheffekten spricht man, wenn stationäre oder bewegte visuelle Reize nach ihrer Beendigung noch während einer gewissen Zeit die Gesichtsempfindung beeinflussen. Jedem sind wohl die schon früher erwähnten Nachbilder bekannt, die entstehen, wenn man z.B. in eine helle Lichtquelle geblickt hat. Solche Nachbilder sind auch bei weniger großen Helligkeitsunterschieden zu beobachten. Sie beruhen auf der Lokaladaptation (Burbeck 1986).

Der schon im Abschn. 4.1.1 erwähnte Sukzessiv-Kontrast gehört auch zu den Nacheffekten. In Fig. 4.4 ist ein Beispiel für den farbigen Sukzessiv-Kontrast gezeigt. Man sollte für ca. 20 s das rot-weiße Feld betrachten und dabei den Punkt auf der Trennkante fixieren. Wenn man gleich anschließend auf das benachbarte weiße Feld blickt und den dortigen Punkt fixiert, wird man in dem Gesichtfeldbereich, den vorher die rote Fläche eingenommen hat, eine deutlich grüne Färbung bemerken, die sich von dem anderen Teil des weißen Feldes deutlich unterscheidet. Grün ist die Komplementärfarbe zu rot.

Fig. 4.4. Beispiel für den farbigen Sukzessiv-Kontrast: Fixiert man für ca. 20 s den schwarzen Punkt auf dem rot-weißen Halbfeld, so erscheint bei einer nachfolgenden Fixation des Punktes im weißen Feld ein grünes Nachbild

Etwas schwieriger ist das Beispiel in Fig. 4.5 zu verstehen. Man sollte wiederum zunächst das gelbe Feld mit den kleinen weißen Quadraten für ca. 20 s betrachten, während man den Punkt in der Mitte des Feldes fixiert. Unmittelbar danach sollte man den Blick auf die andere Seite der Figur richten und wiederum den dortigen markierten Punkt fixieren. Man wird gelbe Quadrate in einem nahezu weißen Feld sehen. Das Interessante daran ist, daß weiße Details im linken Feld im rechten Feld gelb erscheinen, obwohl sie eine weiße Basis haben. Eine einfache Erklärung für dieses Phänomen ist, daß „weiß" eine subjektive Empfindung ist. Durch die Adaptation an eine Struktur, die überwiegend gelb ist, verschiebt sich die Empfindung „weiß" zu gelb. Beim Blickwechsel zum rechten rein weißen Feld wird durch den Sukzessivkontrast die Weiß-Empfindung in Richtung blau verschoben, wobei aber die kleinen vorher weißen Felder jetzt in Folge des Simultankontrastes gelb aussehen. Tatsächlich ist die Entstehung dieses schon von Purkinje 1825 beschriebenen Effektes aber etwas schwieriger (s. hierzu Anstis et al. 1978).

Fig. 4.5. Farbiger Sukzessiv-Kontrast auf Grund einer Verschiebung des mittleren Unbunt: Nach dem Fixieren des Punktes im gelb-weißen Feld erscheinen bei Fixation des Punktes im weißen Feld die kleinen weißen Quadrate gelb

Ungefähr die gleichen Mechanismen sind die Ursache für ein Phänomen, das leider nicht im Druck demonstriert werden kann. Man benötigt eine Kreisscheibe, die je zur Hälfte schwarz und weiß ist, auf einer Motorachse montiert ist und an ihrem Rand an der Grenze zwischen dem schwarzen und weißen Halbfeld eine Aussparung besitzt, hinter der bei der Rotation eine rote Lichtquelle kurzzeitig sichtbar wird. Wenn der Drehsinn der Scheibe derart ist, daß nach dem Aufblitzen des roten Lichtes das schwarze Feld folgt, sieht man, wie zu erwarten, einen roten Lichtblitz. Ist dagegen der Drehsinn entgegengesetzt, so daß auf den Blitz das weiße Feld folgt, so sieht man keinen roten, sondern einen blassen grünen Blitz.

Dieses Phänomen ist schon von J.W. von Goethe in seiner Farbenlehre als „Der blitzende Mohn" beschrieben worden. Goethe wandelte mit Gästen in der Abenddämmerung in seinem Garten, und beim Betrachten des blühenden roten Mohns bemerkten sie ein grünes Aufblitzen.

Dieser Effekt war auch die Ursache eines sehr tragischen Unfalls im Hamburger U-Bahnnetz vor einigen Jahrzehnten. Ein U-Bahnzug stand vor einem Haltesignal, und der Führer beobachtete das rote Signal. Bei einer kurzen Blickbewegung auf sein erleuchtetes Instrumentenbrett sah er einen grünen Blitz und interpretierte dies als Umschlagen des Haltesignals auf grün. Die Folge war eine Katastrophe.

Ein weiterer sehr interessanter Nacheffekt im Zusammenhang mit Farbe ist der *McCollough-Effekt* (McCollough 1965) (im Angelsächsischen auch als contingent color aftereffect bezeichnet). Dieser Effekt kann mit Hilfe von Figs. 4.6a,b nachvollzogen werden, was allerdings etwas umständlich ist. Man muß eine Maske aus schwarzem Papier benutzen, die jeweils nur eines der beiden farbigen Felder von Fig. 4.6a freigibt. Mit deren Hilfe sollte man in periodischem Wechsel im Takt von 10 bis 15 s abwechselnd eines der beiden Felder betrachten. Dabei sollte man nicht eine bestimmte Stelle fixieren, sondern den Blick über das Muster schweifen lassen, im besonderen Maße senkrecht zu den Gitterbalken. Anschließend betrachte man die reinen Schwarz-Weiß-Muster in Fig. 4.6b und wird bemerken, daß die senkrechten (also bei der Adaptation roten) Balken grün und umgekehrt die horizontalen (bei der Adaptation grünen) Balken rot erscheinen. Diese Adaptation muß normalerweise mindestens über 10 min ausgedehnt werden, damit der Effekt anschließend beobachtet werden kann. Es empfiehlt sich allerdings, bei einem ersten Versuch die Adaptationszeit nur über wenige Minuten auszudehnen, da manche Personen sehr stark auf diesen Effekt reagieren und nach längerer Adaptationszeit noch tagelang farbige Fensterkreuze und Türrahmen sehen.

Dieser Effekt darf nicht mit dem Sukzessivkontrast verwechselt werden, weil er nicht lokalen, sondern globalen Ursprungs ist (Dodwell u. O'Shea 1987). Eine Lokaladaptation mit strenger Fixation sollte daher jedenfalls vermieden werden. Der Effekt ist auch nicht an senkrechte und parallele Gitter gebunden, sondern kann auch mit anderen, im Sinne von Lie-Algebren orthogonalen Mustern erzeugt werden (Emerson et al. 1985). Über die Bedeutung von Lie-Algebren und Lie-Gruppen für Formulierungen der optischen Mustererkennung wird im Abschnitt über interne Repräsentation noch zu sprechen sein. Daher wird dieses Thema hier nicht weiter verfolgt.

Man beobachtet auch einen interokularen Transfer dieses Effektes, d.h., wenn man ein Auge an diese Muster adaptiert hat, kann man den Effekt auch mit dem anderen Auge beobachten (Kaufman et al. 1981).

Auch mit Schachbrettmustern läßt sich dieser Effekt hervorrufen (May et al. 1978). In der Fourier-Darstellung haben Schachbrettmuster hauptsächlich Ortsfrequenzen, deren Gitterstreifen diagonal zu dem Muster verlaufen. Tatsächlich ist der Nacheffekt für diese Ortsfrequenzen viel stärker ausgeprägt

Fig. 4.6 a, b. Zur Demonstration des McCollough-Effektes: Man muß zunächst wechselweise an die beiden Farbbilder von (a) adaptieren, wobei mit Hilfe einer Maske jeweils nur ein Bild sichtbar sein darf. Gekoppelt an die geometrische Struktur erscheinen dann die Schwarz-Weiß-Muster von (b) jeweils in der Komplementärfarbe. (Bitte benutzen Sie die beigefügte Lochmaske)

als für Gitterbalken in Richtung der Kanten. Lediglich bei sehr niedrigen Ortsfrequenzen (0,8 Perioden pro Grad) verläuft der Nacheffekt in Richtung der Kanten.

Ein richtungsspezifischer Helligkeitsnacheffekt ist ebenfalls beschrieben worden (Mikaelian et al. 1990). Er ist in etwa analog zum McCollough-Effekt und kann hervorgerufen werden, indem man in zeitlichem Wechsel an zwei Hell-Dunkel-Gitter adaptiert, die senkrecht zueinander orientiert sind und sich deutlich in der Helligkeit unterscheiden. Die erforderliche Adaptationszeit ist deutlich größer als beim McCollough-Effekt. Nach der Adaptation sieht man senkrecht zu einander orientierte Gitter gleicher Leuchtdichte in unterschiedlicher Helligkeit, komplementär zu den Adaptationsgittern.

Die Bewegungsnacheffekte sind schon im vorherigen Kapitel besprochen worden. Einige weitere Nacheffekte hängen sehr eng mit optischen Täuschungen zusammen und werden daher erst in dem entsprechenden Abschnitt besprochen werden.

Die wichtige Arbeit von Blakemore und Campbell, in der gezeigt wird, daß der Gesichtssinn selektiv an Gitter fester Ortsfrequenzen adaptieren kann, und daß dadurch bei benachbarten Ortsfrequenzen die Erkennbarkeitsschwelle erhöht wird, ist bereits mehrfach erwähnt worden. An dieser Stelle ist nachzutragen, daß bei einer solchen Adaptation benachbarte Ortsfrequenzen auch in der Ortsfrequenz verschoben erscheinen, und zwar wirkt die Verschiebung in Richtung eines größeren Abstandes von der Adaptationsfrequenz (Blakemore u. Sutton 1968; Blakemore et. al. 1970). Dieses Phänomen ist besonders interessant im Vergleich zu analogen Phänomenen in der Akkustik. Hierauf haben besonders *Strohmeyer III u. Julesz* (1972) hingewiesen.

4.3 Wechselwirkungen

4.3.1 Aufmerksamkeit

Wahrnehmen und Erkennen. Bisher wurden fast ausschließlich solche Sehaufgaben besprochen, bei denen die Versuchspersonen zwischen zwei Möglichkeiten zu entscheiden hatten: „Signal gesehen" oder „Signal nicht gesehen". Sie wurden gefragt, ob sie etwas *wahrgenommen* haben. Wenn es dagegen mehrere mögliche Signalformen gibt, reicht das einfache Urteil über eine Wahrnehmung u.U. nicht aus, sondern der Beobachter muß zusätzlich angeben, welches der möglichen Signale er gesehen hat, er muß das Signal *erkennen*. Das Erkennen ist häufig schwieriger als das Wahrnehmen, und die Schwelle dafür ist entsprechend höher.

Für das Verständnis des visuellen Systems ist es nun interessant zu wissen, wie der Erkennungsvorgang abläuft; ob er z.B. in zwei Stufen abläuft, so daß zunächst das Signal wahrgenommen und daraufhin erkannt wird, oder ob diese beiden Prozesse unabhängig voneinander ablaufen. Ferner kann man sich fragen, ob eine gezielte oder allgemeine Aufmerksamkeit die Erkennungswahrscheinlichkeit beeinflußt. Schließlich kann man nach Möglichkeiten suchen, aus der Wahrscheinlichkeit für die einfache Wahrnehmung diejenige für das Erkennen vorherzusagen, wenn die Erkennungsaufgabe genau genug definiert ist.

Beginnend mit der letzten Fragestellung sollen hier die Grundlagen einiger Modelle referiert werden, die zu diesem Problem auf der Basis der Signal-Detection-Theory (s. Abschn. 3.1.1,2) entwickelt wurden. In Anbetracht der geringen Kenntnis, die man über diese Vorgänge hat, müssen für ein Modell, das quantitative Aussagen gestattet, verhältnismäßig viele unbewiesene und z.T. auch unrealistisch erscheinende Voraussetzungen eingeführt werden. Die Übereinstimmung der Voraussagen dieser Modelle mit experimentellen Ergebnissen ist dementsprechend nicht sehr überzeugend. Trotzdem sollen die Grundlagen dieser Modelle in kurzer Form besprochen werden, weil hier vielleicht doch ein Zugang zu den oben genannten wichtigen Fragestellungen eröffnet wird.

Die grundlegende Voraussetzung ist, daß der Erkennungsprozeß kein Zweistufenprozeß ist, sondern, daß Wahrnehmen und Erkennen unabhängig voneinander, aber auf der Basis derselben Detektor-Prozesse vollzogen werden (Diener 1981; Green u. Birdsall 1978; Swets et al. 1978). Außerdem werden folgende Annahmen gemacht. Es werden m verschiedene zueinander orthogonale Muster verwendet. Hierunter ist folgendes zu verstehen. Man zerlegt (gedanklich) die Muster in eine u.U. große Zahl von Merkmalen, die strukturmäßig voneinander unabhängig sind, d.h. keine gemeinsamen Komponenten haben. Errichtet man aus diesen unabhängigen Strukturelementen einen vieldimensionalen Vektorraum, so kann man jedem Muster in diesem Raum einen Punkt zuordnen. Strukturen, die in diesem Vektorraum keine gemeinsamen Koordinatenanteile haben, sind orthogonal zueinander. Diese m verschiedenen, zueinander orthogonalen Muster sollen außerdem gleiche Erkennbarkeitswahrscheinlichkeiten haben.

Beide Voraussetzungen sind experimentell schwer erfüllbar oder überprüfbar. Die Voraussetzung der Orthogonalität führt nahezu zwangsläufig auf folgendes Detektormodell: Es gibt im visuellen System mindestens m Detektormechanismen, die ebenfalls unabhängig voneinander arbeiten und von denen jeder auf genau eines dieser Muster anspricht, und zwar alle mit untereinander gleichen Wahrscheinlichkeiten. Sobald für einen dieser Detektoren die durch ein Signifikanzkriterium gesetzte Schwelle überschritten wird, gibt er ein Signal weiter, das auf eine Sammelzelle läuft. Sobald diese Zelle ein solches Signal von einem der beteiligten Detektoren bekommt, gibt sie eine Antwort aus, die als „ja, gesehen" interpretiert wird. Von der Versuchsperson wird die Antwort „ja" oder „nein" erwartet, je nachdem, ob eines der m Signale erkannt wurde oder nicht. Es wird angenommen, daß keine gezielten Erwartungen oder Bevorzugungen für bestimmte Signale vorhanden sind. Bei diesem Detektionsvorgang kann man nicht ausschließen, daß andere, nicht für dieses Signal spezialisierte Zellen auch Signale erhalten, die allerdings nicht so stark wie das jeweils spezifische Signal sein dürfen.

Unter diesen Voraussetzungen kann ein einfacher statistischer Zusammenhang zwischen den Wahrscheinlichkeiten für einfache Wahrnehmung und multialternatives Erkennen formuliert werden. Entsprechend der Signal-Detection-Theory wird angenommen, daß die Erkennbarkeit der Signale durch ein überlagertes Rauschen beeinträchtigt wird und das Verhältnis von Darbietungen mit reinem Rauschen und Signal plus Rauschen bekannt ist. Sei $P_1(N)$ die Wahrscheinlichkeit für „falschen Alarm" bei einfachen Darbietungen eines Signals, so kann die Wahrscheinlichkeit $P_m(k|N)$ für k falsche Alarme bei einer m-alternativen Darbietung leicht berechnet werden. Es ist dann

$$P_m(*|N) = \sum_{k=1}^{m} P_m(k|N) = 1 - P_m(0|N)$$

die Wahrscheinlichkeit dafür, daß bei einer m-alternativen Darbietung mindestens ein falscher Alarm entsteht. $P_m(0|N)$ ist dabei die Wahrscheinlichkeit dafür, daß bei einer m-alternativen Darbietung kein falscher Alarm auftritt. Dies ist aber

$$P_m(0|N) = [1 - P_1(N)]^m \, ,$$

so daß

$$P_m(*|N) = 1 - [1 - P_1(N)]^m \tag{4.9}$$

gilt. In ähnlicher Weise kann die Wahrscheinlichkeit eines Treffers, d.h. einer richtigen Antwort, berechnet werden. Sei $P_1(S)$ die Wahrscheinlichkeit für einen Treffer bei einfacher Signaldarbietung, so ist die Wahrscheinlichkeit für einen Treffer bei einer m-alternativen Darbietung

$$P_m(1|S) = 1 - \{[1 - P_1(S)][1 - P_1(N)]\}^{m-1} \, . \tag{4.10}$$

Bei der Ableitung muß man bedenken, daß zur Erfüllung der Bedingung $P_m(1|S)$ die $m - 1$ (falschen) Detektoren kein Signal bekommen dürfen, das größer ist als das Signal des einzelnen, richtigen Detektors.

Betrachtet man (4.9) und (4.10) als abhängig von m, so fällt auf, daß mit wachsendem m beide Wahrscheinlichkeiten gegen eins streben, was unsinnig erscheint. Der Grund hierfür mag sein, daß bei der Ableitung der Formeln implizit die Annahme gemacht wurde, das Kriterium für die Signal-Detektion sei unabhängig von m. Es müßte also unbedingt eine sinnvolle Abhängigkeit des Kriteriums von m in die Theorie eingebaut werden. Umgekehrt kann man aus experimentellen Werten für die Wahrscheinlichkeiten

$$P_1(N), \quad P_1(S), \quad P_m(*|N), \quad P_m(1|S)$$

eine Schätzung für die beteiligte Anzahl von Detektormechanismen ableiten, wenn man m auf ein kleines Intervall beschränkt. *Diener* (1981) fand bei einer Variation von m im Bereich von 2 bis 8 nur eine Beteiligung von zwei Rezeptoren bestätigt, ein Ergebnis, das Beachtung verdient, sei es für eine Verbesserung des theoretischen Modells oder für ein besseres Verständnis des Erkennungsprozesses.

Lokale und globale Prozesse. Obwohl die Eigenschaften von Ortsfrequenzkanälen recht gut bekannt sind, weiß man über ihre Funktion für das Sehen verhältnismäßig wenig. Verschiedentlich wurde die Meinung vertreten, daß die Ortsfrequenzkanäle mit ihren verschiedenen Spektralbereichen wichtig für die Erkennung lokaler bzw. globaler Strukturen sind. Die Kanäle mit einer spezifischen Empfindlichkeit für hohe Ortsfrequenzen dienen demnach hauptsächlich der Erkennung von lokalen, die für die niedrigen derjenigen von globalen Strukturen. Eine andere Hypothese besagt, daß globale Strukturen erkannt werden, indem die lokalen Komponenten zunächst analysiert und dann in geeignete Gruppierungen zusammengefaßt werden. In diesem Falle wäre auch für die Erkennung globaler Strukturen die Analyse der feinen Strukturanteile mit den hohen Ortsfrequenzanteilen von vorrangiger Bedeutung.

Experimente zur Prüfung solcher Hypothesen müssen mit überschwelligen, nichtperiodischen Strukturen mit breitem Ortsfrequenzspektrum durchgeführt werden, Strukturen, die in der realen Welt hauptsächlich vorkommen und für deren Erkennung der Gesichtssinn eingerichtet ist.

Einige Autoren haben diese Fragestellung untersucht, indem sie solche Testobjekte einerseits einer Hochpaß- und andererseits einer Tiefpaßfilterung unterzogen und nach Unterschieden in der Erkennbarkeit dieser gefilterten Strukturen gesucht haben (Ginsburg 1978; Marr 1982; Fiorentini et al. 1983). Die Ergebnisse waren aber z.T. widersprüchlich und brachten keine klare Antwort.

Shulman et al. (1986) untersuchten diese Frage durch unterschiedliche Adaptation der Testpersonen. Dabei benutzten sie ein Testobjekt in der globalen Form des Buchstabens „C". Diese globale Form setzte sich aus 17 entsprechend kleineren, gleichartigen Buchstaben „C" zusammen. Die Versuchspersonen hatten die Aufgabe, die Orientierung jeweils der lokalen C bzw. des globalen C (die Lücke links, rechts, oben oder unten) anzugeben, und zwar bei vorheriger unterschiedlicher Adaptation an Sinusgitter verschiedener Ortsfrequenzen. Die Fehlerraten und Reaktionszeiten bei den Beobachtungen wurden gemessen. Die Ergebnisse sind leider nicht ganz eindeutig, weisen aber doch in die Richtung, daß es eine getrennte Verarbeitung von niedrigen und hohen Ortsfrequenzen gibt.

Ähnlich angelegt ist eine Reihe von Experimenten, die von *Shulman u. Wilson* (1987) durchgeführt wurden und die die Frage untersuchten, ob Testpersonen dadurch, daß sie ihre Aufmerksamkeit gezielt auf lokale bzw. globale Strukturen richten, ihre Empfindlichkeit für die Erkennung von Sinusgittern unterschiedlicher Ortsfrequenz ändern. Die Versuchspersonen erhielten zur Ausrichtung ihrer Aufmerksamkeit die primäre Aufgabe, Testfiguren zu analysieren, die ähnlich wie die eben erwähnten C globale Buchstaben bildeten, die aus – möglicherweise anderen – lokalen Buchstaben zusammengesetzt waren. Dieser Aufgabe überlagert war die sekundäre Aufgabe, etwa überlagerte Sinusgitter unterschiedlicher Ortsfrequenzen zu bemerken. Generell zeigte sich, daß überlagerte Sinusgitter niedriger Ortsfrequenz leichter bemerkt wurden, wenn sich die Personen auf die globalen Strukturen konzentrierten „und/oder"(in der Ausdrucksweise der Autoren) hochfrequente Sinusgitter leichter, wenn eine lokale Erkennungsaufgabe im Vordergrund stand. Diese Ergebnisse weisen auch in die Richtung, daß eine unabhängige Auswertung von lokalen und globalen Strukturen stattfindet.

Weitere Experimente von *Shulman u. Wilson* (1987) mit einer ähnlichen Methode, wie im vorhergehenden geschildert, zeigen, daß auch eine gezielte Ausrichtung der Aufmerksamkeit auf verschiedene Gesichtsfeldbereiche die Auffälligkeit von sekundär überlagerten Sinusgittern beeinflußt. Selektive Aufmerksamkeit auf die Peripherie erleichtert die Erkennbarkeit von Gittern niedriger Ortsfrequenzen und erschwert diejenige von hohen Ortsfrequenzen. Eine mögliche Interpretation ist, daß bei Erkennungsaufgaben in der Peripherie automatisch die globalen Strukturen bzw. die niedrigen Ortsfrequenzen angesprochen sind.

Auch das folgende Phänomen ist möglicherweise in Zusammenhang mit lokalen und globalen Prozessen zu sehen. Man kann beispielsweise die Photographie eines Gesichtes einer recht weitgehenden Tiefpaßfilterung unterwerfen, ohne daß dadurch die Erkennbarkeit der photographierten Person beeinträchtigt wird. Durch den Tiefpaß ist auch der Abstand der Abtastpunkte festgelegt, die unabhängige Bildinformation enthalten. Führt man jedoch mit einer solchen tiefpaßgefilterten Aufnahme eine Blockrasterung durch, wobei jedem zu einem Abtastpunkt gehörigen Bereich ein quadratischer Block mit der mittleren Helligkeit dieses Bereiches zugewiesen wird, so ist die abgebildete Person auf diesem Bild nur unter großen Schwierigkeiten zu erkennen, obwohl bei dieser Prozedur keine Information verloren gegangen sein kann. Eine mögliche Erklärung hierfür wäre, daß die harten Kanten des Blockrasters mit ihren hohen Ortsfrequenzen hauptsächlich die lokalen, nicht aber die globalen Mechanismen ansprechen.

Diese hier angesprochene Fragestellung wurde genauer von *Burr et al.* (1986) an Schachbrettmustern untersucht. Wie bereits früher erwähnt, sind die energiereichsten Fourier-Komponenten eines Schachbretts Gitter, die nicht in Richtung der Kanten der Felder orientiert sind, sondern diagonal, mit den Neigungen $\pm 45°$. Die Autoren haben unter Berücksichtigung dieses Umstandes mit einem Schachbrettmuster experimentiert, aus dem die Grundwelle der unter 45° verlaufenden Komponenten herausgefiltert wurde. Bei globaler Betrachtung sieht man daher nur die nicht eliminierten Gitter mit $-45°$ Neigung. Bei lokaler Betrachtung treten jedoch die Oberwellen dritter Ordnung in den einzelnen Feldern stark hervor, wodurch eine Orientierung in $+45°$ betont wird. Dieses und die weiteren quantitativen Resultate dieser Arbeit, die hier nicht im einzelnen besprochen werden können, unterstützen in starkem Maße den Aspekt, daß es eine getrennte Verarbeitung von niedrigen und hohen Ortsfrequenzen im visuellen System gibt.

Ein neurales Netzwerk zur Simulierung der gezielten Aufmerksamkeit bei der visuellen Mustererkennung wurde von *Fukushima* (1986) angegeben.

4.3.2 Wechselwirkungen zwischen Farbkanälen, Helligkeitskanälen und beiden Arten

In den beiden vorigen Abschn. 4.1 und 4.2 wurden die Kontrast- und Randkontrastphänomene erwähnt und teilweise demonstriert. Der Farbkontrast unterscheidet sich dabei vom Helligkeitskontrast dadurch, daß zwar ebenso wie beim Helligkeitskontrast bei äquiluminanten, aneinandergrenzenden Farbfeldern eine Kontrastüberhöhung entsteht, jedoch kein Randkontrast sichtbar ist, also keine schmalen Zonen um die Trennkante mit einer Farbkontrasterhöhung. Die aneinandergrenzenden Felder sind vielmehr mit der Kontrastfarbe voll ausgefüllt. Demgegenüber läßt die Organisation der farbselektiven, kortikalen Zellen eher auf einen ähnlichen Randkontrast wie bei den Hell-Dunkel-Zellen schließen. Allerdings gibt es ebenso wie beim Farbkontrast auch bei der Helligkeitsempfindung außer dem Randkontrast noch einen Helligkeitsunterschied, der das ganze Feld ausfüllt, während man aus der reinen Bandpaßstruktur der kortikalen Zellen schließen sollte, daß es nur einen reinen Randkontrast gibt.

Es wird also – bei Farbfeldern vollständig, bei Hell-Dunkel-Feldern teilweise – vom Rand her das Feld mit einem Flächenkontrast ausgefüllt. Über diesen (im englischen als „fill in" bezeichneten) Prozeß ist im einzelnen noch recht wenig bekannt. Der Prozeß tritt in noch anderer Form auf, in der er normalerweise nicht so leicht bemerkt wird. Beispielsweise hat der blinde Fleck im Auge, also die Stelle, wo der Sehnerv den Augapfel verläßt und dabei auch die Netzhaut durchdringt, keine Rezeptoren, kann also über den Lichteinfall an dieser Netzhautstelle keine Information weitergeben. Trotzdem bleibt der blinde Fleck beim normalen Sehen unbemerkt, weil dieses Areal durch einen neuronalen Prozeß mit aus der Umgebung extrapolierter Helligkeit, Farbe und u.U. auch Struktur ausgefüllt wird. Dieser Prozeß funktioniert allerdings auch bei Netzhaut-Skotomen, Netzhautbereichen, in denen Nervenzellen degeneriert oder abgestorben sind. Eine Ursache für solche Skotome kann eine Netzhautablösung sein, bei der die Rezeptor- und Bipolarzellen, sonst über das Pigmentepithel ernährt, degenerieren. Eine andere Ursache kann ein zu hoher hydrostatischer Druck im Inneren des Auges sein, der die Blutgefäße und Nervenbahnen in der Netzhaut schädigt (grüner Star). Die Folge dieses Ausfüllprozesses ist, daß die betroffenen Personen diese Schädigungen erst in sehr fortgeschrittenem Stadium bemerken, wobei dann allenfalls noch ein Stillstand der Schädigungen aber keine Heilung mehr zu erreichen ist.

Eine Variante des Randkontrastes ist auch bei Gitterstrukturen zu beobachten (Sagi u. Hochstein 1985). Als Testfigur dient ein Gitter mit überschwelligem Kontrast, das in einer Hälfte des Bildschirmes erscheint, während der übrige Teil mit einer gleichförmigen Leuchtdichte, die gleich dem Mittelwert der Gitterleuchtdichte ist, ausgefüllt wird. Die letzten Perioden am Ende des Gitters, mit dem es an den gleichförmigen Bereich grenzt, erscheinen in überhöhtem Kontrast. Dieser Effekt ist am deutlichsten im Ortsfrequenzbereich von 4,14 bis 14 Perioden/Sehwinkelgrad zu beobachten. Er wird von den Autoren auf eine laterale Inhibition zwischen benachbarten Ortsfrequenzkanälen zurückgeführt.

Interessanterweise gibt es auch einen Effekt, der eine Art Umkehrung des Randkontrastes darstellt und als Cornsweet-Täuschung bekannt ist. Man betrachte ein Feld mit einem Leuchtdichteprofil, das im wesentlichen eine konstante Leuchtdichte hat, mit Ausnahme einer kleinen Störung, wobei (z.B. von rechts nach links) zunächst ein gradueller Abfall der Leuchtdichte erfolgt, dann ein diskreter Sprung zu einem Wert, der ebenso weit über dem mittleren Niveau liegt, wie das Minimum auf der rechten Seite unter ihm, dann wieder ein graduierter Abfall auf das mittlere Niveau (s. Fig. 4.7). Diese Störung sollte etwa 2° Ausdehnung haben. Man bemerkt dann, daß die rechte Seite dunkler als die linke erscheint, und zwar gleichmäßig im gesamten Feld. Dieser Effekt ist in unterschiedlicher Weise mehrfach beschrieben worden (Craik 1940; O'Brien 1958; Cornsweet 1970). Man erzeugt die geeigneten Muster am einfachsten, indem man auf einer in gleichmäßigem Grau und zur Rotation auf einer Motorachse vorbereiteten Scheibe auf etwa dem halben Radius der Scheibe eine kleine Hell-Dunkel-Schablone anbringt, die bei einer schnellen Rotation der Scheibe das beschriebene Leuchtdichteprofil erzeugt.

Auch dieser Effekt ist nicht auf Helligkeitsstrukturen beschränkt, sondern ist auch bei Farbstrukturen zu beobachten (Ware u. Cowan 1983). Die relativen Stärken des Effektes für den Rot-Grün-Kanal bzw. den Blau-Gelb-Kanal sind bei verschiedenen Versuchspersonen unterschiedlich und insgesamt schwächer als im achromatischen Fall.

Auch dieser Effekt hat eine Parallele bei Gitterstrukturen (Sagi u. Hochstein 1985). Man bringt in der Mitte eines Gitters von gleichförmigem, überschwelligen Kontrast eine Kontraststörung nach Art der Cornsweet-Täuschung an, also beispielsweise von links nach rechts einen kurzen stetigen Abfall des Kontrastes, dann einen plötzlichen Anstieg auf einen über dem mittleren Kontrast des Gitters liegenden Wert und schließlich einen kurzen gleichmäßigen Abfall auf den mittleren Wert. An diesem Gitter beobachtet man einen deutlich höheren Kontrast im ganzen rechten Bereich des Gitters als im Bereich links von der Störung.

Ein Unterschied zwischen achromatischen und chromatischen Reizen wird nicht nur beim Randkontrast, sondern auch bei dem zeitlichen Aufbau einer Empfindung beobachtet (Schwartz u. Loop 1982, 1983). Bei Messungen der Reaktionszeit auf sehr schwache Reize (chromatisch und achromatisch), die über Zeiten von bis zu 1000 ms dargeboten werden, beobachtet man charakteristische Unterschiede bei der zeitlichen Erscheinungsform dieser Reize. Achromatische Reize werden als Blitze oder sprunghafte Änderungen der Helligkeit gesehen, bei chromatischen Reizen baut sich die Empfindung dagegen langsam und stetig auf. Hier ist eine gewisse Analogie zur Erscheinungsform stationärer Feldbegrenzungen zu erkennen.

Im Abschn. 2.2.3 wurde die Struktur rezeptiver Felder bereits kurz besprochen, und es wurde darauf hingewiesen, daß es Ganglienzellen mit On-Zentrums-Feldern und Off-Zentrums-Feldern gibt. Erstere reagieren im wesentlichen auf einen Helligkeitssprung in positiver, letztere auf einen solchen in negativer Richtung. Für die Übertragung der Information über die örtlichzeitliche Helligkeitsstruktur werden letzten Endes beide Feldtypen benötigt, und das bedeutet, daß diese Zellen auf irgendeiner Signalverarbeitungsstufe in Wechselwirkung miteinander treten müssen.

Zu dieser Frage sind einige Experimente von *Stelmach et al.* (1987) beschrieben worden. Es ist nicht besonders schwierig, neurologisch oder psychophysikalisch nachzuweisen, daß ein plötzlicher Anstieg der Helligkeit in einem Testfeld ein On-Signal, ein plötzlicher Abfall ein Off-Signal auslöst. Schwieriger ist es dagegen, die Wechselwirkung solcher Signale nachzuweisen, weil man dazu gleichzeitig ein Anstiegs- und ein Abfallssignal auslösen muß. Die genannten Autoren benutzten dazu eine Testfeldstruktur, die aus einem einzelnen Signalpunkt und einem $3° \cdot 3°$ großen Umfeld aus zahlrei-

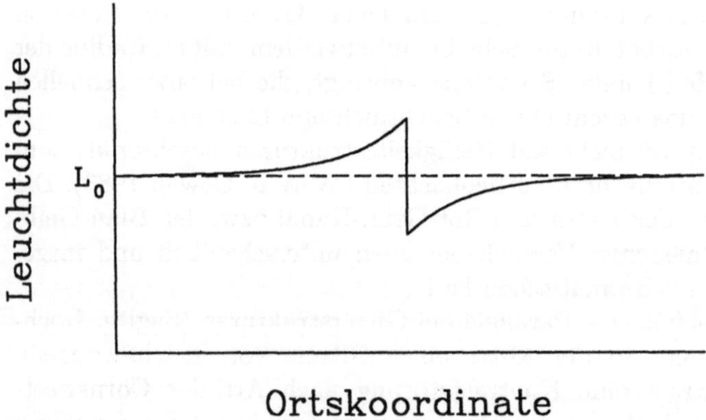

Fig. 4.7. Cornsweet-Täuschung: Das Leuchtdichteprofil, das zur Demonstration dieser Täuschung benötigt wird. Es ist am einfachsten mit einer rotierenden, grauen Scheibe zu erzeugen, auf der eine kleine Schablone in der Art des hier wiedergegebenen Helligkeitsprofils angebracht ist

chen (10–40) Punkten bestand, die auf einem Oszillographenschirm dargeboten wurden. Die Helligkeit von Signalpunkt und Umfeldpunkten konnte unabhängig voneinander wahlweise auf verschiedene Niveaus eingestellt werden. In verschiedenen Versuchsreihen wurde die Helligkeit des Signalpunktes entweder erhöht oder verringert. Außerdem wurde die Helligkeit des Umfeldes entweder gleichsinnig zum Signal oder gegensinnig geändert. Quantisiert wurden die Antworten der Beobachter, indem ein Paar von Testreizen mit einem solchen Helligkeitswechsel zweimal hintereinander dargeboten wurde. Nur bei einem dieser Teste änderten sich die Helligkeiten von Signalpunkt und Umfeld, bei dem anderen Test wurde nur die Umfeldhelligkeit geändert. Die Beobachter hatten die Aufgabe zu entscheiden, bei welchem der beiden Teste sich die Signalhelligkeit geändert hatte. Die Trefferquote wurde als Maß für die Stärke des beobachteten Effektes betrachtet. Es zeigte sich, daß das beobachtete Signal wesentlich stärker war, wenn der Helligkeitswechsel gegenläufig als wenn er gleichsinnig erfolgte. Da On- und Off-Signale antagonistisch sind, ist dieses Ergebnis zu erwarten. Es zeigt aber, daß hier wirklich eine Wechselwirkung der beiden Signaltypen stattfindet.

4.3.3 Orientierungs-Anisotropie

Werden eindimensionale Sehleistungen wie das Minimum separabile von parallelen Linien oder die Kontrastschwelle von Gittern in Abhängigkeit von ihrer Orientierung im Gesichtsfeld untersucht, so zeigt sich, daß die besten Leistungen erbracht werden, wenn die betreffenden Strukturen entweder vertikal oder horizontal orientiert sind. Bei anderen Orientierungen sinkt die Sehleistung und erreicht ein Minimum bei einer Neigung von ±45°. Dieser

Effekt entsteht nicht durch Abbildungseigenschaften der Augenmedien. Dies wurde von *Campbell et al.* (1966) nachgewiesen, indem diese Autoren ein Gitter aus Interferenzstreifen unter Umgehung der optischen Abbildung durch die Augenmedien auf die Netzhaut projiziert haben. Auch läßt sich dieser Effekt nicht im Elektroretinogramm erkennen; ein Zeichen dafür, daß er auch nicht in der Netzhaut entsteht. Wohl aber ist er im visuell evozierten Potential (VEP) zu erkennen. Er muß also kortikalen Ursprungs sein. Die älteren Arbeiten darüber sind in einem ausführlichen zusammenfassenden Artikel von *Appelle* (1972) referiert worden.

In neuerer Zeit wurde die Orientierungs-Anisotropie u.a. von *Matin et al.* (1987) gemessen, indem sie den gerade erkennbaren Unterschied der Neigung von Gitterbalken untersuchten. Es wurden nacheinander ein kleines, kreisförmig begrenztes Referenzgitter und ein ebensolches Testgitter dargeboten. Die Versuchspersonen hatten die Aufgabe, den kleinsten erkennbaren Unterschied in der Orientierung der Gitter zu bestimmen. Die Referenzgitter wurden mit einer Orientierung von 90° bzw. 45° dargeboten. Die Unterschiedsempfindlichkeit für die Orientierung der Gitter war bei 90° wesentlich größer als bei 45°.

4.3.4 Maskierung

Von *Maskierung* spricht man, wenn das Erscheinungsbild oder die Schwelle eines Testreizes durch einen anderen, zeitlich vorhergehenden, nachfolgenden oder gleichzeitigen Reiz, die Maske, verändert wird. Beispiele für eine Maskierung sind schon in Abschn. 3.4.1 und bei den Blickfolgebewegungen in Abschn. 3.4.2 erwähnt worden. Einige neuere Maskierungstechniken werden jetzt anhand interessanter Beispiele besprochen.

Bandstruktur von Ortsfrequenzkanälen. *Strohmeyer III u. Julesz* (1972) haben die Bandbreite von Ortsfrequenzkanälen untersucht, indem sie einem Testgitter dynamisches, eindimensionales Rauschen überlagerten. Das Rauschen bestand aus unregelmäßigen, zeitlich sich verändernden und bewegenden Gitterbalken. Die Autoren hatten dabei eine von *Fletscher* in der Psychoakustik eingeführte Methode vor Augen (s. Abschn. 3.4.2, Fußnote 6) und benutzten verschiedene Prozeduren:

1. Die Ortsfrequenz des Testgitters wurde konstant gehalten. Dem Testgitter wurde entweder ein Hochpaßrauschen oder ein Tiefpaßrauschen überlagert. Das Hochpaßrauschen hatte eine untere Grenzfrequenz, die über der des Gitters lag und relativ zur Gitterfrequenz verschoben werden konnte. Analog wurde die obere Grenzfrequenz des Tiefpaßrauschens von der niederfrequenten Seite gegen die Frequenz des Gitters verschoben.

2. Die Maske bestand aus einem Bandpaßrauschen von konstantem, eine Oktave breitem Frequenzband, die Frequenz des Testgitters wurde variiert.

3. Die konstante Frequenz des Gitters wurde von einem Bandpaßrauschen überlagert, dessen Mittelfrequenz gleich der Gitterfrequenz war und dessen Bandbreite variiert werden konnte.

In allen Fällen wurde die durch das Rauschen bewirkte Schwellenerhöhung gemessen. Aus den Experimenten schließen die Autoren, daß die Maskierungswirkung des Rauschens in einem Frequenzabstand von 0,5 bis 0,75 Oktaven auf die Hälfte des Maximums abgefallen ist. Dieser Wert, multipliziert mit zwei, darf als die Halbwertsbandbreite der Ortsfrequenzkanäle angesehen werden. Sie stimmt gut mit den in Abschn. 3.1.5 besprochenen Ergebnissen von *Blakemore u. Campbell* (1969) überein.

Wilson et al. (1983) haben ebenfalls die Bandstruktur selektiver Ortsfrequenzkanäle mit einer Maskierungsmethode untersucht. Sie benutzten zur Maskierung Cosinusgitter und als Testreiz eine Struktur, die mathematisch als die sechste Ableitung einer Gaußfunktion zu beschreiben ist. Sie ist örtlich lokalisiert, ist im Aussehen einer Gaborfunktion ähnlich und hat eine Fouriertransformierte mit einem Bandpaßspektrum von 1 Oktave Halbwertsbreite. Die Teststruktur war vertikal orientiert, das maskierende Gitter hatte gegen die Vertikale eine Neigung von 14, 5°. Diese Neigung wurde gewählt, weil man wechselnde Phasenrelationen zwischen Testreiz und Maske vermeiden wollte. Man hat experimentell nachgewiesen, daß bei dieser Neigung die relative Phasenlage keinen Einfluß auf die Wahrnehmbarkeit hat. Die zeitliche Modulation des maskierenden Gitters betrug 1 Hz, für die zeitliche Modulation des Testreizes benutzte man eine zeitliche Gaußfunktion mit einer Zeitkonstanten von 0,25 s. Dementsprechend war die Darbietungszeit der Konfiguration 1 s.

Als Resultat fanden die Autoren, daß sechs unabhängige Ortsfrequenzkanäle pro örtlichem Abtastpunkt erforderlich sind, um den gesamten Ortsfrequenzbereich abzudecken. Hierdurch werden frühere Ergebnisse (Wilson u. Bergen 1979) korrekturbedürftig. Bei den früheren Messungen ist ein Ortsfrequenzkanal für sehr hohe Ortsfrequenzen unbemerkt geblieben, und außerdem sind die Bandbreiten der Kanäle nach den neueren Untersuchungen etwas kleiner als nach der früheren Methode.

Phasische und tonische Kanäle. Im Abschn. 2.2.3 wurde bereits erwähnt, daß es in der Retina des Menschen und der Primaten zwei Klassen von Neuronen gibt, die Parvo- und Magno-Zellen. Diese beiden Untersysteme finden sich auch im Corpus geniculatum wieder. Die Parvo-Zellen sind (wie schon der Name sagt) klein, sie vermitteln eine hohe örtliche und eine schlechte zeitliche Auflösung, d.h. die Parvo-Zellen reagieren tonisch. Ihre Aktivität hält also mehr oder weniger während der ganzen Dauer des Reizes an. Die Magno-Zellen sind relativ groß, haben eine schlechte örtliche, aber eine gute zeitliche Auflösung, sie reagieren phasisch. Sie melden daher nur den Beginn und allenfalls das Ende eines Reizes.

Es werden jetzt zwei Arbeiten besprochen, in denen die zeitlichen Übertragungseigenschaften von Ortsfrequenzkanälen bzw. auch ihre Wechselwirkungen untereinander mit Maskierungsexperimenten untersucht werden. Zur Beschreibung des ersten, von *Breitmeyer* (1978) durchgeführten Experimentes kann an die Ausführungen in Abschn. 3.4.1 über die Arbeiten von *Hartmann* (1968) und *Breitmeyer et al.* (1981) angeknüpft werden. Mit dem Konzept der Maskierung sowie der Existenz von Parvo- und Magno-Zellen kann man das dort erläuterte Experiment folgendermaßen beschreiben. Der schwache, kurzzeitig dargebotene Testreiz wird offenbar durch den stärkeren, ebenfalls kurzzeitig dargebotenen Umfeldreiz maskiert. Die Maskierung ist wirksam, wenn sie bis zu 120 ms nach der Darbietung des Testreizes eingeschaltet wird. Dieses Zeitintervall wird als Unterschied der Reaktionszeit eines schnellen, phasischen Kanals für die Maske und eines langsamen, tonischen Kanals für den Testreiz betrachtet. Durch die Maskierung wird der tonische Kanal also gehemmt.

In dem jetzt zu beschreibenden Experiment (Breitmeyer 1978) bestand der Testreiz aus einer Nonius-Struktur: zwei vertikale unmittelbar übereinander angeordnete Balken von $3'$ Breite, die um $0,3'$ gegeneinander versetzt waren. Die Beobachter hatten zu entscheiden, in welcher Richtung die Balken gegeneinander versetzt waren. Der Maskierungsreiz bestand aus zwei $8,3'$ breiten Balken, die im Abstand von $5,5'$ voneinander zu beiden Seiten des Testreizes und parallel zu ihm angeordnet waren. Die Darbietungszeit von Test- und Maskierungsreiz war 5 oder 8 ms. Die maximale Maskierung fand statt, wenn der Zeitunterschied zwischen 40 und 80 ms lag. Es wurde jetzt untersucht, ob der Maskierungsreiz seinerseits durch einen weiteren Reiz gehemmt werden kann. Zu diesem Zweck wurden außerhalb der Maske zwei weitere, flankierende Balken dargeboten, die links von dem linken bzw. rechts von dem rechten Maskierungsbalken, je im Abstand von wenigen Winkelminuten angeordnet waren. Diese Balken blieben über die ganze Versuchsdauer eingeschaltet, aktivierten also tonische Kanäle. Die Wirkung dieser Balken war, daß die Maskierung des Testreizes im vorher wirksamsten Bereich der Zeitverzögerung stark abnahm. Man kann daraus schließen, daß hier die flankierenden Balken die Maskenbalken, daß also tonische Kanäle die phasischen Kanäle gehemmt haben.

In einem weiteren Experiment (Breitmeyer et al. 1981) wurde das zeitliche Verhalten von Ortsfrequenzkanälen untersucht. Dazu wurden die Reaktionszeiten von Versuchspersonen auf das Einschalten (und Ausschalten) von Gittern untersucht. Die Gitter wurden entweder auf einem stationären Hintergrund dargeboten oder auf einem Hintergrund, der mit 6 Hz flimmerte.

Die Reaktionszeiten nahmen mit steigender Ortsfrequenz der Gitter in einem Bereich von 0,5 bis 16 Perioden pro Grad stetig zu. Im Vergleich zum stationären Hintergrund nahmen bei flimmerndem Hintergrund die Reaktionszeiten selektiv im niedrigen Ortsfrequenzbereich von 0,5 bis 2 Perioden pro Grad zu. Es ist anzunehmen, daß das 6-Hz-Flimmern die phasischen Kanäle stark maskierte, die tonischen dagegen relativ wenig beeinflußte. Der Anstieg der Reaktionszeiten über den gesamten Ortsfrequenzbereich ist daher so zu

interpretieren, daß bei dem Wechsel von niedrigen zu hohen Orstfrequenzen der Muster ein kontinuierlicher Übergang von phasischen Kanälen mit
Empfindlichkeitsmaxima bei niedrigen Ortsfrequenzen zu tonischen Kanälen
mit Schwerpunkten bei hohen Ortsfrequenzen stattfand. Ähnliche Ergebnisse
sind auch mit anderen Methoden gefunden worden.

Fovea und Peripherie. In diesem Abschnitt wird über ein Experiment berichtet, das einen interessanten Unterschied der Wirkung einer Maskierung
in der Fovea und in der Peripherie aufzeigt (Nagano 1986). Das Testobjekt
war eine Kreisscheibe mit $0,6°$ Durchmesser, der Maskierungsreiz ein konzentrischer Ring, der um die Kreisscheibe angeordnet war, eine Breite gleich
dem Radius der Scheibe hatte und dessen Abstand von der Kreisscheibe variiert werden konnte. Am interessantesten sind die Ergebnisse, bei denen der
Abstand (Innenradius des Ringes minus Radius der Kreisscheibe) gleich dem
Radius des Kreises war. Testreiz und Maske wurden gleichzeitig mit einer Zeit
von 48 ms dargeboten. Das Kriterium für die Erkennbarkeit der Testreizes
war die relative Zahl der richtigen Antworten bei einer zweistufigen Forced-
Choice-Darbietung, bei der in kurzer Folge einmal die Maske alleine und
einmal der Test zusammen mit der Maske gezeigt wurden. Die Versuchspersonen hatten zu entscheiden, in welcher Darbietung der Testreiz anwesend
war.

In der Fovea bewirkte die Maske eine Erhöhung (Facilitierung) der Erkennbarkeit des Testes. Bei einer Präsentation in der Peripherie ist es sinnvoll,
die Dimensionen der Strukturen entsprechend dem kortikalen Vergrößerungsfaktor zu vergrößern. Wird der Test $23°$ peripher in nasaler Richtung ausgeführt (mit einer entsprechenden Vergrößerung der Testfigur um den Faktor
10), so bewirkt im Gegensatz zu dem Ergebnis in der Fovea die Maskierung
durch den Ring eine Hemmung für die Erkennbarkeit des Testes.

Diese Untersuchung zeigt einmal mehr, daß beim peripheren Sehen andere Mechanismen wirksam sind als beim fovealen Sehen und daß mit dem
kortikalen Vergrößerungsfaktor noch nicht alle Probleme gelöst sind.

4.3.5 Zweidimensionale Strukturen

Bisher ist bei Fragen der Mustererkennung hauptsächlich von eindimensionalen Strukturen die Rede gewesen: eindimensionale Gitter, zwei benachbarte
Punkte, parallele Linien usw. Tatsächlich sind die Strukturen, die auf die
Netzhaut unserer Augen abgebildet werden, zweidimensional. (Daß unsere
Umwelt dreidimensional ist und wie wir dies erkennen können, wird noch
genauer erörtert. Das bereits besprochene beidäugige stereoskopische Sehen
ist dabei nur eines von mehreren Hilfsmitteln.)

Formal läßt sich die Beschreibung von Reizverteilungen sowohl in der
Orts- als auch in der Ortsfrequenzdarstellung leicht von einer auf zwei Dimensionen erweitern. Dieser zweidimensionale Formalismus ist bereits in

Abschn. 1.1.2 beschrieben worden. Die Beschreibung ist auf der Empfindungs-
oder Wahrnehmungsseite insofern nicht zureichend, als die Netzhaut keine
homogene Ebene mit gleichmäßig besetzten Rezeptoren ist. In den folgenden
Unterabschnitten sollen zunächst einige theoretische Ansätze angesprochen
und dann experimentelle Befunde erörtert werden.

Theorie. Wegen der rotationssymmetrischen Organisation der retinalen rezeptiven Felder bietet sich eine Beschreibung in Polarkoordinaten an. Dies ist
im Ortsraum und im Ortsfrequenzraum durchführbar. Bei rotationssymmetrischen rezeptiven Feldern besteht keine Abhängigkeit vom Azimuth-Winkel,
und die Empfindlichkeitsstruktur ist eine Funktion des Radius. Der Zusammenhang zwischen Orts- und Ortsfrequenzverteilung wird dann durch eine
Hankeltransformation beschrieben (Watson 1922, s.a. z.B. Röhler 1962). Sei
$d(r)$ die örtliche Empfindlichkeitsverteilung des Feldes, so ist die Ortsfrequenzverteilung gegeben durch

$$D(\rho) = 2\pi \int_0^\infty d(r) I_0(2\pi r \rho) r \, \mathrm{d}r \, ,$$

wobei I_0 die Besselfunktion erster Art ist.

Kortikale rezeptive Felder zeigen eine Abhängigkeit ihrer Erregbarkeit
von der Orientierung der Reizkonfiguration (Linien, Gitter). Die örtliche
Ausdehnung der rezeptiven Felder der einfacheren kortikalen Neurone (simple cells) kann durch Ellipsen beschrieben werden, ebenso die Ausdehnung
im Ortsfrequenzbereich. Die Empfindlichkeitsstruktur solcher Felder wird
durch die Unterscheidbarkeit von Ortsfrequenzen und Orientierungen ausgedrückt. Diese Methode ist bereits im Abschn. 4.3.3 in Zusammenhang mit
der Orientierungs-Anisotropie besprochen worden.

Diese rezeptiven Felder werden im Zusammenhang mit der visuellen Signalverarbeitung gerne als selektive Filter mit einer Resonanzkurve für Ortsfrequenzen und einer solchen für Orientierungen angesprochen. Dies im-
pliziert, daß Ortsfrequenz- und Orientierungsfilterung im wesentlichen unabhängig voneinander sind, daß also in einer gemeinsamen Filterfunktion
diese beiden funktionalen Zusammenhänge separierbar sein sollten.

Daugman (1980, 1983, 1985) hat den Zusammenhang zwischen der Orts-
frequenzbandbreite und der Orientierungsbandbreite insbesondere bei Gabor-
Funktionen genauer untersucht und gefunden, daß i.a. ein sehr enger Zusammenhang zwischen diesen Bandbreiten besteht und daß sie keineswegs ohne
weiteres separierbar sind.

Dem stehen allerdings experimentelle Befunde entgegen, die eine Un-
abhängigkeit von Ortsfrequenz- und Orientierungsbandbreite erkennen lassen
(Caelli et al. 1983; Sagi 1988). Insbesondere haben *Treutwein et al.* (1989) in
einer experimentell und theoretisch sehr aufwendigen Arbeit die (nichteuklidische) Geometrie der Empfindlichkeiten dieser beiden Modalitäten über der
Ortsfrequenz/Orientierungs-Ebene untersucht. Diese Arbeit kann aber erst

im Abschnitt über „Interne Repräsentation" besprochen werden, wenn die dafür notwendigen Grundlagen erläutert worden sind.

Unabhängig von der Frage der Separierbarkeit von Ortsfrequenz- und Orientierungsbandbreite haben *Zetsche u. Barth* (1990) auf grundsätzliche Beschränkungen der linearen Filtertheorie bei der Verarbeitung zweidimensionaler Signale aufmerksam gemacht und eine völlig andere Art der Beschreibung vorgeschlagen. In der Tat sind lineare Filter einschließlich ihrer Beschreibung in der Ortsfrequenzdarstellung auf eindimensionale Signale ausgerichtet. Zweidimensionale Filter sind auch im technischen Bereich schwierig zu behandeln und zu realisieren. Jedenfalls kann ein lineares Filter zweidimensionale Strukturen mit eindimensionalen verwechseln. Daher schlagen die Autoren eine andere Art der Beschreibung von Helligkeitsverteilungen als Grundlage für die neuronale Signalverarbeitung vor. Sie interpretieren die Helligkeitsverteilung als eine Fläche über der Koordinatenebene. Die differentialgeometrische Beschreibung von Flächen ist schon von Gauß und Riemann vor ca. 150 Jahren entwickelt worden. Hierauf greifen die Autoren zurück und entwickeln auf der Basis des Gaußschen Krümmungsmaßes Parameter, die den bekannten Typen rezeptiver Felder durchaus die Information über die Detailstruktur einer Helligkeitsfläche vermitteln können.

Texturen. Texturen sind wohl die einfachsten zweidimensionalen Strukturen, die für die visuelle Erkennung von Mustern interessant sind. Es handelt sich dabei um flächenhafte, periodische oder statistische Strukturen: Tapeten- oder Gewebemuster, Gesteinsoberflächen usw. Gewisse Unterschiede in diesen Mustern fallen dem Betrachter „auf den ersten Blick" auf, also vor aller sorgfältigen Betrachtung, sie sind unmittelbar auffällig, sie werden abgeteilt (segmentiert) oder ausgesondert (segregiert). Dieser Prozeß ist für den Betrachter einer Szene außerordentlich wichtig, weil er auf diese Weise einen schnellen skizzenhaften Überblick gewinnt. Andere Abweichungen oder „Fehler" in der Textur sind nur bei eingehender Prüfung zu erkennen. Von Interesse für das Verständnis der Arbeitsweise des visuellen Systems ist es natürlich, die Kriterien zu kennen, nach denen Texturbereiche unmittelbar auffällig sind.

Pionierarbeit auf diesem Gebiet ist vor allem von *Julesz* geleistet worden (Julesz 1962; Julesz et al. 1973; Julesz 1975). Eine unmittelbare Auffälligkeit ist gegeben, wenn es Unterschiede in Helligkeit, Farbe oder Größe gibt, wenn es also in mathematischer Ausdrucksweise Unterschiede in der Statistik erster Ordnung gibt, die nur auf der Dichte der „Treffer" in den betroffenen Bereichen beruhen. Auch Unterschiede in der Statistik zweiter Ordnung, bei der es auf die zweidimensionale (bei einer zweidimensionalen Grundmannigfaltigkeit also auf eine vierdimensionale) Verteilung von Doppelpunkten ankommt, sind normalerweise auf diese Weise zu erkennen (eine von verschiedenen Möglichkeiten der Mittelwertbildung über die statistische Verteilung zweiter Ordnung ist das Autokorrelationsintegral). *Julesz* wurde durch seine Arbeiten zu der Annahme geführt, daß Unterschiede in der Statistik erster oder zweiter Ordnung unmittelbar auffällig sind, Unterschiede in den höheren Ordnungen aber nur durch gezielte Aufmerksamkeit erkannt werden können. Besonders bekannt geworden ist ein Beispiel, in dem flächenhaft in einer Art Tapetenmuster Spiralen (z.B. rechtsläufige) angeordnet sind. Werden in diesem Muster einige rechtsläufige durch linksläufige ersetzt, so ist dies nicht unmittelbar auffällig.

Im weiteren Verlauf der Forschungen auf diesem Gebiet wurden allerdings Gegenbeispiele gegen diese Hypothese gefunden. Dies sind Strukturen, die lokale Unterschiede in der Statistik erster oder zweiter Ordnung gegenüber den globalen Werten haben: Endpunkte von Linien oder Richtung, Neigung und Dicke von Linien oder Schraffuren usw. Solche lokalen Merkmale wurden von *Julesz* mit *Textons* bezeichnet (Julesz 1986).

Interpolation von Punktreihen. Bei der Aussonderung und Identifizierung einzelner Objekte der visuellen Szene spielt die Wahrnehmung der Kontur eine ausschlaggebende Rolle. Es können beispielsweise einzelne Objekte teilweise von anderen verdeckt werden, ohne daß die Erkennbarkeit wesentlich eingeschränkt ist. Es wurden daher verschiedentlich Modelle für die Objektidentifikation vorgeschlagen, die auf Korrelationsoperationen beruhen. Danach führt das visuelle System eine Korrelationsanalyse zwischen den wahrgenommenen Strukturen und intern gespeicherten Mustern durch. Von *Caelli u. Umansky* (1976) wurde aber darauf hingewiesen, daß Korrelationsprozesse wohl eine Rolle bei der Wahrnehmung von Konturen spielen können, daß aber eine eindeutige Identifizierung dabei nicht möglich ist. Sie schlagen daher ein Zweistufenmodell vor, das zuerst mit Hilfe der Korrelationsanalyse Konturen identifiziert, die dann in einem zweiten Schritt mit Hilfe von Interpolationsprozessen erkannt werden.

Zur experimentellen Prüfung dieser Hypothese haben die Autoren linienförmig angeordnete Punktreihen benutzt, mit denen gewisse geometrische Elemente approximiert wurden. Die Erkennung dieser Strukturen wurde durch ein überlagertes zweidimensionales Rauschen erschwert. Die Verwendung von Punktmustern bietet sich schon deswegen an, weil unser visuelles Detektorsystem aus diskreten, rasterförmig angeordneten Elementen besteht, so daß die Erkennung glatter Konturen nur durch Interpolation möglich erscheint.

Die von den Versuchspersonen zu lösende Aufgabe bestand im wesentlichen darin, eine U-förmige Linie von einer V-förmigen zu unterscheiden. Im einzelnen waren die Fragestellungen etwas komplizierter, was hier aber nicht näher erläutert werden soll. Untersucht wurde dann der Einfluß verschiedener Abstände zwischen den Punkten auf die Erkennbarkeit, und die Ergebnisse wurden mit verschiedenen Interpolationsalgorithmen verglichen. Das letztlich vorgeschlagene Modell beruht darauf, daß das visuelle System eine Repräsentation der Gestalt erstellt, indem es die örtliche Änderung in der Orientierung von Interpolationselementen verarbeitet. Die Interpolationselemente werden aus der Punktfolge entnommen.

Eine ähnliche Fragestellung liegt einer Arbeit von *Link u. Zucker* (1988) zugrunde. Die Autoren betonen die Bedeutung von Krümmungselementen oder auch scharfen Ecken in den Konturen und untersuchen die Fähigkeit von Versuchspersonen, aus Punktreihen Information hierüber zu entnehmen. Zu diesem Zweck erzeugten sie Geraden, die in einem mehr oder weniger stumpfen Winkel aufeinander zuliefen. In einer Serie trafen sich diese Geraden in einer scharfen Spitze, in einer zweiten Serie ist die Spitze durch eine abgerundete, glatte Linie ersetzt. Beide Kurvenserien wurden dann durch Reihen äquidistanter Punkte approximiert. Zur Unterscheidbarkeit der scharfen Spitze von der abgerundeten Linie sind offensichtlich zwei Parameter von Bedeutung: erstens der Winkel zwischen den Geraden, zweitens die Phasenlage der approximierenden Punkte. Die Phasenlage wurde folgendermaßen variiert: ausgehend von der Phasenlage 0, wo ein Punkt im Scheitel des Winkels lag, wurden die Punktreihen schrittweise bis zur Hälfte des Punktabstandes verschoben, wobei dann im letzten Fall die Punkte symmetrisch auf beiden Seiten des Scheitels lagen.

Die Ergebnisse zeigten, daß die Phasenlage einen sehr großen Einfluß auf die Unterscheidbarkeit der beiden Kurvenformen hatte, wobei naturgemäß die symmetrische Lage (Phase 0,5) die schlechtesten Unterscheidbarkeiten brachte. Die Autoren argumentieren, daß ihre Ergebnisse sehr gut mit den Unterschiedsschwellen für die Orientierung und den Orientierungsselektivitäten von kortikalen simple cells vereinbar sind.

4.4 Invarianzen

4.4.1 Geometrie und Farbe

Invarianzleistungen des visuellen Systems sind für das Erkennen bzw. Wiedererkennen von Objekten außerordentlich wichtig. Sie bewirken, daß bestimmte Merkmale solcher Objekte für die Wahrnehmung invariant bleiben, obwohl sich die physikalischen Gegebenheiten in z.T. drastischer Weise verändern. Hier einige Beispiele:

1. Größeninvarianz: Wenn man z.B. einen Menschen in verschiedenen Entfernungen sieht, weil er sich auf einen zubewegt oder sich entfernt, erscheint er in unserer Wahrnehmung in unveränderter Größe, obwohl sich das Netzhautbild in weiten Grenzen verändert.
2. Forminvarianz: Ein dreidimensionaler Körper, z.B. ein Würfel, erscheint – mit gewissen Einschränkungen – in der gleichen Form, wenn er gedreht wird, obwohl sich dabei das Netzhautbild in der Struktur sehr stark ändert.
3. Richtungsinvarianz: Ein ruhendes Objekt wird in einer gleichbleibenden Richtung im Raum gesehen, auch wenn der Beobachter Augen-, Kopf-

oder Körperbewegungen macht, wobei sein Netzhautbild große Verschiebungen erleidet.

4. Farbinvarianz: Die spektrale Verteilung des Lichtes, das von einem Objekt reflektiert wird und dadurch in unser Auge gelangt, ändert sich mit der Beleuchtung in erheblichem Maße. Man denke nur an die sehr unterschiedlichen spektralen Verteilungen von direktem Sonnenlicht, blauem Himmel, bedecktem Himmel, Mittag oder Dämmerung, Glühlampenlicht oder Leuchtstofflampenlicht als Lichtquellen! Trotzdem erscheinen uns die Objekte in ihrer gewohnten Farbe, sonst würden wir sie u.U. gar nicht wiederfinden.

Die Mechanismen, die diese Invarianzleistungen bewirken, sind nur zum Teil gut bekannt. Im folgenden werden einige Erläuterungen oder Hinweise zu diesen Beispielen gebracht.

Größeninvarianz. Die Größeninvarianz für Objekte im Nahbereich (bis zu ca. 10–20 m) wird durch die Konvergenz der Augenachsen beim Fixieren dieser Objekte bewirkt. Dazu gibt es ein sehr eindrucksvolles Experiment. Legt man z.B. zwei gleiche Münzen vor sich in einem Abstand von ca. 10 cm auf den Tisch, so gelingt es den meisten Personen, die linke Münze mit dem linken Auge, die rechte mit dem rechten Auge zu fixieren und zu fusionieren. Bei Schwierigkeiten hilft oft eine Trennwand zwischen den Münzen und den entsprechenden Augen. Verändert man daraufhin langsam den Abstand der Münzen voneinander, so ist es normalerweise möglich, die Fusion in einem gewissen Bereich aufrecht zu erhalten. Dabei wird man bemerken, daß ein Zusammenschieben der Münzen, was einer stärkeren Konvergenz, also im Regelfall auch einem geringeren Abstand entspricht, zur Verkleinerung des binokularen Wahrnehmungsbildes führt. Eine Vergrößerung des Abstandes der Münzen führt dagegen zu einer Vergrößerung des Wahrnehmungsbildes.

Bei Objekten in größerer Entfernung spielt zweifellos auch die Akkommodation eine Rolle bei der Erhaltung der Größeninvarianz.

Bei Objekten außerhalb unserer unmittelbaren Erfahrung versagen diese Mechanismen. Jeder Autofahrer kennt wohl den Eindruck, den eine auf langer Strecke gerade Straße macht, die in der Entfernung plötzlich ansteigt. Man hat den Eindruck, daß die Straße nahezu senkrecht in die Höhe strebt. Bei größerer Annäherung erweist sich die Straße als durchaus befahrbar.

Ein amüsantes Gesellschaftsspiel ist es, an einem schönen Sommerabend seine Gäste zu fragen, wir groß ihnen der Mond erscheint. Sie werden sehr interessante Antworten bekommen!

Forminvarianz. Bestimmte zweidimensionale Strukturen erkennen wir unter verschiedenen Winkeln wieder: rechtwinklige Dreiecke, Buchstaben in verschiedener Größe, verschiedener Winkelstellung und sogar in verschiedener Handschrift. Die Erkennung dreidimensionaler Körper wird im übernächsten Abschnitt ausführlicher besprochen.

Eine weitere Bemerkung betrifft die geometrischen Formveränderungen, die durch die Aberrationen des Auges bewirkt werden. Schon *Luneburg* (1950) hat darüber Betrachtungen angestellt, wie es möglich sein kann, daß ein Objekt, das man nicht fixiert, z.B. ein Hund, sich durch unser gesamtes Gesichtsfeld bewegen kann, ohne daß man sich der dabei infolge der Abbildungsfehler des Auges zwangsläufig auftretenden Formveränderungen im Netzhautbild bewußt wird. Unter Berücksichtigung der beidäugigen Betrachtung kommt er zu dem Schluß, daß unser binokularer Sehraum, also die innere Repräsentation des dreidimensionalen Raumes eine nichteuklidische Struktur haben muß.

Über die nichteuklidische Struktur des Sehraumes entstand in der Folgezeit umfangreiche Literatur. Eine sorgfältige Literaturübersicht und die Beschreibung eigener, interessanter Experimente findet man bei Kienle (1968). In den weiteren Jahren hat dieses Thema etwas an Interesse verloren, obwohl es wohl nach wie vor nicht vollständig geklärt ist. Es wird eher als ein Teilproblem der Invariantenbildung bei der inneren Repräsentation betrachtet. Näheres hierüber wird im Abschn. 4.6 berichtet.

Richtungsinvarianz. Die Richtung im Raum, unter der wir ein ortsfestes Objekt sehen, bleibt bei Augen-, Kopf- oder Körperbewegungen unverändert. Ein Erklärungsversuch für diese Invarianz ist das *Reafferenzprinzip* (von Holst, Mittelstaedt 1950, MacKay 1973). Es basiert auf der Annahme, daß der visuelle Kortex gleichzeitig mit dem efferenten Signal zur Auslösung einer Augenbewegung eine *Efferenzkopie* bereitstellt, die das von den Netzhautrezeptoren bei der Verschiebung des Netzhautbildes erzeugte afferente Signal kompensiert. Für diese Annahme sprechen folgende Beobachtungen: Bewegt man mechanisch einen Augapfel, indem man schläfenseitig vorsichtig mit einem Finger auf das Augenlid drückt, so beobachtet man eine Verschiebung des Netzhautbildes. In diesem Fall ist keine Efferenzkopie erzeugt worden. Verhindert man umgekehrt mit einem seitlich auf die Hornhaut gesetzten kleinen Saugnapf, daß das Auge einer intendierten Bewegung folgt, so beobachtet man eine Verschiebung des Netzhautbildes in einer Gegenrichtung.

Farbinvarianz. Die Farbempfindung (Farbton, Farbsättigung) bleibt unter wechselnden Beleuchtungsverhältnissen relativ konstant. Diese Aussage ist natürlich gewissen Einschränkungen unterworfen. Wie schon im Abschnitt über Farbkontrast dargelegt wurde, wird die Farbempfindung bei einem Detail durch dessen farbliche Umgebung stark verändert. Die angesprochene Invarianzleistung bezieht sich daher auf Veränderungen der Beleuchtung im gesamten Gesichtsfeld. Im einzelnen ist dieser Prozeß kompliziert und nicht vollständig verstanden. In erster Näherung kann man vielleicht sagen, daß der Gesichtssinn aus einer gewichteten Mittelwertbildung der Farbverteilung im Gesichtsfeld ein Referenz-Unbunt ermittelt, gegen das die einzelnen Farbkomponenten bewertet werden.

Besonderes Interesse hat seit Jahrzehnten die Frage gefunden, wie sich die Farben mit der Helligkeit des Gesichtsfeldes verändern. Bei sehr geringen Leuchtdichten, bei denen nur die Stäbchen aktiv sind, gibt es, wie bereits besprochen, kein Farbensehen. Bei etwas höheren Leuchtdichten, bei denen sich das Farbensehen zwar noch nicht voll entwickelt hat, aber schon vorhanden ist, gibt es starke Einschränkungen bei der Unterscheidung der Farbtöne. Es bilden sich dabei vier *invariante Farbtöne* heraus: Blau (470 nm), Blaugrün (507 nm), Gelb (570 nm) und Karminrot, das nicht durch eine Spektralfarbe zu kennzeichnen ist, sondern nur als eine Farbe auf der Pupurgeraden, die Gegenfarbe zu 510 nm. Auch das Rot des äußersten Spektralendes hat nämlich noch einen kleinen Gelbstich. Reduziert man, ausgehend vom photopischen Sehen mit gutem Farbensehen, nach und nach die Leuchtdichte, so nähern sich an diese vier invarianten Farben die benachbarten Farben mehr oder weniger an. Letztere verändern bei abnehmender Leuchtdichte ihren Farbton und erscheinen auch zunehmend ungesättigter (*Brücke-Bezoldsches Phänomen*).

Bei sehr hohen Leuchtdichten oder sehr geringen Sättigungen degeneriert das Farbensehen ebenfalls. Die roten und grünen Farbtöne wandern bei der Erhöhung der Leuchtdichte zu einem ungesättigten Gelb. Blaugrün und Blau wandern dagegen zu einem ungesättigten Blau (*Bezold-Abneysches Phänomen*). Genauere Angaben und Literatur zu diesen Phänomenen findet man bei Schober (1958).

Die eben erwähnten invarianten Farben werden gerne mit den *Urfarben* gleichgesetzt. Hierunter versteht man „reine Farben“: ein reines Rot, das weder einen Gelbstich noch einen Blaustich hat, reines Gelb, das weder rötlich noch grünlich ist, entsprechend für Grün und Blau. Neuere Arbeiten zeigen aber, daß diese Gleichsetzung nicht völlig richtig ist (Vos 1986). Die Urfarben spielen bei den Theorien über Mechanismen des Farbensehens eine Rolle.

4.4.2 Invarianz der Mustererkennung

Die Fähigkeiten der Wiedererkennung von komplizierten Mustern unter teilweise sehr veränderten Bedingungen gehören zu den bewunderungswürdigsten und daher auch am wenigsten gut verstandenen Leistungen des Gesichtssinnes.

Man ist heute der Ansicht, daß von solchen Mustern – dabei muß man z.B. an uns bekannte Menschen, ihre Gesichter oder Vergleichbares denken – interne Darstellungen im Gehirn gespeichert werden. Diese Speicherung darf man sich aber nicht zu primitiv vorstellen. Man hat in diesem Zusammenhang in früheren Jahren häufig von einer „Tante-Emma-Zelle“ gesprochen, einer kortikalen Zelle, die immer dann ein Signal gibt, wenn Tante Emma, in welcher Bekleidung oder welcher Perspektive auch immer, im Gesichtsfeld erscheint.

Es ist sehr leicht auszurechnen, daß selbst die sehr große Zahl von kortikalen Zellen nicht ausreicht, alle Aspekte von allen interessanten Personen oder Objekten zu speichern, sondern daß es notwendig ist, eine wesentlich abstraktere Form der Informationsspeicherung anzunehmen.

Gegenwärtig geht man davon aus, daß die anfallenden Daten aus dem Netzhautbild nicht ohne vorherige Aufarbeitung dem Kortex zum Vergleich mit seinen gespeicherten Mustern angeboten werden. Über die innere Repräsentation dieser Muster wird in Abschn. 4.6 ausführlicher geredet. Hier soll es zunächst um die Schritte zur vorherigen Aufarbeitung des Netzhautbildes gehen.

Es gibt im Kortex Zellen, die infolge der retinotopen Abbildung Informationen über den geometrischen Ort von monokular oder binokular betrachteten Objektpunkten an den Kortex liefern. Es gibt außerdem Zellen, die Information über die Orientierung von Linienelementen erhalten. Jedes dieser beiden Systeme ist aber nicht in der Lage, ein in sich vollständiges „Skelett" einer Szene oder auch nur einer komplizierteren Figur zu erzeugen. Diese Konturierung (auf einer höheren Ebene) wäre aber die erste Stufe einer Redundanzreduzierung für eine spätere Verarbeitung zur Mustererkennung. Daher hat man diskutiert, ob es bei einer ersten Mustervorverarbeitung eine Korrelation zwischen diesen beiden Mechanismen geben könnte.

Caelli u. Dodwell (1984) sind dieser Frage genauer nachgegangen und haben auch experimentelle Evidenz dafür gefunden, daß es zwischen Position und Orientierung tatsächlich eine Kopplung gibt. Nach ihren Ergebnissen sieht es so aus, als ob allen wichtigen Positionen (Konturen, Ecken, Kontraststufen usw.) nicht nur ein Ortsmerkmal, sondern auch ein Orientierungspfeil angeheftet ist und daß diese beiden Merkmale korreliert sind. Demnach würde eine erste Redundanzreduktion eine Art Vektorfeld der Orientierungen in Abhängigkeit vom Ort liefern.

Ein weiterer Prozeß der Mustervorverarbeitung ist die bereits früher erwähnte Amplitudenkompression.

Selbst ein in dieser Weise schon vorverarbeitetes Muster kann in der Regel noch nicht unmittelbar mit dem abstrakten Erinnerungsbild im Gehirn verglichen werden. Vielmehr ist eine weitere Informationsreduktion durch eine Zerlegung in Mustermerkmale erforderlich. Da diese Merkmale der Informationsreduktion und der Erzielung einer abstrakteren Beschreibungsweise dienen sollen, müssen sie gegenüber geometrischen Verzerrungen, wie sie das Netzhautbild erleidet, also gegenüber gewissen geometrisch-optischen Transformationen invariant sein. Sie können daher nicht mehr retinotop sein. Man muß also aus der Aufgabenstellung heraus die betroffene Transformationsgruppe herausfinden und deren Invarianten suchen. Als eine in dieser Beziehung sehr wichtige Gruppe bietet sich die Gruppe der Ähnlichkeitstransformationen (Verschiebung, Drehung, zentrische Streckung, Achsenspiegelung) an.

Damit die in dieser Weise ermittelten invarianten Merkmale mit den gespeicherten Mustern im Gehirn verglichen werden können, wird ein Kriterium zur Feststellung des Grades der Ähnlichkeit benötigt. Glünder (1987, 1988) hat eine gegen Ähnlichkeitstransformationen invariante Musterbeschreibung vorgeschlagen und darüber hinaus eine verallgemeinerte Korrelationsmethode zum Ähnlichkeitsvergleich angegeben.

4.5 Optische Täuschungen

Das visuelle System ist, wie schon mehrfach betont, nicht einfach eine Art Fernsehsystem oder eine photographische Kamera. Seine Aufgabe besteht nicht primär darin, ein unverzerrtes Bild der Umgebung zu erzeugen, sondern Musteranalyse und -erkennung auszuführen. Dabei müssen Manipulationen an der ursprünglichen Bildinformation vorgenommen werden, z.B. zur Informationsreduktion. Dies führt zu nichtlinearen Verarbeitungsprozessen, die ihrerseits spezifische Verzerrungen nach sich ziehen. Normalerweise werden diese Verzerrungen im täglichen Leben nicht bemerkt, weil wir seit der frühen Kindheit daran gewöhnt sind. Aber unter ungewöhnlichen Umständen, z.B. auch unter Laborbedingungen, können sie erkennbar werden. Man nennt sie dann *optische Täuschungen*. Einige von ihnen sind bereits in anderem Zusammenhang erwähnt worden.

Früher sind diese Täuschungen als bedauerliche Fehlleistungen des visuellen Systems betrachtet worden. Sie haben trotzdem ein reges wissenschaftliches Interesse gefunden, weil man durch sie interessante Aufschlüsse über die visuellen Bildverarbeitungsmechanismen bekommen kann. In der neueren Zeit betrachtet man die optischen Täuschungen noch unter dem Aspekt, daß sie eine Rationalisierungsmaßnahme des Gehirns darstellen, wodurch dieses befähigt wird, die gewaltigen Datenverarbeitungsleistungen, die für die Analyse, Interpretation und Erkennung von komplizierten visuellen Strukturen erforderlich sind, in erstaunlich kurzer Zeit zu bewältigen. Man stößt jetzt häufiger auf die Ansicht, daß auch die automatische Mustererkennung schneller und flexibler funktionieren könnte, wenn man dabei optische Täuschungen zulassen würde, die im Regelfall nicht stören.

4.5.1 Geometrische Täuschungen

In diesem Abschnitt sollen Täuschungen behandelt werden, die beim Betrachten stationärer, zweidimensionaler Strukturen auftreten.

Sehr bekannt ist die *Poggendorff-Täuschung*, die in Fig. 4.8a dargestellt ist. Die schräge Linie, die teilweise von einem vertikalen Balken verdeckt wird, scheint aus zwei Teilen zu bestehen, die seitlich gegeneinander versetzt sind. Tatsächlich sind es Teile einer geraden Linie, wovon man sich durch Anlegen eines Lineals leicht überzeugen kann.

Über die Mechanismen, die diese Täuschung bewirken, gibt es auch in der gegenwärtigen Literatur kontroverse Ansichten. Es wird hauptsächlich diskutiert, ob diese Täuschung an einer Fehleinschätzung der Winkel oder

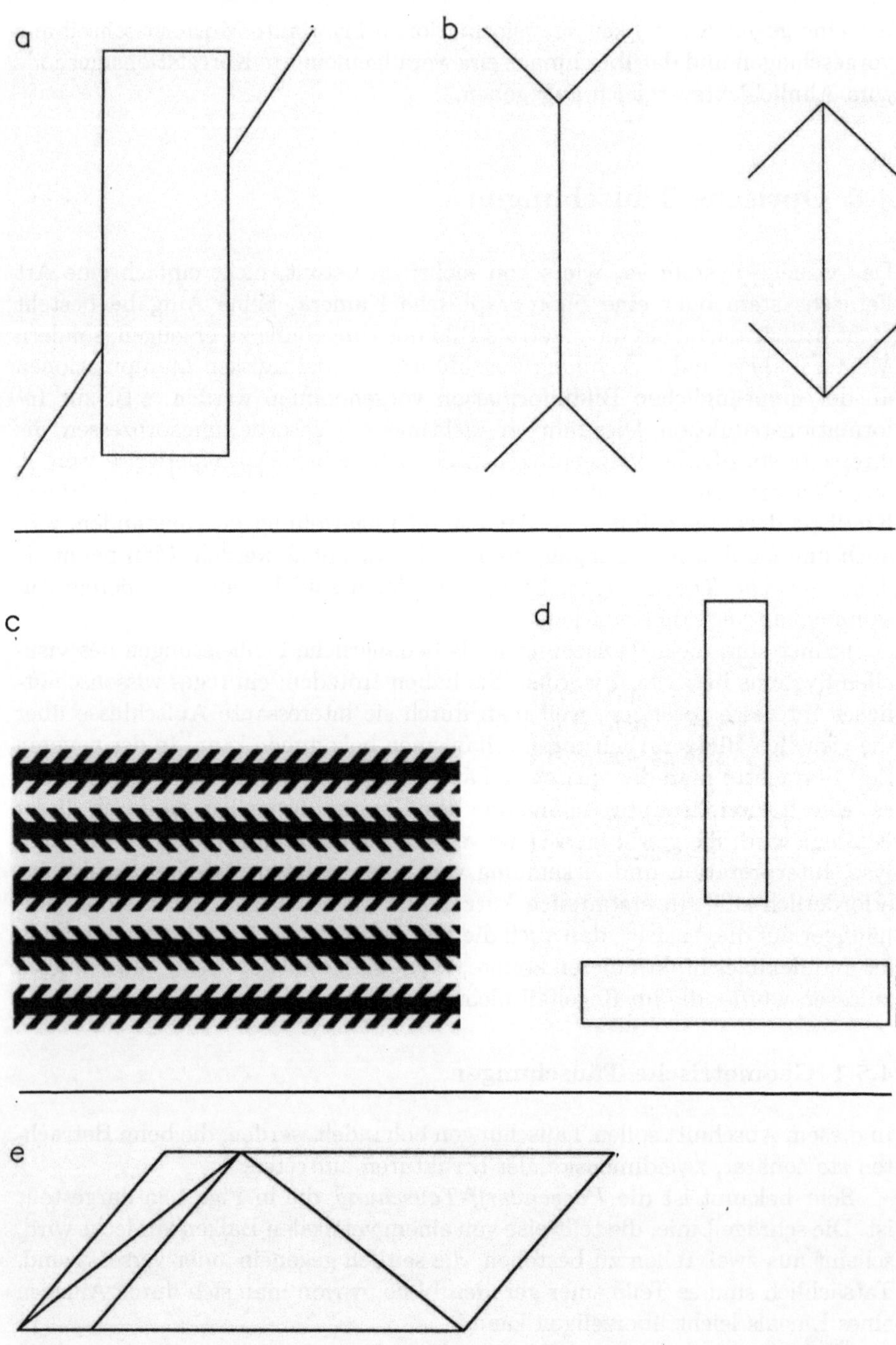

Fig. 4.8 (a) Poggendorff-Täuschung, (b) Müller-Lyer-Täuschung, (c) Zöllnersche Täuschung, (d) Horizontal-Vertikal-Täuschung, (e) Müller-Lyersche Diagonalentäuschung

der Länge des verborgenen Linienteils liegt. Beide Interpretationen bringen diese Täuschung mit jeweils einer der beiden folgenden, ebenfalls schon lange bekannten Täuschungen in Verbindung.

Die *Müller-Lyer-Täuschung* ist in Fig. 4.8b dargestellt. Man sieht zwei Strecken, begrenzt durch Pfeilspitzen, die einmal nach außen, einmal nach innen zeigen. Die Strecke mit den nach außen weisenden Pfeilen erscheint kürzer als jene, bei der die Pfeile nach innen gerichtet sind.

Bei der *Zöllnerschen Täuschung*, die in Fig. 4.8c dargestellt ist, sieht man die Hauptlinien, die in Wirklichkeit parallel sind, divergent nach links bzw. rechts verlaufen. Dies würde eher auf eine Fehleinschätzung des Winkels, unter dem die Hauptlinien von den „Fischgräten" geschnitten werden, hindeuten.

Es gibt eine größere Anzahl von Varianten der Zöllnerschen Täuschung. Größeres Interesse hat dabei die Vertikalen-Täuschung (*tilt illusion*) gefunden, weil sie den Effekt in vereinfachter, und daher leichter interpretierbarer Form zeigt. Sie wird durch eine vertikale Linie erzeugt, die von einer schräg verlaufenden Geraden geschnitten wird. Dadurch erscheint die Vertikale in der Weise verkippt, daß der Winkel zwischen ihr und der schneidenden Geraden sich einem rechten Winkel mehr annähert.

In Fig. 4.8d sind ein vertikaler und ein horizontaler Balken gezeigt. Beide sind gleich lang!

Eindrucksvoll ist auch die *Diagonalen-Täuschung*, die in Fig. 4.8e abgebildet ist. Sie wird auch Müller-Lyer zugeschrieben. Die rechte der beiden Diagonalen erscheint wesentlich länger als die linke, tatsächlich sind aber beide gleich lang.

Weitere Täuschungen dieser Art und auch solche aus anderen, im folgenden noch zu besprechenden Bereichen findet man bei *Schober u. Rentschler* (1972).

4.5.2 Kontrast- und Gradienten-Täuschungen

In Fig. 4.9 sind die *Münsterberg-Täuschung* (Münsterberg 1894) und die *Taylor-Woodhouse-Täuschung* (Taylor u. Woodhouse 1980) wiedergegeben. Die Rechtecke bzw. Quadrate dieser Figuren erscheinen schief, und zwar in der einen Figur in der entgegengesetzten Richtung zu der in der anderen.

Zur Erklärung dieser Effekte sind verschiedene Modelle vorgeschlagen worden, die aber gemeinsam darauf abzielen, daß die Fuge bzw. Grenzlinie zwischen den einzelnen Elementen je nach dem Kontrast der angrenzenden Felder oder der Strichstärke empfindungsmäßig eine unterschiedliche Verschiebung erfährt und daß dadurch eine schiefe Begrenzungslinie entsteht. Auf dieser Basis können beide Täuschungen in gleicher Weise erklärt werden (Bressan 1985).

Eine weitere Ausgestaltung hat dieser Effekt in der sog. *Caféwand-Täuschung* erfahren (Lulich u. Stevens 1989). Es handelt sich dabei um ein

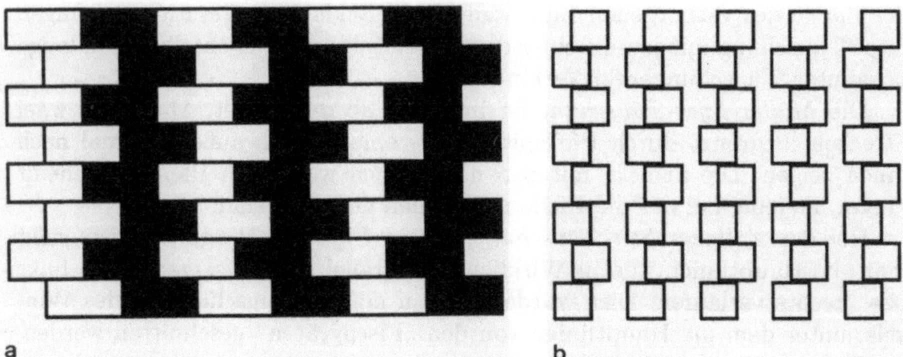

Fig. 4.9 (a) Münsterberg-Täuschung, (b) Taylor-Woodhouse-Täuschung: Die hier dargestellten Rechtecke bzw. Quadrate erscheinen trapezförmig

Muster, das ähnlich der Münsterberg-Täuschung aus schwarzen und weißen „Fliesen" zusammengesetzt ist, wobei aber die horizontale Fuge zwischen den Fliesen durch einen schmalen grauen Streifen markiert ist. In dieser Form ist der Effekt noch stärker ausgeprägt.

Der Cornsweet-Effekt, der auch in die Gruppe der Kontrast- und Gradienten-Täuschungen gehört, ist bereits im Abschn. 4.3 erwähnt worden. Er entsteht offensichtlich dadurch, daß allmähliche örtliche Änderungen der Leuchtdichte schwächer als steile Änderungen oder überhaupt nicht vom Gesichtssinn übertragen werden, wie dies schon aus dem Abfallen der Übertragungsfunktion bei niedrigen Ortsfrequenzen hervorgeht.

Zur quantitativen Modellierung dieses Phänomens wird normalerweise angenommen, daß der Gesichtssinn die Leuchtdichteverteilung zunächst zur Komprimierung logarithmiert, dann den Gradienten bildet und kleine Gradientenwerte über einen Schwellenprozeß abschneidet. Zusätzlich muß noch ein Integrationsprozeß über größere Bildbereiche stattfinden. Dies geht z.B. aus folgendem Experiment hervor: Man erzeugt eine kreisförmige Scheibe, die zwei konzentrische Cornsweet-Strukturen mit verschiedenen Radien, aber gleichem Gradientenverlauf besitzt. Die wahrgenommenen Helligkeitssprünge addieren sich dann, so daß eine dreistufige, radiale Helligkeitstreppe entsteht. Das bedeutet, daß der erste Helligkeitssprung sich auch auf die Helligkeit der dritten Stufe auswirkt. Es muß also eine Integration in radialer Richtung über die Scheibe stattfinden.

Der Schwellenprozeß kann zu merkwürdigen Phänomenen führen. Bringt man z.B. die Leuchtdichtegradienten nicht in radialer, sondern in angularer Richtung auf der Scheibe an, so kann der Cornsweet-Effekt nicht in der obigen Weise funktionieren. Sonst würde man nach einem Umlauf auf der Scheibe über mehrere Cornsweet-Strukturen zu einer anderen Helligkeit gelangen als beim Anfang. Die Helligkeitsverteilung würde dann, mathematisch betrachtet, einen Rotationsanteil besitzen, könnte deshalb also keine Gradientenstruktur sein. Tatsächlich werden unter diesen Umständen keine stufenförmigen Helligkeitssprünge beobachtet. Diese und verwandte Probleme sind ausführlich von *Arend u. Goldstein* (1987) behandelt.

4.5.3 Subjektive Strukturen

Man spricht von *subjektiven* oder *scheinbaren Strukturen*, wenn Strukturen wahrgenommen werden, ohne daß entsprechende physikalische Reize vorhanden sind. Ein Beispiel zeigt Fig. 4.10. Es ist die sog. *Kanisza-Täuschung* (Kanisza 1976). Obwohl als physikalische Reize nur Markierungen für die Ecken eines Quadrats vorhanden sind, sieht man in der Regel, besonders bei herabgesetzter Beleuchtung, das ganze Quadrat als Fläche, die etwas heller ist als die Umgebung. Die Markierungen an den Ecken werden als *induzierende Reize* bezeichnet.

Fig. 4.10. Scheinbare Strukturen bei der Kanisza-Täuschung. Man erkennt innerhalb des durch die Eckstrukturen markierten Bereiches ein quadratisches Feld, welches heller erscheint als das umgebende Umfeld. Tatsächlich ist die Helligkeit von In- und Umfeld gleich

Es gibt eine größere Zahl von Varianten dieses Effektes und ähnliche Strukturen, von denen scheinbare Kontraste oder Konturen erzeugt werden. Über die Entstehung solcher Erscheinungen besteht keine einheitliche Meinung. Erwiesen ist aber, daß sie auch von Tieren gesehen werden. Man konnte auch im Tierversuch eine elektrische Reaktion von kortikalen Zellen auf scheinbare Kontraststufen nachweisen (von der Heydt et al. 1984). Die induzierenden Elemente müssen nicht unbedingt durch Helligkeitskontraste gebildet werden, sie können auch durch Unterschiede in der Statistik zweiter Ordnung von Zufallspunktmustern erzeugt werden (Prazdny 1986).

Scheinbare Strukturen können ähnlich wie reale Strukturen optische Täuschungen wie die Poggendorffsche, Zöllnersche oder Müller-Lyer-Täuschung auslösen. Reale und scheinbare Strukturen können dabei auch in Wechselwirkung miteinander treten (Walker u. Shank 1988).

4.5.4 Sehen und Wissen

Je mehr man über ein Objekt weiß, desto mehr sieht man an ihm. Ein Zoologe sieht an einem Tier (oder an einem Tierbild) mehr als ein zoologischer Laie. Ein Reiter oder ein Pferdezüchter sieht an einem Pferd mehr als jemand, der nichts mit Pferden zu tun hat. Solche Beispiele ließen sich beliebig vermehren. Man kann hier aber durchaus noch weiter in die Einzelheiten gehen. Es kommt immer wieder vor, daß z.B. auf einer Röntgenaufnahme wichtige Bilddetails auch von erfahrenen Radiologen übersehen werden. Sind sie aber einmal entdeckt, z.B. bei einer späteren Kontrolluntersuchung, so erscheinen sie auch auf der ersten Aufnahme deutlich, vielleicht sogar „unübersehbar". Man kann solche Vorfälle nicht mit Ausdrücken wie „Unachtsamkeit", „Übermüdung" usw. auf das Konto der menschlichen Unzulänglichkeit schieben. Es handelt sich hier vielmehr um echte Begrenzungen des Sehvermögens. Durch entsprechendes Wissen wird die Aufmerksamkeit in eine bestimmte Richtung gelenkt und dadurch die Fähigkeit zum Sehen und Erkennen in diesem Bereich erhöht, gleichzeitig aber auch in anderen Bereichen herabgesetzt.

Bei diesen Bemerkungen erhebt sich die Frage, was man in der Natur oder in einem Bild wirklich sieht. Kunstmaler gelten als gute Beobachter. In früheren Jahrhunderten, als sie noch nicht der Konkurrenz durch die Photographie ausgesetzt waren, insbesondere während des Impressionismus, haben sie sich bemüht darzustellen, was sie sahen. *Gombrich* hat in seinem Buch „Art and Illusion" (1960) eine Fülle von Material zusammengestellt, welches u.a. belegt, daß auch während der Blütezeit der topographischen Kunst Künstler durch das, was sie „wußten" beeinflußt waren bei dem, was sie „sahen". Beispielsweise hat Garland 1836 eine Lithographie der Kathedrale von Chartres angefertigt. Da er sie als gotisches Bauwerk verstand, stattete er sie mit Spitzbogen-Fenstern aus, obwohl sie tatsächlich romanische Rundbögen an der Westseite hat.

Gombrich kommt über ein weit gefächertes Anschauungsmaterial zu dem Schluß, daß es ähnlich der Kodierung der Sprache durch die Schrift auch einen *optischen Code* gibt, der bei der Betrachtung und Wiedergabe optischer Strukturen angewandt wird (s.a. Röhler 1965). Anders als die Schrift ist der optische Code sehr variabel und individuell ausgeprägt. Er kann durch Übung

in weiten Grenzen verfeinert und ausgestaltet werden, stellt aber doch ein,
mit der Variabilität der Natur verglichen, recht grobes begriffliches Raster
dar, mit welchem optische Strukturen klassifiziert werden können. Gerade in
Zeiten großer „Naturtreue" wurde in den Malschulen dieser Code regelrecht
„gepaukt". Der angehende Künstler mußte zunächst nach Zeichnungen und
Vorbildern lernen, wie ein Kopf gemalt wird, bevor er nach der Natur ein
Portrait malen durfte. Gombrich kommt hier zu dem Schluß, daß ein Künstler
nicht etwa malt (und nie gemalt hat), was er in der Natur sieht, sondern daß
er umgekehrt in der Natur sieht, was er malen kann.

Selbstverständlich ist der Betrachter solcher Bilder den gleichen Beschränkungen unterworfen, die in aller Regel noch wesentlich größere Einschränkungen bewirken, weil dessen optischer Code weniger gut entwickelt ist. Es ist
offenbar von großer Bedeutung, daß es zwischen den optischen Codes von
Maler und Betrachter eine möglichst gute Übereinstimmung gibt, damit eine
gute „optische Kommunikation" entsteht.

Eine moderne Darstellung der psychologischen Aspekte dieses Themas
findet man in *Bouwhuis et al.* (1985).

4.6 Interne Repräsentation

Aus den verschiedenen Informationen, die dem Menschen durch sein Sehorgan
geliefert werden, entwickelt er ein Bild seiner Umwelt. Dieses Bild entsteht
nicht ausschließlich und unmittelbar durch die momentanen Sinnesreize, vielmehr fließt dabei vieles aus früheren Erfahrungen, oder auch nur von kurz
vorher gespeicherten Sinneseindrücken ein. Alle diese Erfahrungen und Bild-
eindrücke werden, wie bereits erörtert, in sehr abstrakter Form im Kortex
gespeichert. Neue Informationen aus der Umwelt werden mit den gespeicherten verglichen, und es werden letztere dadurch korrigiert bzw. aktualisiert.

Diese Vorbemerkungen sollen darauf hindeuten, daß uns unser Sinnesorgan nicht selbstverständlich und ohne weiteres ein zutreffendes Bild unserer Umwelt vermittelt, daß wir vielmehr eine *interne Repräsentation* unserer Umwelt aufbauen, die teilweise aus unseren Vorkenntnissen, aus unseren
früheren und aus unseren gegenwärtigen Sinneseindrücken zusammengesetzt
wird. Die hierbei aktiven neuronalen Prozesse sind nicht sehr gut bekannt,
aber es gibt einige psychophysikalische Einsichten, die in diesem Zusammenhang Erwähnung verdienen.

In den folgenden Unterabschnitten werden die Rekonstruktion der dritten Dimension unseres Sehraumes, die *Höhere Farbmetrik*, das Problem der
Strukturanalyse und im Zusammenhang mit dem Informationstransfer zwischen Peripherie und Fovea Erkenntnisse über die interne Repräsentation
behandelt.

4.6.1 Rekonstruktion der dritten Dimension

Das stereoskopische Sehen ist keineswegs die einzige Möglichkeit, Informationen über die dreidimensionale Struktur der Umwelt zu erhalten. Bekanntlich können auch Einäugige, die also die Umwelt primär nur als zweidimensionale perspektivische Projektion auf der Netzhaut aufnehmen, ein beachtliches Wahrnehmungsvermögen für dreidimensionale Konfigurationen entwickeln. Ebenfalls können sowohl Einäugige als auch Beidäugige zweidimensionale Photographien, Gemälde oder graphische Darstellungen dreidimensional interpretieren.

Perspektive. Ein sehr wichtiges Hilfmittel zur Rekonstruktion der dritten Dimension sind die Gesetze der Perspektive. Aus der perspektivischen Projektion auf unserer Netzhaut haben wir gelernt, konvergierende Linien, Überschneidungen, Größenunterschiede usw. als Hinweise auf die dreidimensionale Konfiguration zu interpretieren. Für größere Entfernungen, bei denen das stereoskopische Sehen versagt, ist die Perspektive häufig das einzig verläßliche Hilfsmittel.

Allerdings fließen in unsere Interpretation perspektivischer Zusammenhänge naturgemäß einige Annahmen ein, deren Gültigkeit durch Zufall oder Absicht aufgehoben sein kann. Dies führt zu Fehlinterpretationen. Am bekanntesten sind die Einflüsse der Brennweite bzw. der Tiefenvergrößerung optischer Instrumente. Betrachtet man eine Landschaft durch ein vergrößerndes Fernrohr, so sind Seitenvergrößerung β', Winkelvergrößerung γ' und Tiefenvergrößerung α' nicht proportional zueinander. Es bestehen vielmehr wichtige Beziehungen zwischen diesen Größen. Bei einem teleskopischen System sind Seitenvergrößerung und Winkelvergrößerung reziprok zueinander. Die Tiefenvergrößerung wird durch das Quadrat der Seitenvergrößerung bestimmt. Da es bei einem Fernrohr hauptsächlich auf die Winkelvergrößerung ankommt, folgt, daß die Tiefenvergrößerung eine Verkleinerung ist. Der Raum wird scheinbar in der Tiefe zusammengezogen (s. z.B. Schober 1957).

Ähnlich wie bei Fernrohren ist es auch bei photographischen Objektiven. Dies wird besonders deutlich, wenn man eine Szene mit verschiedenen Brennweiten, also verschiedenen Vergrößerungen aufnimmt. In Fig. 4.11 ist die gleiche Teilansicht des Arbeitszimmers des Verfassers gezeigt, einmal mit einem Teleobjektiv und einmal mit einem Weitwinkelobjektiv aufgenommen.

Wie schon angedeutet wurde, können perspektivische Täuschungen auch absichtlich für das freie Auge bewirkt werden: Eine Allee, markiert durch Säulen, Bäume, Mauern oder dergleichen, vielleicht 20–100 m lang und 3–8 m breit, kann künstlich leicht so gestaltet werden, daß die Begrenzungen nicht ganz parallel sind, sondern unter einem kleinen Winkel gegeneinander verdreht werden, so daß das eine Ende der Allee um vielleicht 1–5 m breiter ist als das anderen Ende. Wenn die Proportionen vorsichtig gewählt werden, wird ein unbefangener Beobachter die Begrenzungen aus seiner allgemeinen Erfahrung einer rechtwinkligen Welt für parallel halten. Die Allee wird ihm dann

Fig. 4.11 a,b Teilansicht eines Arbeitszimmers, (a) aufgenommen mit einem Teleobjektiv, (b) aufgenommen mit einem Weitwinkelobjektiv

wesentlich länger erscheinen, wenn er sie vom breiteren Ende aus betrachtet, als wenn er dies vom schmaleren Ende her tut. Jemand, der vielleicht seinen Landsitz mit einer Zufahrts- oder Zugangsallee eindruckvoller gestalten will, tut gut daran, den Besucher von dem breiteren Ende der Allee her eintreten zu lassen.

Diese Erkenntnis ist nicht neu, die Ausmaße können in gigantische Größe gesteigert werden. Ein bekanntes Beispiel ist der Platz des Capitols in Rom. Weitere Beispiele und eine gründliche vergleichende Darstellung der Möglichkeiten der Perspektive wurden von *Pirenne* (1970) gegeben.

Die Möglichkeiten der Perspektive bei der Darstellung räumlicher Konfigurationen können über die bisher dargestellte *lineare Perspektive* noch wesentlich gesteigert werden, wie dies in der Barock-Malerei erreicht wurde. Ein Beispiel hierfür bietet Fig. 4.12, in der ein Gemälde von Anton Zoller (1697–1768), das den Entwurf für ein Kuppelfresko in einer Barockkirche darstellt, wiedergegeben ist. (Das Fresko wurde in der Pfarrkirche von Telfes, Stubai realisiert.) Die Benennung des Bildes ist „Die Madonna als Königin des Himmels und des Rosenkranzes".

Anders als in der linearen Perspektive verlaufen hier die Linien nicht nur gerade und auf einen Fluchtpunkt ausgerichtet, sie sind vielfach gekrümmt

Fig. 4.12. „Die Madonna als Königin des Himmels und des Rosenkranzes" von Anton Zoller, Entwurf für ein Kuppelfresko (Sammlung Wilhelm Reuschel, Bayerisches Nationalmuseum München)

und bilden die Darstellung eines riesigen Kuppelgewölbes, das sich in drei Etagen gliedert. Die Beschreibung der allegorischen Darstellungen in der Kuppel würde hier zu weit vom Thema ablenken (s. dazu Reuschel 1963). Bei der Betrachtung derartiger Barockgemälde muß man sich immer wieder daran erinnern, daß dies zweidimensionale Darstellungen sind.

Kurz erwähnt werden sollen hier noch die *unmöglichen Strukturen*. Es handelt sich dabei um zweidimensionale Graphiken und Bilder, deren Elemente den Betrachter dazu anregen, sie als perspektivische Darstellungen dreidimensionaler Konfigurationen zu interpretieren. Eine solche Interpretation stößt dann auf Schwierigkeiten, weil die einzelnen Bildelemente sich nicht zu einer widerspruchsfreien 3D-Konfiguration zusammenfügen lassen. Beispiele dafür findet man bei *Schober u. Rentschler* (1972). M.C. Escher hat dies zu artistischer Meisterschaft entwickelt (Locher 1986). Wissenschaftliches Interesse hat diese Arbeitsrichtung erlangt, weil sie eine Möglichkeit bietet, die Grenzen des menschlichen visuellen Systems bei der Interpretation solcher Strukturen zu studieren. Bei genauerer Analyse findet man nämlich, daß zahlreiche als „unmöglich" bezeichnete Figuren doch eine mögliche dreidimensionale Interpretation zulassen, die aber u.U. schwierig zu finden ist (Boselie u. Leeuwenberg 1986).

Quantitative Modelle zur 3D-Interpretation der perspektivischen Projektion. Der vorige Abschnitt hat sich damit beschäftigt zu zeigen, welche Effekte die Perspektive für das räumliche Sehen hervorbringen kann. Im folgenden soll die Frage angesprochen werden, welcher Algorithmen sich das visuelle System bedienen mag, um diese Effekte zu erzeugen. Dabei werden nicht komplexe Szenen wie bisher betrachtet, sondern einzelne Objekte, deren Gestalt oder Ausrichtung im Raum ermittelt werden soll.

Textur ist eine wichtige Informationsquelle für den Menschen über die lokale Orientierung von Ebenen im Raum. Beispielsweise wird die Orientierung von Kieswegen oder mit Efeu bewachsenen Hauswänden normalerweise auch vom einäugigen Beobachter mühelos erkannt. Es ist klar, daß eine Projektion die Geometrie der Textur in charakteristischer Weise verzerrt, wobei die Verzerrung von der Oberflächenstruktur und der Orientierung der Ebene abhängt. Wenn man ein Modell aufstellen möchte, das zeigt, wie man aus der Textur die Oberflächenorientierung ermitteln kann, benötigt man daher Information über die Textur, d.h. über die Gestalt und Verteilung der Texturelemente, der Textons. Für ein Modell müssen hierüber bestimmte Annahmen gemacht werden. Eine sehr wichtige und wahrscheinlich unentbehrliche Annahme ist eine wenigstens im Mittel gleichförmige Verteilung der Textons über die Fläche.

Ähnlich wie bei den erwähnten Alleen bietet die Textur Möglichkeiten, den Beobachter z.B. über die Neigung oder die Länge eines Wegstückes zu täuschen, indem man der Textur in der geeigneten Richtung eine entsprechende Modulation aufprägt.

Eine wichtige Frage für das Modell ist es, welche Information man über die Struktur der Textons benötigt. *Aloimonos* (1988) hat gezeigt, daß es für natürliche Texturen ausreicht, wenn die Textons überhaupt erkannt werden können, ohne daß man über ihre Struktur genaueres weiß. Man kann dann aus der in der Projektion über die Fläche veränderlichen Dichte auf die Orientierung der Fläche schließen. Aloimonos hat dies dadurch nachgewiesen, daß er zunächst die durch die perspektivische Projektion bewirkten Veränderungen der Dichte der Textons berechnet hat, dann einen Algorithmus implementiert und an verschiedenen Musterstrukturen erprobt hat. Mit diesen Computerergebnissen wurden die Aussagen von Versuchspersonen über die Beurteilung der gleichen Strukturen hinsichtlich ihrer Orientierung im Raum verglichen. Die Ergebnisse waren zufriedenstellend und zeigen, daß mit diesem Algorith-

mus eine mögliche Annäherung an die Arbeitsweise des Gehirns bei relativ
einfachen perspektivischen Projektionen gefunden sein könnte.

Das Erkennen der Neigung und Drehung einer Ebene aus ihrer Textur ist
jedoch eine sehr einfache Sehaufgabe, die wenig Möglichkeiten zur Enträtse-
lung der komplizierteren Algorithmen bietet. Eine sehr interessante Möglichkeit, die Gestalt von festen Körpern mit gekrümmter Oberfläche zu analysieren, bietet die Schattierung (Mingolla u. Todd 1986). Im einzelnen kann hier
auf diese Arbeit nicht eingegangen werden.

4.6.2 Kodierung der räumlichen Tiefe in der Malerei mit Hilfe von Farbe

Hauptsächlich in der mittelalterlichen Malerei wurde eine Methode zur Darstellung räumlicher Tiefe benutzt, deren eigentliche Wirkungsweise wenig bekannt ist. Sie beruht auf der chromatischen Brennweitenaberration des Auges. Wie andere lichtbrechende Medien hat auch das Auge eine chromatische
Aberration, die bewirkt, daß kurzwelliges Licht stärker gebrochen wird als
langwelliges. Gibt es daher in einer stirnparallelen Ebene blaue und rote
Bildelemente, so werden bei konstant gehaltener Akkommodation die blau-
en Elemente etwas vor der Netzhaut, die roten etwas hinter der Netzhaut
fokussiert.

Ein ganz ähnlicher Effekt wird von Objekten gleicher Farbe, die sich aber
in verschiedener Entfernung vom Beobachter befinden, erzeugt. Bei der Akkommodation auf eine zwischen den Objekten liegende Entfernung wird das
entferntere Objekt vor der Netzhaut, das näher gelegene hinter der Netzhaut
fokussiert.

Es wird hierdurch verständlich, daß in einer Ebene liegende blaue und rote
Elemente dem Betrachter als in unterschiedlichen Entfernungen liegend erscheinen. Blaue Elemente erscheinen weiter entfernt, rote Elemente als näher
gelegen. Dieses Phänomen kann ohne Mühe bei geeigneten Strukturen beobachtet werden: bei Plakaten, bei Reklamebeleuchtungen usw.

In der mittelalterlichen sakralen Malerei wurden daher Personen mit einem hohen Rang in der Hirarchie, wie z.B. die Madonna, in blauer Kleidung
dargestellt, damit sie dem Betrachter als weiter entrückt erscheinen als mehr
erdgebundene Personen, die rot gekleidet waren. Ein Beispiel dafür ist in Fig.
4.13 gezeigt. Es ist die Mitteltafel des Dreikönigsaltars von Rogier van der
Weyden (um 1400–1464).

Das Bild zeigt die Anbetung der Heiligen Drei Könige. Die Madonna ist in
blau gekleidet, die Könige sind in rot, das Gefolge in weniger auffälligen Farben. Den räumlichen Tiefeneffekt sieht man besonders deutlich, wenn man
das Bild verkehrt herum betrachtet, weil dann die sehr deutlichen geometrischen Anhaltspunkte für die Zusammengehörigkeit der Gruppe, die den
Tiefeneffekt beeinträchtigen, nicht zur Wirkung kommen.

Fig. 4.13. Mitteltafel des Dreikönigsaltars von Rogier van der Weyden. Alte Pinakothek München. Beispiel zur steroskopischen Wirkung von Farbunterschieden: rot im Vordergrund, blau im Hintergrund

4.6.3 Räumliche Strukturerkennung durch Bewegung

Es ist eine sehr alte und allgemeine Erfahrung, daß eine Eigenbewegung geeignet ist, die räumliche Struktur der Umwelt wenigstens in groben Zügen zu erkennen. Um eine unklare räumliche Tiefenstruktur bei der Anordnung zweier Objekte zu klären, braucht man nur eine ausreichende Seitwärtsbewegung zu machen und die gegenseitige Verschiebung der Objekte zu beobachten.

Die Analyse der räumlichen Tiefenstruktur mit Hilfe der Bewegung hat viele Vorteile gegenüber der statischen Analyse durch die Textur. Es ist keine Textur erforderlich, jede Struktur im Objektraum ist ausreichend. Die Analyse beschränkt sich nicht auf Ebenen, sondern ist mit allen Oberflächen durchführbar, sofern es nur Ränder, Begrenzungen oder Strukturierungen gibt. Die Bilder der Details bewegen sich über die Netzhaut. Nur auf diese Bewegung kommt es an. Die Analyse ist nicht von der Objektstruktur oder der Dichte der Textons abhängig, sondern nur von der Entfernung.

Diese Forschungsrichtung hat durchaus wichtige praktische Anwendungen, z.B. die Entwicklung von Methoden zur automatischen Überwachung von Straßen- und Flugverkehr.

Die Analyse der Struktur aus der Bewegung bereitet allerdings auch große Schwierigkeiten. Man muß viele Punkte über viele Bildfolgen registrieren, damit man die geeignete Bewegungsinformation extrahieren kann.

Die Erkenntnis, daß man diese allgemeinen phänomenologischen und qualitativen Beobachtungen zu einer quantitativen, wissenschaftlichen Methode erweitern kann, geht anscheinend auf *Gibson* (1950) zurück. Einen zusammenfassenden Rückblick auf die wissenschaftliche Entwicklung in diesem Bereich, der auch wichtige Arbeiten von ihm selbst und van Doorn einschließt, wurde von *Koenderink* (1986) gegeben.

Es hat sich gezeigt, daß man einen systematischen Überblick über die Information, die man aus einer Eigenbewegung oder aus Objektbewegungen in der Umwelt gewinnen kann, am besten über das Konzept eines optischen Strömungsfeldes (*optical flow field*) erreicht. Hierzu konstruiert man ein hypothetisches optisches Array, die zweidimensionale Gesamtheit aller Sehrichtungen. Im einfachsten Fall einer ruhigen Kopf- und Körperhaltung ohne Augenbewegungen ist dies das nach außen projizierte Netzhautbild. Man stellt sich dann eine Kugelschale vor, die um den vorderen Knotenpunkt des Auges zentriert ist. Bei einer translatorischen Bewegung des Beobachters beschreiben die einzelnen Objektpunkte Wege auf der Netzhaut, die entsprechend auf die Kugelschale projiziert werden. Man kann sich etwa den Blick aus dem Fenster eines fahrenden Zuges vorstellen. Die einzelnen Objekte wandern durch das Gesichtsfeld: nahe gelegene Objekte schnell, entfernte Objekte langsam.

Die Gesamtheit der Umweltstrukturen erzeugt auf diese Weise auf der Kugelschale ein optisches Strömungsfeld. Dabei kann an jedem Punkt der Schale ein Geschwindigkeitsvektor gemessen werden. Integrale Linien der lokalen Geschwindigkeitsvektoren der sich verschiebenden Umweltdetails sind dann die einzelnen Strömungslinien. Sie werden durch den Rand des Gesichtsfeldes begrenzt. In kleinen Bereichen um einen Punkt auf einer solchen Strömungslinie gibt es Variationen der lokalen Geschwindigkeiten, die auf unterschiedlichen Entfernungen der entsprechenden Objektstrukturen beruhen. Diese Geschwindigkeitsunterschiede, Bewegungsparallaxen genannt, können zu einem Geschwindigkeits-Parallaxe-Feld zusammengefaßt werden.

Sind die gewählten Bereiche, in denen die Bewegungsparallaxe registriert wird, klein genug, so sind auch die lokalen Änderungen klein, stetig und differenzierbar. Man kann also die Methoden der Vektoranalysis darauf anwenden. Insbesondere die Operationen Divergenz, Rotation und eine Operation *Deformation*, die auf eine reine Scherung (Kontraktion in einer Richtung, Dilatation in der orthogonalen Richtung bei Erhaltung des Flächeninhaltes) anzuwenden ist, sind besonders interessant, weil sie koordinatenunabhängig sind. Aus ihnen lassen sich die wesentlichen Informationen des Strömungsfeldes entnehmen:

- Information über die Eigenbewegung, sowohl bei translatorischen als bei rotatorischen Bewegungen.
- Information, die für die Erhaltung der egozentrischen Orientierung und Lokalisierung wichtig ist.
- Information über die Segmentierung des Gesichtsfeldes in zusammenhängende Elemente bzw. Objekte.

– Information über die räumliche Struktur der Umgebung, einschließlich der Relativbewegung von Objekten und von Deformationen nicht fester Körper.

Wie man sieht, ist das optische Strömungsfeld eine sehr vielversprechende Konstruktion. Es ist ein Weg aufgezeigt, auf dem aus den Bewegungsdaten die räumliche Tiefenstruktur abgeleitet werden kann. Ob das visuelle System diesen Weg benutzt, ist schwer beweisbar. Auch die Frage, ob das visuelle System über Ganglienzellen verfügt, die die für den Algorithmus notwendigen Operationen ausführen, kann noch nicht mit Sicherheit beantwortet werden.

Die Gewinnung von räumlichen Daten aus Bewegungsdaten ist ebenfalls für die Roboter-Technik interessant. Wenn auf automatischem Wege die räumliche Struktur eines Werkstückes geprüft werden könnte, wäre dies für die automatische Qualitätskontrolle sehr wertvoll. Die experimentelle Messung der erforderlichen Daten ist allerdings bisher recht problematisch. *Koenderink u. van Doorn* (1987) untersuchten die Anfälligkeit der Resultate aus dem Strömungsfeld gegen Störeinflüsse und Ungenauigkeiten in den Messungen. Dadurch wurden Toleranzen für diese Messungen festgelegt, wodurch Rahmenbedingungen für Messungen dieser Art gegeben sind.

Dosher et al. (1989) simulierten auf einem Computerschirm eine rotierende 3D-Oberfläche, auf der Folgen von 2D-Punktmustern dargeboten wurden, aus denen Versuchspersonen verschiedene 3D-Strukturen erkennen sollten. Durch verschiedene Störungen in den Einzelbildern oder in der Bildfolge wurde die Erkennbarkeit systematisch beeinträchtigt. Das Experiment war darauf angelegt zu untersuchen, welche Art Bewegungsdetektoren das visuelle System bei der Rekonstruktion der dritten Dimension aus zweidimensionalen Bildfolgen benutzt. Die Ergebnisse können u.U. Hinweise bringen, wie optische Strömungsfelder am besten ausgemessen werden.

4.6.4 Höhere Farbmetrik

In Abschn. 3.2 wurden der IBK-Farbraum und die IBK-Farbtafel besprochen. Dieses System ist auf der Basis der Farbmischungsexperimente rein rechnerisch entstanden. Es entspricht nicht der menschlichen Farbempfindung in dem Sinne, daß die Abstände zwischen den einzelnen Farborten dem empfindungsgemäßen Unterschied zwischen den durch die Farborte repräsentierten Farben entsprechen würden. Dies geht sehr deutlich aus Experimenten von *MacAdam* (1942, 1943) hervor. Dabei wurden, ausgehend von einer Anzahl ausgewählter Farborte in der IBK-Farbtafel die Farbunterschiedsschwellen für die verschiedenen Richtungen in der Farbtafel bestimmt. Diese Schwellen wurden mit dem Faktor 10 multipliziert, und die dadurch in der Farbtafel entstehenden Abstände von jeweils einem ausgewählten Punkt aus wurden in die Farbtafel eingetragen. Auf diese Weise entstanden die MacAdamschen Ellipsen, die in Fig. 4.14 dargestellt sind. Sie können als vergrößertes Maß der Unterschiedsschwellen angesehen werden. Man erkennt, daß die Unterschiedsschwellen in den verschiedenen Bereichen der Tafel sehr verschieden sind. Im Blaubereich links unten in der Tafel ist die Unterschiedsschwelle sehr klein, während sie im Grünbereich im oberen Teil um ein Vielfaches größer ist.

Es ist von großer Bedeutung, daß die Kurven für den Schwellenabstand der Farben in guter Näherung als Ellipsen dargestellt werden können (Silberstein 1943). Sie können daher durch eine quadratische Form

$$\mathrm{d}s^2 = g_{11}\mathrm{d}x^2 + 2g_{12}\mathrm{d}x\mathrm{d}y + g_{22}\mathrm{d}y^2 \tag{4.11}$$

beschrieben werden. Dabei ist ds das Linienelement im differentialgeometrischen Sinne. g_{11}, g_{22} sind beide positiv, und es gilt $g_{12}^2 < g_{11}g_{22}$. Dies ist von grundsätzlicher Bedeutung für unsere Kenntnis der internen Struktur des Farbkörpers, hier allerdings beschränkt auf Farbebenen. Es bedeutet, daß es sich dabei um eine *positiv definite quadratische Form* handeln muß. Dies wurde zwar seit der Zeit von Helmholtz implizit vorausgesetzt, wurde aber durch die Messungen von MacAdam erstmalig bewiesen. Es bedeutet, daß die zweidimensionale Mannigfaltigkeit der äquiluminanten Farbreize isomorph ist (d.h. äquivalent ist) zu einer geometrischen Oberfläche, deren Gestalt durch die g_{ik} bestimmt ist. Diese Koeffizienten sind vollständig bestimmt durch die Größe, das Achsenverhältnis und die Orientierung θ der Ellipsen. Durch die Gesamtheit dieser Koeffizienten wird die „wahre Farboberfläche", also die interne Repräsentation der Farbwahrnehmung, beschrieben.

Der Koeffizient g_{12} verschwindet immer, wenn $\theta = 0$ oder $\pi/2$ gilt, was in genügender Näherung nur für eine der MacAdamschen Ellipsen zutrifft. Beim Überschreiten der Linie $\theta = 0$ ändert g_{12} sein Vorzeichen.

Die Werte der drei Koeffizienten sind aus den Ellipsen berechnet worden. Sie variieren über das Farbendreieck sehr stark. Man kann durch Interpolation Kurvenscharen $g_{ik} = $ const, $(i, k = 1, 1; 1, 2; 2, 2)$ zeichnen. Es entstehen dabei ziemlich komplizierte Kurvenfelder, die bei *Wyszecki u. Stiles* (1967) wiedergegeben sind. Eine formelmäßige Beschreibung dieser Kurvenfelder erscheint nicht möglich, so daß man nicht direkt auf die Struktur der wahren Farboberfläche schließen kann.

Trotzdem kann man aber einige wichtige Eigenschaften dieser Fläche ermitteln, und schließlich doch einen Weg finden, die Fläche selbst zu rekonstruieren. Die Determinante der Koeffizienten: $g = g_{11}g_{22} - g_{12}^2$ ist selbst keine Invariante. Sie ändert im allgemeinen ihren Wert beim Übergang zu einem anderen Koordinatensystem. Eine Invariante ist indessen die Größe

$$\int g^{1/2}\mathrm{d}x\mathrm{d}y\,, \tag{4.12}$$

wobei die Integration über ein Flächenareal der x, y-Ebene, z.B. über die Ellipsen selbst, zu erstrecken ist. Das Intergral stellt dann – bis auf konventionelle Konstanten – die „wahre Fläche" des Areals dar.

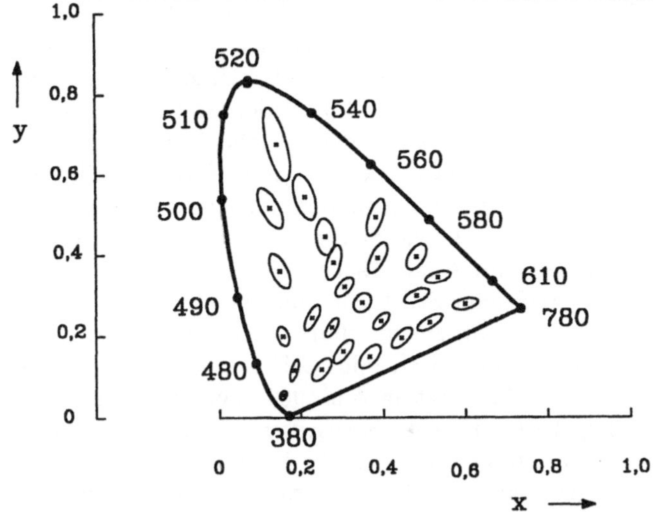

Fig. 4.14. Farbunterschiedsschwellen nach MacAdam (MacAdamsche Ellipsen). Der Abstand eines Ellipsenpunktes vom Ellipsenmittelpunkt ist proportional zur Farbunterschiedsschwelle der durch die Punkte repräsentierten Farben

Ist σ' die Fläche eines elementaren Bereichs (= ein Bereich, in dem g sich nicht wesentlich ändert), so ist

$$\sigma = g^{1/2}\sigma' \tag{4.13}$$

der Flächeninhalt des entsprechenden Bereichs auf der wahren Farboberfläche. Die Ellipsen sind selbst solche elementaren Bereiche. Der Flächeninhalt einer Ellipse in der x,y-Ebene ist πab, wo a und b die beiden Halbachsen der Ellipse sind. Der Flächeninhalt der transformierten Ellipsen ist dann

$$\sigma = \pi ab \cdot g^{1/2} \, . \tag{4.14}$$

Berechnet man σ' als Funktion von a, b, θ, so findet man für alle Ellipsen

$$\sigma = \pi \, , \tag{4.15}$$

wie es sein sollte. Alle Ellipsen werden durch die Transformation in gleich große Kreise überführt.

Aus der Kenntnis des Vergrößerungsfaktors allein läßt sich jedoch noch keine Farbenoberfläche aufbauen. Dazu muß man noch den Winkel des Parallelogramms wissen, in das ein Rechteck der x,y-Ebene überführt wird. Ein Rechteck der x,y-Ebene mit den Seitenlängen dx, dy wird bei der Transformation in ein Parallelogramm mit den Seitenlängen $g_{11}^{1/2}dx$, $g_{22}^{1/2}dy$ überführt. Aus den Seitenlängen und dem Flächeninhalt kann man auf den Winkel schließen. *Silberstein* (1943) schlägt vor, die wahre Farboberfläche aus Parallelogrammen aufzubauen. Man könne sie aus Papier ausschneiden und geeignet zusammenfügen. *MacAdam* (1944) hat tatsächlich eine solche Fläche konstruiert. Sie ist bei *Wyszecki u. Stiles* (1967) wiedergegeben. Moderne Computergraphik würde hier natürlich ganz andere Möglichkeiten bieten.

Die wichtige Tatsache, daß die Schwellenkurven von McAdam Ellipsen sind, kann mühelos aus der nahelegenden Annahme gefolgert werden, daß die statistische Verteilung der Werte für die Schwelle eine zweidimensionale Gaußverteilung ist (Silberstein u. MacAdam 1945).

Außer von MacAdam ist auch von Stiles ein Linienelement konstruiert worden, das ebenfalls zu einer Farboberfläche führt. Ferner ist von der Internationalen Beleuchtungskommission (IBK oder CIE = Commission Internationale d'Eclairage) außer dem Farbsystem von 1932, das allen bisherigen Betrachtungen zugrunde lag, 1960 ein neues Farbsystem eingeführt worden, das eine bessere Anpassung an empfindungsgemäße Farbräume anstrebt (s. Wyszecki u. Stiles 1967). Außerdem sind 1976 zwei weitere Systeme von der IBK eingeführt worden, die hauptsächlich zur Auswertung von Farbunterschieden empfohlen werden (Richter 1980). Es kann jedoch nicht die Aufgabe dieses Buches sein, hier in die Details zu gehen. Es sollte vielmehr am Beispiel der MacAdam-Ellipsen gezeigt werden, wie auf der Basis von Messungen der Farbunterschiedsschwelle Schlüsse auf die Gestalt der internen Repräsentation von Farboberflächen geschlossen werden kann.

In der Praxis sind alle numerisch orientierten Farbsysteme außerordentlich unhandlich, weil sie eine genaue Farbreproduktion über geeichte Farbmischapparaturen erfordern. Für den praktischen Gebrauch haben sich daher Farbatlanten mit systematisch angeordneten Farbproben besser bewährt. Am bekanntesten und am meisten verbreitet ist das Munsell-System, in dem die Farbproben auch empfindungsgemäß gleichabständig abgestuft sind (Wyszecki u. Stiles 1967). Die einzelnen Farbproben sind auch farbmetrisch vermessen worden, so daß eine Umsetzung in eines der numerischen Farbsysteme immer möglich ist.

Die oben besprochene analytische Lösung für ein empfindungsgemäßes Farbensystem bezieht sich nur auf zweidimensionale Farboberflächen. Im Gegensatz dazu sind das Munsell-System und andere vergleichbare Farbsysteme dreidimensional, also mit Einschluß der subjektiven Helligkeit konzipiert. Analytische Lösungen für den dreidimensionalen, empfindungsgemäßen Farbraum, bei denen also eine dreidimensionale Erweiterung der MacAdamschen Ellipsen in Kugeln gleichen Durchmessers transformiert werden müßte, stoßen bisher auf unüberwindliche Schwierigkeiten, weil schon die Gewinnung von dreidimensionalen Körpern mit einer den Ellipsen vergleichbaren regelmäßigen Konfiguration nicht möglich erscheint. Auf der Basis der experimentellen, empfindungsgemäßen Farbräume, im besonderen des Munsell-Systems, ist es schon möglich, einen dreidimensionalen Farbkörper zu konstruieren. *Wyszecki* (1954) hat die Munsellschen Farbproben in ein rhomboedrisches Gitter eingeordnet, so daß ein metrisch zu beschreibender dreidimensionaler, empfindungsgemäßer Farbkörper entsteht.

4.6.5 Musteranalyse und -erkennung

Die Erkennung von Objekten oder Strukturen, im folgenden als *Muster* bezeichnet, erfolgt in mehreren Schritten. Zunächst werden aus dem im Objektraum vorliegenden Muster Merkmale extrahiert, die spezielle Invarianzen aufweisen müssen, damit sie auch nach geometrischen Transformationen wiedererkannt werden können. Diese Merkmalsextraktion findet in der Regel nach einer Vorverarbeitung auf niedriger neuronaler Ebene statt. Die Merkmale werden zusammengefaßt, so daß das Muster klassifiziert werden kann, d.h. es wird einer bestimmten Merkmalsklasse in einem (in der Regel vieldimensionalen) Merkmalsraum zugewiesen. Aus dieser Merkmalsklasse heraus erfolgt die Erkennung durch Vergleich mit den im Gedächtnis gespeicherten Repräsentationen.

Im folgenden sollen zunächst die Merkmalsextraktion und dann die Mustererkennung besprochen werden. Zu beiden Themen liegen verschiedene Ansätze vor, die jedoch insgesamt noch kein geschlossenes und gesichertes Bild ergeben.

Merkmalsextraktion. Das Auffinden invarianter Merkmale kann mit Hilfe von Transformationsgruppen geschehen. Durch Anwendung spezieller geometrischer Transformationen können Komponenten des Musters isoliert werden, die gegenüber diesen Transformationen invariant sind. Solche Transformationen sind z.B. Translation, Rotation und Dilatation. Invarianz gegen Dilatationen führt z.B. zu der bekannten Größeninvarianzleistung des Gesichtssinnes bei Entfernungsvariation.

Es werden zwei verschiedene Modelle zur Extraktion invarianter Merkmale besprochen. Da beide Modelle eine sehr aufwendige Mathematik benutzen, kann die Beschreibung an dieser Stelle nur sehr oberflächlich sein und muß sich auf Andeutungen beschränken.

Hoffman (1966, 1970) hat vorgeschlagen, zur Beschreibung von invarianten Merkmalen Lie-Gruppen zu benutzen. Die folgende zusammenfassende kurze Darstellung von Hoffmans Ideen basiert der Arbeit von *Caelli* (1976). Hoffman leitet aus verschiedenen neurologischen Befunden, in erster Linie aus den Arbeiten von Hubel und Wiesel ab, daß die kortikale Repräsentation der Netzhaut mathematisch als ein Hausdorffscher topologischer Raum M zu beschreiben ist. Nachdem kortikale Zellen orientierungs- und richtungsempfindlich sind, repräsentieren sie Tangentenvektoren an M. Durch einen Integrationsprozeß können die differentiellen Vektorelemente zu Kurven zusammengefügt werden. Diese topologische Mannigfaltigkeit soll nach Hoffman auf eine Ebene abgebildet werden, in der dann Lie-Transformationen induziert werden, die stetige und differenzierbare Abbildungen von Mannigfaltigkeiten M in Ebenen (E^2) bewirken. Dadurch werden Invarianzen des Gesichtssinnes in Invarianzen der Musterelemente gegenüber Lie-Transformationen überführt.

Eine Kurvenschar $[f]$ ist invariant gegen die Operation einer Lie-Gruppe, wenn der zugehörige Lie-Operator die Kurvenschar in den Nullraum abbildet. Die Drehungsgruppe beispielsweise ist in der Ebene durch

$$L_\mathrm{R} = -y\frac{\delta}{\delta x} + x\frac{\delta}{\delta y} \tag{4.16}$$

gegeben. Wendet man diesen Operator auf konzentrische Kreise an:

$$x^2 + y^2 = k = f(x, y) \,,$$

so entsteht

$$L_\mathrm{R} f(x, y) = 0 \,.$$

Andere Operatoren sind:

$$L_x = \frac{\delta}{\delta x} \quad : \quad \text{horizontale Verschiebung} \,,$$

$$L_y = \frac{\delta}{\delta y} \quad : \quad \text{vertikale Verschiebung} \,,$$

$$L_S = x\frac{\delta}{\delta x} + y\frac{\delta}{\delta y} \quad : \text{Dehnung} \,.$$

Man kann sich einen Lie-Operator dargestellt denken als ein Vektorfeld mit infinitesimalen Tangentialvektoren an die Kurvenscharen, die unter der Operation invariant sind.

Caelli (1976) hat ein Experiment durchgeführt, um die Frage zu prüfen, ob der Gesichtssinn tatsächlich eine Musterklassifikation entsprechend den Lie-Gruppen durchführt. Dabei hat er den Umstand benutzt, daß Lie-Operatoren in zweifacher Weise kombiniert werden können: additiv und multiplikativ. Ein Produkt von Lie-Operatoren kann kommutativ sein oder auch nicht. Das gleichzeitige Auftreten von zwei Vektorfeldern erzeugt eine Art Wechselwirkung zwischen den beiden Komponenten, so daß die Erkennbarkeit des einen Musters durch die Anwesenheit des anderen erschwert wird.

Allgemeine Vektorfelder können orthogonal sein oder nicht orthogonal. Wenn keine Lie-Operatoren beteiligt sind, ist dies die einzige Unterscheidungsmöglichkeit. Es können Erschwerungen bei der Wechselwirkung von Vektorfeldern nur dann auftreten, wenn sie nicht orthogonal sind. Wenn Lie-Operatoren beteiligt sind, macht es einen Unterschied bei der gegenseitigen

Wechselwirkung, ob sie kommutativ sind oder nicht. Diese Frage wurde experimentell untersucht, und es wurde gefunden, daß die Ergebnisse für eine Beteiligung von Lie-Operatoren sprechen.

Ein anderer Vorschlag zur Extraktion invarianter Mustermerkmale wurde von *Glünder* (1986, 1988) gemacht. Ähnlich wie bei dem eben besprochenen Verfahren werden die Invarianten durch Transformationen ermittelt. Anstelle der Lie-Gruppe wird hier die Gruppe der Ähnlichkeitstransformationen (Translation, Rotation, zentrische Streckung und Achsenspiegelung) verwendet. Zur Identifizierung von Invarianten wird ein verallgemeinertes Korrelationsverfahren benutzt:

$$ k(z) = \int b(r) \cdot b(Tr) \mathrm{d}r \quad mit \quad T = T(z) \,. \tag{4.17} $$

Hier ist T die zu verwendende Transformation, die noch von dem Transformationsparameter z abhängt; $k(z)$ ist die verallgemeinerte Autokorrelationsfunktion der Struktur $b(r)$.

Bei der visuellen Musteranalyse sind im allgemeinen viele verschiedene Transformationen zu bewältigen, um die Invarianz-Merkmale zu isolieren. Gerade hierfür eignet sich dieses Verfahren besonders gut, weil es mit relativ wenig Speicherplatz auskommt. Die gewählte Gruppe der Ähnlichkeitstransformationen entspricht auch weitgehend den aus der psychologischen „Gestalt"-Forschung bekannten Kategorien menschlicher Formwahrnehmung (Symmetrien, Kongruenzen, Ähnlichkeiten usw.).

Die Arbeit (Glünder 1988) enthält viele Beispiele und ein umfangreiches Datenmaterial über Simulationsexperimente.

Mustererkennung. Zur Mustererkennung werden nach gegenwärtigen Vorstellungen die Ergebnisse einer Musteranalyse, die in Form von extrahierten, invarianten Merkmalen vorliegen, in einen Satz von Musterklassen eingeordnet und dann mit gespeicherten Prototypen verglichen. Es ist jetzt von Interesse, wie diese Klasseneinteilung aussehen könnte und ob man etwas über die interne Repräsentation aussagen kann. Hierzu sollen einige Experimente und Überlegungen aus der Literatur mitgeteilt werden.

Ortsfrequenz und Orientierung sind zwei wichtige Merkmale, und die Selektivität von neuronalen Mechanismen für diese Merkmale ist experimentell gut gesichert. *Daugman* (1983, 1984) fand auf der Basis von Maskierungsexperimenten, daß Ortsfrequenz- und Orientierungsspektren in der Fourier-Darstellung nicht separierbar sind. Dies wäre aber notwendig, wenn man einem geeigneten Muster unabhängig voneinander eine Ortsfrequenz und eine Orientierung zuordnen wollte. Vielmehr würde zwischen diesen Größen eine Relation bestehen.

Treutwein et al. (1989) haben Untersuchungen über den Zusammenhang von Ortsfrequenz und Orientierung durchgeführt, indem sie zweidimensionale Unterschiedsschwellen in einer Ebene ausmaßen, die als Koordinaten die log

Ortsfrequenz und die Orientierung hatten, analog zu den Messungen von MacAdam in der zweidimesionalen Farbebene.

Der empfindungsgemäße Abstand zwischen zwei Punkten (r, θ) und $(\, r \, + \, \Delta \, r, \, \theta + \Delta\theta)$ (r = log radiale Ortsfrequenz, θ = Orientierung) kann im allgemeinen nicht als Euklidischer Abstand interpretiert werden, so daß die Fläche für die empfindungsgemäßen Abstände als Riemannsche Fläche in einen dreidimensionalen Raum eingebettet werden muß. Gegenüber der wahren Farboberfläche bestehen bei dieser „wahren Ortsfrequenz/Orientierungs-Oberfläche" zwei wesentliche Unterschiede.

Erstens zeigt sich, daß log Ortsfrequenz und Orientierung empfindungsmäßig separabel sind. Außerdem liegen die großen und kleinen Achsen der Ellipsen im wesentlichen genau auf den Linien konstanter log Ortsfrequenz bzw. konstanter Orientierung, was wiederum für die Separabilität der beiden Größen spricht. Die Diskrepanz zu den Ergebnissen von Daugman führen die Autoren darauf zurück, daß Daugman bei seinen Experimenten Maskierungen verwendet hat, wodurch hohe Kontraste und große Unterschiede in den Variablen zwischen Test und Maske notwendig wurden, was mit Schwellenmessungen nicht verglichen werden kann.

Eine Arbeit wird jetzt besprochen, die sich unmittelbar mit der internen Repräsentation von Mustern beschäftigt (Foster u. Kahn 1985). Die Autoren geben zunächst einen historischen Überblick über zahlreiche Arbeiten, die anzeigen, daß die Erkennbarkeit von Mustern nicht völlig invariant gegen Rotationen des Musters in der Ebene ist. Dies wurde schon von Ernst Mach und später von zahlreichen Autoren gefunden. Wenn man die Muster für begrenzte Zeit darbietet und Versuchspersonen urteilen läßt, ob ein rotiertes Muster gleich mit oder verschieden von dem Ausgangsmuster ist, nimmt die Zuverlässigkeit der Aussagen mit dem Rotationswinkel bis ca. 90° ab und steigt dann wieder bis 180° an. Die Verbesserung bis zu 180° ist nicht auf spezielle Muster beschränkt, man findet sie bei Mustern mit zufälliger Begrenzung, bei Zufalls-Punktmustern, bei alphabetischen Zeichen und anderen.

Solche Eigenschaften des Gesichtssinnes bei der Mustererkennung lassen Schlüsse auf die Form der internen Repräsentation und die Art der internen Operationen für den Mustervergleich zu. *Foster u. Kahn* (1985) haben zusätzliche Experimente zur Erkennbarkeit transformierter Muster durchgeführt und daraus ein Schema für die interne Repräsentation abgeleitet. Die Schlußfolgerungen aus diesem Modell wurden mit den Ergebnissen weiterer Experimente verglichen.

Zunächst wurden zwei Annahmen über die Art der internen Repräsentation gemacht:

1. Lokale Merkmale f_i, $i \, = \, 1, 2, \cdots, m$ werden gespeichert. Bei Zufalls-Punktmustern können dies z.B. Cluster besonderer Punktdichte oder Form sein.

2. Spezielle Ordnungsrelationen r_x, r_y werden gespeichert, die die relative Lage des Merkmals i zum Merkmal k in einem horizontal/vertikal orientierten Bezugssystem beschreiben.

Zwei Muster A_1, A_2 sollen als gleich angesehen werden, wenn sie durch eine geeignete Transformation zur Koinzidenz gebracht werden können. Bei einer Drehung um 180°, also einer Punktspiegelung, soll die Erkennung durch eine einfache Umkehr der Vorzeichen oder der Ordnungsrelationen erfolgen.

Experimente zur Prüfung der Aussagen wurden durchgeführt, indem zwei Zufalls-Punktmuster nacheinander dargeboten wurden, von denen das zweite entweder aus dem ersten durch eine Transformation (Verschiebung, Rotation oder Spiegelung) entstand oder eine andere Struktur hatte. Die Versuchspersonen mußten entscheiden, ob die beiden Muster gleich oder verschieden waren. Die Experimente wurden noch dahingehend erweitert, daß die Muster gleichzeitig links und rechts vom Fixationspunkt dargeboten wurden. Dabei konnte der Abstand der Muster variiert werden. Es zeigte sich, daß mit wachsendem Abstand die Erkennbarkeit von gleichen Mustern abnahm.

Dadurch wurden die Autoren bewogen, ihrem Modell für die interne Repräsentation als weiteres Merkmal noch ein globales Maß für die Orientierung des Musters zum Fixationspunkt hinzuzufügen.

In einem weiteren Experiment (Caelli et al. 1987) wurde das Verhalten von Versuchspersonen beim Lernen komplexer Muster untersucht. Als Muster dienten komplexe Gabor-Muster unterschiedlicher Zusammensetzung. Von der allgemeinen Vorstellung, daß die interne Repräsentation nicht direkt auf die Helligkeitsverteilung oder ihre Fouriertransformation zugreift, sondern mit der Extraktion geeigneter Merkmale operiert, schienen die Gabor-Muster insofern eine Ausnahme zu machen, als die Empfindlickeit des visuellen Systems für solche Muster direkten Bezug zu den beteiligten Fourier-Komponenten hat.

Man hat jedoch überlegt, daß die Fourier-Parameter die Helligkeitsverteilung in charakteristischer Weise bestimmen, wenn man die Kreuzkorrelationsfunktion von Signalpaaren betrachtet.

Daher haben die Autoren das Lernverhalten von Versuchspersonen für solche Muster untersucht. Die Versuchspersonen mußten also in einer Lernphase die Fähigkeit erwerben, verschiedene Muster in entsprechende Musterklassen einzuordnen. Aus den dabei erworbenen Geschicklichkeiten konnte sowohl auf den verwendeten Klassifikator-Typ als auch auf die aufgebauten Musterklassen geschlossen werden. Die Ergebnisse zeigen, daß der sog. „Least Squares Minimum Distance Classifier (LSMDC)“ zur Anwendung kommt. Wichtiger als dies ist das Resultat, daß für eine erfolgreiche Klassifizierung der Muster bereits die Unterscheidung zwischen symmetrischen und antisymmetrischen Gaborkomponenten ausreicht. Die in der internen Repräsentation gespeicherten Prototypen wurden durch die überwachte Lernphase aufgebaut, sind aber nicht permanent und invariant. Die Autoren weisen darauf hin, daß keine Berechtigung dafür besteht, diese Resultate zu verallgemeinern. Insbesondere sollte man nicht daraus schließen, daß Merkmale für symmetrische und antisymmetrische Fourierkomponenten notwendig oder gar hinreichend für die Musterklassifikation sind.

Kooperation zwischen Fovea und Peripherie. Unsere Wahrnehmung der Umwelt bleibt stabil und stetig auch während der unstetigen Verschiebungen des Netzhautbildes bei sakkadischen Augenbewegungen. Das Problem der visuellen Stabilität ist daher eng verflochten mit der Frage, ob während einer solchen Augenbewegung Information vom extrafovealen Bildeindruck zum fovealen übertragen wird und wenn, welche Art von Information übertragen wird. Es wird sich zeigen, daß aus dieser Fragestellung, die auf den ersten Blick nichts mit der internen Repräsentation zu tun hat, doch deutliche Hinweise auf eben diese Repräsentation zu gewinnen sind.

Es ist durch zahlreiche Arbeiten gesichert, daß unter definierten Beobachtungsbedingungen und Fragestellungen die für die Erkennung eines Objektes erforderliche Fixationszeit herabgesetzt wird, wenn dieses Objekt bereits vorher extrafoveal sichtbar war. *Henderson et al.* (1989) geben dafür in ihrer Arbeit zahlreiche Referenzen an. Sie selbst haben eine Reihe von Experimenten ausgeführt, durch die geklärt werden sollte, ob es einen weiteren Vorteil für die foveale Erkennbarkeit bringt, wenn das Objekt vorher in mehreren extrafovealen Positionen sichtbar war. Sie kommen zu dem Schluß, daß eine mehrfache extrafoveale Darbietung keinen zusätzlichen Gewinn bringt.

In dieser Arbeit war das Kriterium, wie schnell die Beobachter aus einem ihnen bekannten Mustersatz, bestehend aus Darstellungen einfacher, alltäglicher Gerätschaften, erkennen konnten, welche Muster aus diesem Satz in einer bestimmten Position dargeboten worden waren.

Ein anderes Kriterium, das letzten Endes auf das gleiche Problem zielte, wurde von *Jüttner u. Röhler* (1993) verwendet. Es wurde extrafoveal ein Landoltring dargeboten, der nach einer Sakkade fixiert wurde. Untersucht wurde dabei, ob die Orientierung des Landoltringes während der parafovealen Darbietung bei der nachfolgenden Fixation einen Einfluß auf die Erkennbarkeit hat. Die Darbietungszeiten waren nach einem genauen Zeitplan limitiert. Die Ergebnisse zeigten, daß die präsakkadische Darbietung des Landoltringes keine Verbesserung der Erkennbarkeit brachte, wenn die Orientierung des Ringes vor und nach der Sakkade die gleiche war. Dagegen verschlechterte sich die Erkennbarkeit gegenüber der Situation, daß keine präsakkadische Darbietung erfolgt war, wenn sich die Orientierung zwischen der präsakkadischen und der postsakkadischen Darbietung geändert hatte. Die Konstrastschwelle für die Erkennbarkeit wurde dadurch um 20–25% angehoben. Es konnte ausgeschlossen werden, daß es sich hier um das bekannte Phänomen der sakkadischen Suppression handelt, das die Reduzierung der Erkennbarkeit während einer Sakkade beschreibt.

Es ist durch diese Experimente deutlich gemacht worden, daß ein Detailwechsel während einer Augenbewegung hemmende Auswirkungen auf die Erkennbarkeit hat.

Jüttner (1993) hat dieses Thema weiter verfolgt. Durch eine eingehende Analyse der experimentellen Daten konnte er mit Hilfe der Methoden der Signal Detection Theory nachweisen, daß die Schwellenerhöhung bei postsakkadischen Signalen, die foveal nicht mit der präsakkadischen Konfiguration verträglich sind, nicht primär auf Detektormechanismen zurückzuführen ist, sondern daß dafür Änderungen des Kriteriums (s. Abschn. 3.1.1) verantwortlich sind. Offensichtlich wird die interne Repräsentation der Umwelt gegen Störungen soweit stabilisiert, daß es eines erhöhten Signalaufwandes bedarf, diese interne Repräsentation auf den neuen, aktuellen Stand zu bringen.

Durch eine weitere Untersuchung der Randbedingungen für die beobachtete Kriteriumsverschiebung zeigte sich, daß diese zeitlich auf das Intervall 80–160 ms nach Sakkadenende beschränkt ist, dabei aber bezüglich Größen- und Ortsveränderungen des präsakkadisch dargebotenen Signals sehr stabil ist. Es ist nicht notwendig, daß prä- und postsakkadische Strukturen geometrisch übereinstimmen, es genügt eine ungefähre Korrespondenz hinsichtlich Größe und Lokalisation. Eine Variation der Position des Ringschlitzes ist allerdings nach wie vor wesentlich und führt zu den oben erwähnten Unterschieden in der Erkennbarkeit. Dies zeigt, daß es bei dem Vergleich auf die semantische Bedeutung der Signale ankommt.

Bei einer Analyse der Klassifikationsleistungen in der Fovea und in der Peripherie hat *Jüttner* (1993) gefunden, daß in der Peripherie die Dimensionalität des Merkmalsraumes für die interne Repräsentation gegenüber der der Fovea deutlich verringert ist. Es erscheint deswegen, daß die Merkmalsräume von Peripherie und Fovea wegen ihrer unterschiedlichen Dimensionalität physikalisch inkommensurabel sind. Diese Inkommensurabilität kann offenbar erst auf einer höheren Verarbeitungsstufe des Gehirns aufgehoben werden.

Literatur zu Kapitel 4

Aloimonos J (1988) Shape from texture. Biol Cybern 58:345-360

Arend LE, Goldstein R (1987) Lightness models, gradient illusions, and curl. Percept & Psychophys 42:65-80

Anstis S, Rogers B, Henry J (1978) Interaction between simultaneous contrast and coloured afterimages. Vision Res 18:899-911

Apelle S (1972) Perception and discrimination as a function of stimulus orientation: the 'oblique effect' in man and animals. Psychol Bull 78:226-278

Bergen JR, Wilson HR, Covan JD (1979) Further evidence for four mechanisms mediating vision at threshold: Sensitivities to complex gratings and aperiodic stimuli. J Opt Soc Am 69:1580-1587

Blakemore C, Nachmias J, Sutton P (1970) J Physiol London 210:727

Blakemore C, Sutton P (1968) Science 166:245

Boselie F, Leeuwenberg E (1986) A test of the minimum principle requires a perceptual coding system. Perception 15:331-354

Bouwhuis DG, Buffert H, Leeuwenberg ELJ (eds) (1985) Seeing and knowing. Acta Psychol 59:1-121

Boynton RM (1978) Ten years of research with the minimal distinct border. In: Armington CJ, Krauskopf J, Wooten BR (eds) Visual psychophysics and physiology. Academic, New York

Breitmeyer BG (1978) Disinhibition in metacontrast masking of vernier acuity targets. Vision Res 18:1401-1405

Breitmeyer BG, Levi DM, Harwerth RS (1981) Flicker masking in spatial vision. Vision Res 21:1375-1365

Bressan P (1985) Revisitation of the family tie between Münsterberg and Taylor-Woodhouse illusions. Perception 14:579-585

Burbeck CA (1986) Negative afterimages and photopic luminance adaptation in human vision. J Opt Soc Am A 3:1159

Burr DC, Morrone MC, Ross J (1986) Local and global processing. Vision Res 26:749-757

Burr DC, Morrone MC, Spinelli D (1989) Evidence for edge and bar detectors in human vision. Vision Res 29:414-431

Caelli TM (1976) The prediction of interactions between visual forms by products of Lie operators. Mathematical Biosciences 30:191-204

Caelli TM, Brettel H, Rentschler I, Hilz R (1983) Discrimination thresholds in the two-dimensional spatial frequency domain. Vision Res 23:129-133

Caelli TM, Dodwell P (1984) Orientation-position coding and invariance characteristics of pattern discrimination. Percept & Psychophys 36:159-168

Caelli TM, Rentschler I, Scheidler W (1987) Visual pattern recognition in humans. 1. Evidence for adaptive filtering. Biol Cybern 57:233-240

Caelli TM, Umansky J (1976) Interpolation in the visual system. Vision Res 16:1055-1060

Campbell FW, Kulikowski JJ, Levinson J (1966) The effect of orientation on the visual resolution of gratings. J Physiol London 187:427-436

Cicerone CM, Volbrecht VJ, Donnelly SK, Werner JS (1986) Perception of blackness. J Opt Soc Am A 3:432

Cornsweet TM (1970) Visual perception. Academic, New York

Craik HJW (1940) Visual adaptation. PhD Thesis, Cambridge University

Daugman JG (1980) Two-dimensional spectral analysis of cortical receptive field profiles. Vision Res 20:847-856

Daugman JG (1983) Six formal properties of two-dimensional anisotropic visual filters: Structural principles and frequency/orientation selectivity. IEEE Trans SMC - 13:882-887

Daugman JG (1984) Spatial visual channels in the Fourier plane. Vision Res 24:891-910

Daugman JG (1985) Uncertainty relation for resolution in space, spatial frequency, and orientation optimized by two-dimensional visual cortical filters. J Opt Soc Am A 2:1166-1169

de Valois RL, Albrecht DG, Thorell LG (1982) Spatial frequency selectivity of cells in macaque visual cortex. Vision Res 22:545-559

de Valois RL, Yund EW, Hepler N (1982) The orientation and direction sensitivity of cells in the macaque visual cortex. Vision Res 22:531-544

Diener Don (1981) On the relationship between detection and recognition. Percept & Psychophys 230:237-246

Dodwell PC, O'Shea RP (1987) Global factors generate the McCollough effect. Vision Res 27:569-580

Dosher BA, Landy MS, Sperling G (1989) Kinetic depth effects and optic flow - 1. 3D shape from Fourier motion. Vision Res 29:1789-1813

Emerson VF, Humphrey GK, Dodwell PC (1985) Colored aftereffects contingent on patterns generated by Lie transform groups. Percept & Psychophys 37:155-162

Eskew RT, Boynton RM (1987) Effects of field area and figuration on chromatic and border discrimination. Vision Res 27:1835-1844

Fiorentini A, Maffei L (1973) Contrast in night vision. Vision Res 13:73-80

Fiorentini A, Maffei L, Sandini G (1983) The role of high spatial frequencies in face perception. Perception 12:195-201

Foster DH, Kahn JI (1985) Internal representations and operations in the visual comparison of transformed patterns: Effect of pattern point inversion, positional symmetry, and separation. Biol Cybern 51:305-312

Fox PT, Miezin FE, Allman JM, van Essen DC, Raichle ME (1987) Retinotopic organization of human visual cortex mapped with positron-emission tomography. J Neurosci 7:913 - 922

Fukushima K (1986) A neural network model for selective attention in visual pattern recognition. Biol Cybern 55:5-15

Gibson J (1950) The perception of the visual world. Boston: Houghton Mifflin

Ginsburg AP (1978) Visual information processing based on spatial filters constrained by biological data. Report AMRL-TR-78-129, Air force aerospace medical research laboratories, Wight-Patterson Air Force Base, OH USA

Glünder H (1986) Neural computation of inner geometric pattern relations. Biol Cybern 55:239-251

Glünder H. (1987) Invariant description of pictorial patterns via generalized autocorrelation functions. In: Meyer-Ebrecht D (Hrsg) 6. Aachener Symposium für Signaltheorie. Springer, Berlin Heidelberg

Glünder H (1988) Invariante Beschreibung mit Hilfe von Autovergleichs-Funktionen. Dissertation. Fakultät für Elektrotechnik und Informationstechnik, Technische Universität München

Gombrich H (1960) Art and Illusion. Pantheon, New York

Graham N, Robson JG, Nachmias J (1978) Grating summation in fovea and periphery. Vision Res 18:815-825

Granger EM, Heurtley JC (1973) Visual chromaticity – modulation transfer function. J Opt Soc Am 63:1163-1164

Green DM, Birdsall TG (1978) Detection and recognition. Psychol Rev 85:192-205

Greenlee MW, Heitger F (1988) The functional role of contrast adaptation. Vision Res 28:791-797

Hartmann E (1968) Die Sofortadaptation und ihre Bedeutung für den Sehvorgang. Habilitationsschrift, Universität München

Henderson JM, Pollatsek A, Rayner K (1989) Covert visual attention and extrafoveal information use during object identification. Percept & Psychophys 45:196-208

Hoffman WC (1966) The Lie algebra of visual perception. J Math Psych 3:65-98

Hoffman WC (1970) Higher visual perception as prolongation of the basic Lie transformation group. Math Biosci 6:437-471

Howard JH, Richardson KH (1988) Absolute phase uncertainty in sinusoidal grating detection. Percept & Psychophys 43:38-44

Jay, Sparks (1984) Auditory receptive fields in primate superior colliculus shift with changes in eye position. Nature, London 309:345-347

Julesz B (1962) Visual pattern discrimination. IRE IT 8:84-92

Julesz B (1975) Experiments in the visual perception of textures. Sci Am232:34-43

Julesz B (1986) Texton gradients: The texton theory revisited. Biol Cybern 54:245-251

Julesz B, Gilbert EN, Shepp LA, Frisch HL (1973) Inability of humans to discriminate between visual textures that agree in second-order statistics: revisited. Perception 2:391-405

Jüttner M (1993) Transsakkadische Informationsverarbeitung im visuellen System: Auswirkung auf Wahrnehmung und Mustererkennung. Dissertation. Fakultät für Physik. Universität München. Roderer, Regensburg

Jüttner M, Röhler R (1993) Lateral information transfer across saccadic eye movements. Percept & Psychophys 53:210-220

Kanisza G (1976) Subjective contours. Sci Am 234:48-52

Kaufman JH, May JG, Kunen S (1981) Interocular transfer of orientation contingent color aftereffects with external and internal adaptation. Percept & Psychophys 30:547-551

Kienle G (1968) Die optischen Wahrnehmungsstörungen und die nichteuklidische Struktur des Sehraumes. Thieme, Stuttgart

King-Smith PE, Kulikowski JJ (1975) The detection of gratings by independent activation of line detectors. J Physiol 247:237-271

Koenderink JJ (1986) Optic flow. Vision Res 26:161-180

Koenderink JJ, van Doorn AJ (1987) Facts on optic flow. Biol Cybern 56:247-254

Kulikowski JJ, King-Smith PE (1973) Spatial arrangement of line, edge and grating detectors revealed by subthreshold summation. Vision Res 13:1455-1478

Levi DM, Klein SA (1990) The role of separation and eccentricity in encoding position. Vision Res 30:557-585

Link NK, Zucker SW (1988) Corner detection in curvilinear dot grouping. Biol Cybern 59:247-256

Locher JL (1986) M.C.Escher, Leben und Werk. Rheingauer, Eltville

Lulich DP, Stevens KA (1989) Differential contributions of circular and elongated spatial filters to the café wall illusion. Biol Cybern 61:427-435

Luneburg R (1950) The metric of binocular visual space. J Opt Soc Am 40:627-642

MacAdam DL (1942) Visual sensitivities to color differences in day light. J Opt Soc Am 32:247-274

MacAdam DL (1943) Specification of small chromaticity differences. J Opt Soc Am 33:18-26

MacAdam DL (1944) On the geometry of color space. J Franklin Inst 238:195

MacKay DM (1973) Visual stability and voluntary eye movements. In: Jung R (Ed) Handbook of Sonsory Physiology VII/3. Springer, Berlin Heidelberg, 307-331

Maffei L, Fiorentini A (1972) Retino-geniculate convergence and analysis of contrast. J Neurophysiol 35:65-72

Marr D (1982) Vision. Freeman, San Francisco

Matin E, Rubsamen C, Vannata D (1987) Orientation discrimination as a function of orientation and spatial frequency. Percept & Psychophys 41:303-307

May JG, Agamy G, Matteson HH (1978) The range of spatial frequency contingent color aftereffects. Vision Res 18:917-921

McCollough C (1965) Color adaptation of edge detectors in the human visual system. Science 149:1115-1116

Mikaelian HH, Linton MJ, Phillips M (1990) Orientation specific luminance aftereffects. Percept & Psychophys 47:575-582

Mingolla E, Todd JT (1986) Perception of solid shape from shading. Biol Cybern 53:137-151

Mullen KT (1985) The contrast sensitivity of human colour vision to red–green and blue–yellow chromatic gratings. J Physiol London 359:381-409

Münsterberg H (1984) Pseudooptics. Milton Bradley, New York

Nagano T (1986) Simultaneous masking effect peculiar to peripheral vision. Percept & Psychophys 40:401-406

O'Brien V (1958) Contour perception, illusion and reality. J Opt Soc Am 48:112-119

Perizonius E (1989) Über den Zusammenhang von Form- und Farbverarbeitung im visuellen System des Menschen. Dissertation, Universität München 1982. Kyrill & Method, München

Pirenne MH (1970) Optics, Painting & Photography. Cambridge University Press, Cambridge

Porter JS (1986) Visual representation at the cerebral cortex: Qualitative and quantitative aspects. Ophthalm Physiol Opt 6:171-175

Prazdny K (1986) Illusory contours from inducers defined solely by spatiotemporal correlation. Percept & Psychophys 39:175-278

Quick, Jr RF (1974) A vector magnitude model of contrast detection. Kybernetik 16:65-67

Quick Jr. RF, Mullins WW, Reichert TA (1978) Spatial summation effects on two-component grating thresholds. J Opt Soc Am 68:116-121

Rentschler I, Arden W (1974) Edge detection in luminance and colour discrimination. Vision Res 14:1043-1045

Rentschler I, Gröninger S (1975) Ist der farbige Simultankontrast skalierbar? Physiologische Beiträge 17:359-370

Rentschler I, Hilz R (1976) Evidence for disinhibition in line detectors. Vision Res 16:1299-1302

Reuschel W (1963) Die Sammlung Wilhelm Reuschel. Ein Beitrag zur Geschichte der Barockmalerei. Bruckmann, München

Richter K (1980) Cube-root color spaces and chromatic adaptation. Color Res Appl 5:25-43

Röhler R (1962) Erklärung der Sehschärfe und der Kontrastschwellen für kleine Objekte aus den optischen Abbildungseigenschaften der Augenmedien. Optik 19:519-534

Röhler R (1965) Ästhetische Redundanz. Hausmitteilungen Jos Schneider & Co. Optische Werke, Bad Kreuznach 16.57-77

Rovamo J, Virsu V (1979) An estimation and application of the human cortical magnification factor. Exp Brain Res 37:495-510

Rovamo J (1983) Cortical magnification factor and contrast sensitivity to luminance-modulated chromatic gratings. Acta Physiol Scand 119:365-371

Sachs MB, Nachmias J, Robson JG (1971) Spatial frequency channels in human vision. J Opt Soc Am 61:1176-1186

Sagi D (1988) The combination of spatial frequency and orientation is effortlessly perceived. Percept & Psychophys 43:601-603

Sagi D, Hochstein S (1985) Lateral inhibition between spatially adjacent spatial-frequency channels? Percept & Psychophys 37:315-322

Schober H, Rentschler I (1972) Das Bild als Schein der Wirklichkeit. Moos, München

Schober H (1957) Das Sehen. Fachbuchverlag Leipzig (Bd I)

Schober H (1958) Das Sehen. Fachbuchverlag Leipzig (Bd II, 2. Aufl)

Schwarz SH, Loop MS (1983) Differences in temporal appearence associated with activity in the chromatic and achromatic systems. Percept & Psychophys 33:388-390

Schwartz SH, Loop MS (1982) Evidence for transient luminance and quasi sustained color mechanisms. Vision Res 22:445-447

Shapley RM, Tolhurst DJ (1973) Edge detectors in human vision. J Physiol 229:165-184

Shulman GL, Sullivan MA, Gish K, Sakoda WJ (1986) The role of spatial-frequency channels in the perception of local and global structures. Perception 16:259-273

Shulman GL, Wilson J (1987) Spatial frequency and selective attention to local and global information. Perception 16:89-101

Shulman GL, Wilson J (1987) Spatial frequency and selective attention to spatial location. Perception 16:103-111

Silberstein L (1943) Investigations in the intrinsinc properties of the color domain II. J Opt Soc Am 33:1-10

Silberstein L, MacAdam DL (1945) The distribution of color matchings around a color center. J Opt Soc Am 35:32-39

Stelmach LB, Bourassa CM, di Lollo V (1987) On and off systems in human vision. Vision Res 27:919-928

Stromeyer III CF, Julesz B (1972) Spatial-frequency masking in vision: critical bands and spread of masking. J Opt Soc Am 62:1221-1232

Swets JA, Green DM, Getty DJ, Swets JB (1978) Signal detection and identification at successive stages of observation. Percept & Psychophys 23:275-289

Taylor SP, Woodhouse JM (1980) A new illusion and possible links with the Münsterberg and Fraser illusion of direction. Perception 9:479-481

Treutwein B, Rentschler I, Caelli T (1989) Perceptual spatial frequency - orientation surface: Psychophysics and line element theory. Biol Cybern 60:285-295

van der Horst GJC, Bouman MA (1969) Spatio-temporal chromaticity discrimination. J Opt Soc Am 59:1482-1488

von der Heydt R, Peterhans E, Baumgartner G (1984) Illusory contours and neuronal responses. Science 224:1260-1262

von Holst E, Mittelstaedt H (1950) Das Reafferenzprinip. Naturwissenschaften 37:464-476

Vos JJ (1986) Are unique and invariant hues coupled? Vision Res 26:337-342

Walker TJ, Shank MD (1988) Interaction between real and subjectiv contours in the Bourdon illusion. Percept & Psychophys 43.567-574

Ware C, Cowan WB (1983) The chromatic Cornsweet effect. Vision Res 23:1075-1077

Watson AB, Robson JG (1981) Discrimination at threshold: Labelled detectors in human vision. Vision Res 21:1115-1122

Watson GN (1922) A treatise on the theory of Bessel functions. Cambridge University Press, Cambridge (p 434) 1

Watt RJ, Morgan MJ (1983) The recognition and representation of edge blur: Evidence for spatial primitives in human vision. Vision Res 23:1387-1397

Watt RJ, MorganMJ (1985) A theory of primitive spatial code in human vision. Vision Res 25:1661-1674

Wilson HR (1978) Quantitative characterisation of two types of line spread function near the fovea. Vision Res 18:971-981

Wilson HR, Bergen JR (1979) A four mechanism model for threshold spatial vision. Vision Res 19:19-32

Wilson HR, McFarlane DK, Phillips GC (1983) Spatial frequency tuning of orientation selective units estimated by oblique masking. Vision Res 23:873-882

Wyszecki G (1954) A regular rhombohedral lattice sampling of Munsell renotation space. J Opt Soc Am 44:725

Wyszecki G, Stiles WS (1967) Color science. Wiley & Sons, New York London

Zetsche C, Barth E (1990) Fundamental limits of linear filters in the visual processing of two-dimensional signals. Vision Res 30:1111-1117

Zetsche C, Barth E (1990) Image surface predicates and the neuronal encoding of two-dimensional signal variations. Proc SPIE 1249. Washington, DC

Schlußbemerkungen

Die Psychophysik des Gesichtssinnes hat besonders in der zweiten Hälfte dieses Jahrhunderts bedeutende Fortschritte gemacht. Dies habe ich in diesem Buch darzustellen versucht. Die Psychophysik hat naturgemäß nach wie vor keinen direkten Zugriff zu der inneren Struktur des visuellen Systems und kann nur den Zusammenhang zwischen dem physikalischen Reiz als Eingangsgröße und der Sinnesempfindung als Ausgangsgröße untersuchen. Letzten Endes besteht hier immer noch das Problem des schon früher zitierten „schwarzen Kastens", in den man nicht hineinschauen kann. Trotzdem sind durch sehr originelle und geistreiche Experimente verschiedene Funktionsabläufe innerhalb dieses Kastens deutlich geworden. Seit den Anfängen der Psychophysik mit den Experimenten von Ernst Heinrich Weber und auch seit den genialen Erkenntnissen eines Hermann von Helmholtz haben sich die Kenntnisse über die Eigenschaften des Gesichtssinnes und die Art der Signalverarbeitung sehr erheblich verbessert. Eine große Erleichterung war es dabei, daß mit Hilfe moderner Computer sehr einfach auch komplizierte physikalische Reizkonfigurationen (sowohl zeitlich als auch örtlich) generiert werden können.

Die Neurophysiologie hat allerdings die Möglichkeit, in den „schwarzen Kasten", der für sie längst kein solcher mehr ist, hineinzuschauen. Sie kann aber nach wie vor nicht den Graben zwischen der neuronalen Erregung und der bewußten Sinnesempfindung überbrücken. Hier trifft man wieder auf die schon in der Einleitung angesprochene Komplementarität von Psychophysik und Neurophysiologie. Es kann eben keine dieser Wissenschaften ohne die andere auskommen.

Einige, wenn auch noch verschwommene Konturen der internen Repräsentation der Außenwelt im Gehirn beginnen sich abzuzeichnen. Der Gesichtssinn ist offensichtlich vor allen anderen Sinnesorganen für solche Untersuchungen besonders geeignet, weil relativ einfache Relationen zwischen Reiz und Empfindung bestehen. Man denke dabei nur an die Farbmischungsgesetze, mit deren Hilfe jeder physikalisch gegebenen spektralen Strahldichteverteilung des Reizes die zugehörige Farbempfindung zugeordnet werden kann. Für den Gehörsinn, der nach dem Gesichtssinn vielleicht am besten erforscht ist, existieren keine entsprechend einfachen Mischungsgesetze, und von der

Aufgabe, aus der chemischen Formel einer Substanz ihren Geruch oder Geschmack abzuleiten, sind wir noch sehr weit entfernt.

Die Psychophysik des Gesichtssinnes ist durchaus keine „esoterische" Wissenschaft, sie hat viele praxisbezogene Aspekte. Zwischen den Fortschritten im Bereich der künstlichen Intelligenz oder der Simulation menschlicher Sinnesleistungen und denen im Bereich der Psychophysik gibt es eine ständige Wechselbeziehung: Hat man Probleme bei der Implementation menschlicher Sinnesleistungen in einem Automaten, so ist man gut beraten, die zugehörige Psychophysik sorgfältig zu studieren. Hat man andererseits Probleme, zu verstehen, wozu ein experimentell gefundener psychophysikalischer Prozeß dem Organismus dient, so kann die Implementierung des relevanten Erkennungsproblems auf einem Computer außerordentlich hilfreich sein.

Abgesehen von diesen sehr schwierigen Forschungen an den Grenzen der wissenschaftlichen Erkenntnis hat die Psychophysik aber auch sehr viele näherliegende praktische Anwendungen. Auf einige ist im Text hingewiesen worden. Ein weites Feld bieten die Möglichkeiten zur Optimierung von Arbeitsprozessen, bei denen der menschliche Beobachter unentbehrlich ist. Konkrete Hinweise zu diesem Thema sind aber sehr schwierig, da sie nicht nur eine gute Kenntnis der Psychophysik, sondern vor allem auch eine detaillierte Kenntnis des in Frage stehenden Arbeitsprozesses verlangen. An diesem Problem scheitert nach meinen Erfahrungen oftmals das verständliche und berechtigte Anliegen der Industrie nach einem besseren Transfer von wissenschaftlichen Erkenntnissen der Hochschulen zur Industrie. Beispielsweise wird von der Industrie immer wieder angeregt, daß die Doktoranden in ihrer Dissertation auf mögliche praktische Anwendungen in industriellen Arbeitsabläufen hinweisen möchten. Die Doktoranden kennen aber diese Arbeitsabläufe nicht, können deswegen auch keine Vorschläge machen. Umgekehrt kann die Industrie mit den Doktorarbeiten wenig anfangen, weil sie die Hintergründe und Zusammenhänge nicht ohne weiteres versteht. Hier wäre ein wichtiger Interpretations- und Handlungsbedarf gegeben.

Dieses Buch wurde nicht zuletzt deswegen geschrieben, um junge Menschen für dieses Fachgebiet zu interessieren. Die Anforderungen sind erheblich. Ein Studium der Physik scheint mir unerläßlich. Außerdem sind aber auch Kenntnisse in der Psychologie erforderlich (gemeint ist hier die Experimetalpsychologie, die in Deutschland nur wenig vertreten ist). Die Grundlagen der Sinnesphysiologie sind ebenfalls erforderlich, sind aber verhältnismäßig leicht zu erlernen. Für die theoretischen Modelle sind die mathematischen Anforderungen durchaus beachtlich, wie ich dies in einigen Beispielen angedeutet habe. Ob die Erfolgsaussichten in diesem Metier den Aufwand wert sind, muß naturgemäß jeder für sich selbst entscheiden. Hier spielen ganz wesentlich auch Qualifikationen eine Rolle, die außerhalb des Themas dieses Buches liegen.

Sachverzeichnis

Die *kursiven* Seitenzahlen verweisen auf erläuternde Abbildungen, die **halbfetten** Seitenzahlen auf ganze Abschnitte im Text.